图书在版编目（ＣＩＰ）数据

国际腕表. 2013：汉英对照 /（美）狄克尼
（Dickey，M.），（美）切德斯（Childers，C.）编著. --
北京：新华出版社，2013.5
ISBN 978-7-5166-0435-9

Ⅰ．①国… Ⅱ．①狄…②切…Ⅲ．①手表—介绍—
世界—汉、英 Ⅳ．① TH714.52

中国版本图书馆 CIP 数据核字（2013）第 070260 号

国际腕表2013

作　者：Michael Dickey　　Caroline Childers	
出 版 人：张百新	责任编辑：蒋小云
装帧设计：王　雪	责任印制：廖成华

出版发行：新华出版社

地　　址：北京市石景山京原路 8 号	邮　编：100040
网　　址：http://www.xinhuapub.com	http://press.xinhuanet.com
经　　销：新华书店	
购书热线：010-63077122	中国新闻书店购书热线：010-63072012

照　　排：王　雪	
印　　刷：北京凸版利丰雅高长城印刷有限公司	

成品尺寸：230mm×285mm	
印　　张：22	字　数：200 千字
版　　次：2013 年 5 第一版	印　次：2013 年 5 月第一次印刷

书　　号：ISBN 978-7-5166-0435-9	
定　　价：80.00 元	

图书如有印装问题，请与出版社联系调换：010-63077101

RICHARD MILLE

Lady RM 007

THE DIAMOND CRUNCHER

www.richardmille.com

LA MONTRE PREMIÈRE

CHANEL

香奈儿 PREMIÈRE 浮动式陀飞轮腕表

一款高复杂功能的机械式女士腕表，浮动式陀飞轮
以 香 奈 儿 女 士 最 钟 爱 的 山 茶 花 图 案 呈 现，
在 PREMIÈRE 腕表的中心悄然无声地转动，低调到
近乎神秘。无上表桥的设计，令山茶花形的陀飞轮
仿佛在失重状态下旋转。全球限量编号 20 枚。
18K 白金表壳，镶嵌 228 颗钻石（总重约 7.7 克拉）。

至臻同享
THE FINER THINGS

距离《国际腕表》中文 (*Watches International in China*) 创刊号发行已经过去了一年，这是成果丰硕、积极进取，而且激动人心的一年。此时此刻，我很荣幸地向您介绍这本书的第二卷，旨在为中国大陆和中国香港的钟表爱好者们提供最为丰富的奢华钟表信息。

中国香港是瑞士钟表最大的进口地，而中国大陆也已位居第三！2012年巴塞尔钟表展首次发行以来，《国际腕表》中文创刊号受到了极大的欢迎，并得到广泛赞誉。感谢新华出版社、雷王 (GSSI) 和发行商华道的鼎力支持，使我们取得了这样的成绩。

《国际腕表》引起了广大读者的浓厚兴趣，这也促使我们以另一个角度继续探索这个有趣的领域。这本书中包括了几大钟表巨头专访——皆是深受中国消费者喜爱的品牌，例如 Richard Mille（来自 Richard Mille），Jean-Christophe Babin（来自豪雅 TAG Heuer），Ricardo Guadalupe（来自宇舶表 Hublot）和 Kingston Chu（来自 Sincere Watch Co./Franck Muller），我们自豪地聚焦于热情、博闻的中国消费者的爱好和兴趣之上。

放眼世界，奢华钟表的地位无可争议，无论是用于制造钟表的稀有珍贵材料，亦或是每一个部件上融合的非凡工艺，均能体现钟表是精致生活的完美象征。我们极为激动，能够继续与我们的中国读者同享钟表世界带来的美好臻品！

Michael Dickey

董事会主席让-克劳德·比弗 (Jean-Claude Biver) 和全球CEO里卡多·瓜达鲁普 (Ricardo Guadalupe)

新管理 新成就 Under NEW Management

2012年1月，里卡多·瓜达鲁普 (Ricardo Guadalupe) 被任命为宇舶表 (Hublot) 全球首席执行官职位，无论对于个人或者品牌来说，这都意味着一个崭新的开始。他与集团新任董事会主席让-克劳德·比弗 (Jean-Claude Biver) 共事超过20年，并且在此期间，两人亦是朋友，因此里卡多·瓜达鲁普 (Ricardo Guadalupe) 担任首席执行官职位对于两人来说皆有非凡意义。

里卡多·瓜达鲁普 (Ricardo Guadalupe) 在瑞士 Neuchâtel 出生并长大，从小浸染在浓厚制表文化中的他对这项古老工艺抱有由衷的热爱和激情。最初几年，作为宝格丽 (Bvlgari) 的产品经理，他通过涉足设计、生产到销售、市场等方方面面，将这一闻名于世的珠宝品牌推向钟表行业。7年之后，随着对高级制表技术与传统的理解加深，他同时兼备了设计创造的美学素养。1994年，他遇见让-克劳德·比弗 (Jean-Claude Biver)，随后加入宝珀 (Blancpain)。

被 Swatch Group 收购之后，当公司急需远见卓识之士对品牌加以重构的时侯，两人的贡献亦不容小视。

里卡多·瓜达鲁普 (Ricardo Guadalupe) 自2002年加入宇舶表 (Hublot) 之后，为品牌做出了极大贡献，宇舶表 (Hublot) 已成为世界最受欢迎的品牌之一。宇舶表 (Hublot) 因其标志性的表壳形状，极具领袖气质的品牌大使以及创新材质的使用而闻名于世。在他的带领下，宇舶表 (Hublot) 继续引领制表业的主导地位，并宣布多个合作项目。除了与法拉利 (Ferrari) 及法拉利车队 (Scuderia Ferrari)、2014年巴西世界杯合作之外，宇舶表 (Hublot) 还赞助2012年美国男篮总冠军迈阿密热火队 (Miami Heat)，以及欧洲著名球队拜仁慕尼黑 (Bayern Munich) 和尤文图斯 (Juventus Turin) 俱乐部。

* 对页：BIG BANG 法拉利魔力金

arije

高级钟表的世界有时会令人应接不暇。从功能到复杂功能，从专业词汇到精细工艺，还有来自业界权威的特别奖项——即使是一位成熟的钟表爱好者，也需要一位能够在选购钟表时出谋划策的专业人士。Arije 在伦敦，巴黎和法国蔚蓝海岸拥有5家店面，正完美担当着这样的导购角色。

Arije 可谓是高端钟表迷的朝圣之地。灯光洒在陈列的腕表上，发出温暖闪耀的光辉，表迷们感觉好像回家一样。在这里，一枚枚机械奇迹令人目不转睛，而店内舒适的氛围与腕表的高贵华丽更相得益彰。

Arije 的旗舰店坐落于巴黎时尚金三角地区的 Rue Pierre Charron 上，在过去的三十年间，Arije 为腕表收藏家提供了高级制表界最为惊艳的杰作。在位于蒙田大道，马索大道和香榭丽舍大道之间的 Arije 无疑是世界最负盛名的钟表店。

随着旗舰店的大获成功，Arije 也将品牌提升到全新的高度，于2009年在欧洲最为奢华的地点开设了四家精品店。距 Rue Pierre Charron 几步之遥的乔治五世大道（George V）同样时尚别致，Arije 开设了一家新店，第八区自此有了两家 Arije 一同作伴。Arije 还踏至法国惊艳之极的蔚蓝海岸（Riviera），分别于 Grand-Hotel du Cap-Ferrat 酒店和另一家世界著名的 Croisette 酒店内开设了两家店面，戛纳真是 Arije 奢华钟表理想的栖居之地。穿过英吉利海峡，在伦敦，第五家精品店也以光灿奢华照亮了斯隆大街（Sloane Street）。三个城市带给人不同的体验与想像，Arije 期待已久的出现却将它们紧密相连，以奢华丰富的腕表作品诠释永恒的极致优雅。

Arije 精品店让顾客尽情享受钟表之旅。店内展出业界最负盛名的钟表品牌，从气质坚韧的劳力士（Rolex），富有传奇精神的卡地亚（Cartier），到傲然独立的爱彼（Audemars Piguet）；正如令人着迷的江诗丹顿（Vacheron Constantin）腕表内复杂机芯呈现出无懈可击的精美加工，正如梵克雅宝（Van Cleef & Arpels）以炫目的瓷釉装饰凸显品牌创新精神，正如万国（IWC）的优雅线条展现内心的风度，每一家 Arije 钟表店都悉心打造店内环境，以美好的方式展现款式多样、品牌丰富的高级钟表作品。

◀ **Time Space Quantième Perpétuel**
简依丽 (Guy Ellia)

在为顾客提供极致舒适体验的同时，店面还精心布置了视觉的盛宴，店内陈设装饰极为精致奢华。在巴黎的精品店内，白色座椅拥有鲜明的几何设计，灯光亦恰到好处，为安静温馨的店内气氛赋予了一丝先锋时尚的气质。不同于巴黎精品店内的装潢，位于戛纳和伦敦的店面以极致摩登美学展现了另一番时尚气质，灰褐色与栗色墙壁搭配大理石台面，给这两个城市的三家精品店赋予了经典永恒的风度——与 Arije 甄选腕表的精致品味可谓绝配。

从钟表界历史最悠远名字，比如宝珀（Blancpain）和宝玑（Breguet），他们拥有卓越制表传统与独一无二的手工工艺，到最为大胆前沿的开拓者，比如宝格丽（Bulgari）和海瑞温斯顿（Harry Winston），他们代表着永不满足的好奇心和创造力，Arije 为世界最富盛名的腕表品牌提供了理想舞台，展示着他们至精至繁的腕上臻品。这些店面代表着客户的不凡风度，并由来自世界各地的独家款式可供选择，超凡脱俗并且性能卓越。

Arije 坐拥满堂钟表界顶级佳作，时间仿佛在这个圣殿静止，停驻成一首凝固的诗。今天，Arije 在巴黎、伦敦、戛纳和圣卡普菲拉（Saint-Jean-Cap-Ferrat）拥有独家精品店，在不久的将来也许还会在海外开设新的店面，虽然选址仍然秘而不宣，但有一点是确信不疑的：它将拥有 Arije 无法复制的气质，能够徐徐揭开奢华制表的神秘面纱，并将自身的神秘气质加诸其上。

**Oyster Perpetual
Day-Date
劳力士 (Rolex)**

**Reine de Naples
宝玑 (Breguet)**

**Patrimony Traditionnelle
Tourbillon**
江诗丹顿 (Vacheron Constantin)

Portuguese Perpetual Calendar
万国表 (IWC)

1966 Tourbillon
芝柏 (Girard-Perregaux)

**Villeret Traditional
Chinese Calendar**
宝珀 (Blancpain)

PARIS
50 rue Pierre Charron
Tel +33 (0) 1 47 20 72 40

30 avenue George V
Tel +33 (0) 1 49 52 98 88

LONDON
165 Sloane Street
Tel +44 (0) 20 7752 0246

CANNES
50 boulevard de la Croisette
Tel +33 (0) 4 93 68 47 73

SAINT-JEAN-CAP-FERRAT
Grand-Hôtel du Cap-Ferrat
71 boulevard du Général de Gaulle
Tel +33 (0) 4 93 76 50 24

网站：www.arije.com
电邮：shop@arije.com

Ballon Bleu de Cartier
卡地亚 (Cartier)

腕表系列

A. Lange & Söhne • 朗格	Bulgari • 宝格丽	Dior • 迪奥	Hautlence • 	Panerai • 沛纳海	Technomarine •
Audemars Piguet • 爱彼	Cartier • 卡地亚	Franck Muller • 法兰穆勒	Hublot • 宇舶	Parmigiani • 帕玛强尼	Vacheron Constantin • 江诗丹顿
Baume & Mercier • 名士	Chanel • 香奈儿	Girard-Perregaux • 芝柏	IWC • 万国表	Piaget • 伯爵	Van Cleef & Arpels • 梵克雅宝
Bell & Ross • 柏莱士	Chaumet • 尚美	Glashütte Original • 格拉苏蒂	Jaquet Droz • 雅克德罗	Roger Dubuis • 罗杰杜彼	Zenith • 真力时
Blancpain • 宝珀	Chopard • 萧邦	Guy Ellia • 简依丽	Messika • 	Rolex • 劳力士	• 巴黎 Paris
Breguet • 宝玑	De Grisogono • 德·克里斯可诺	Harry Winston • 海瑞温斯顿	Montblanc • 万宝龙	TAG Heuer • 豪雅	• 伦敦 London
			Omega • 欧米茄		• 戛纳 Cannes

GIGA
陀　飞　轮

腕表上最大的陀飞轮，法穆兰原厂研发直径达20毫米陀飞轮，手动上链机芯，四个发条盒提供九日动力储存。除镂空版本，亦备有黑色或白色面盘。酒桶型表壳备有18K黄金、白金、玫瑰金或钛金属材质。

FRANCK MULLER
GENEVE
法 穆 兰

Master of complications

红毯效应
RED CARPET

屹立现代制表前沿是一个为制表商们熟知的概念，有些人要比另一些走得更远：想要在市场中获得成功，并且牢牢抓住潜在消费者，仅仅是创造漂亮、精准且独特的腕表是不够的。一款成功的腕表还需要特别注意"一些细节"——那些能够打动消费者、使他们欣然解囊的细节。虽然听来有些神秘莫测，我们在本书内将总结几条重要细节，希望为广大制表商提供参考，帮助他们获得更多潜在消费者。

首先，制表商们必须推出"独一无二"的腕表作品。换言之，腕表必须以最佳状态在竞争中脱颖而出。每一个品牌都应找到属于自己的天地，并在同类中力拔头筹。其次，需要为品牌讲述一个故事。从根本上说，也就是传达品牌的信息与理念，将腕表与真实发生的事件紧密相连、将腕表与声名满载的人物紧密相连。

想要使品牌壮大发展，如今的腕表品牌应是真正的现代营销专家。最为著名和强大的品牌合作伙伴是腕表佳作不可或缺的代言人。潜在的腕表消费者需要梦想，需要将雄心与地位投射到一个现实形象、一个真实人物身上。如同在时尚界和美妆界一样，那些与制表商们合作的名流，几乎无一例外地，皆是品牌的形象大使或同道中人。想要达到效果，首先，对于大众来说，名人效应十分重要——而制表商也一定将目光聚焦于大众，这必将得到更多关注和赞许。其次，当这些名流的手腕一次又一次地闪耀在聚光灯下，出现在杂志中，也必将吸引许多潜在顾客。所以无论如何，制表商都要抓住绝佳的上镜机会，将名人与他们腕上的名品一同定格在胶片上。

在这块红地毯上，我们正在目睹各式机械佳作的美妙舞姿。想要拥有与丹尼尔·克雷格（Daniel Craig）、娜塔丽·波特曼（Natalie Portman）和乔治·克鲁尼（George Clooney）同样的腕表，现如今都可美梦成真，对于有些腕表爱好者来说，红地毯是开启腕表之旅的第一步。

Caroline Childers

16

爱马仕，时光律动

DRESSAGE 腕表

爱马仕钟表精准地把握时间的脚步以驾驭光阴流转。
在 DRESSAGE 腕表的心脏内，爱马仕自制 H1837 机芯稳定地奏出嘀嗒的节律，与时间共鸣。
从设计伊始到最终调整，从每个零件制作到最后手工装饰完工，
爱马仕钟表始终以严谨的态度与精细的工艺，为您呈献精准与卓越。

垂询电话: (86 21) 6171 0380

Dior
VIII

Dior VIII Grand Bal "RÉSILLE" 系列高级腕表
高科技精密陶瓷
钻石型切割高科技精密陶瓷表链
独有的 Dior Inverse 自动上链机械机芯
表盘饰有专利功能性前置实用摆陀，22K 白金，镶嵌 182 颗钻石
42 小时动能储存

腕表的意义
MEANING OF WATCHES

在时间的维度里，没有什么一成不变。沿着它的轴线，日出日落，潮起潮退，冬去春来。人们的感觉里，时间有快有慢，痛苦时长、快乐时短，仿佛此消彼长。

腕表的存在，不再依赖感觉，而是精确地掌握时分。一件腕上臻品不止于此，更是时间艺术的缩影。机芯历经日复一日手工打磨，珐琅表盘糅合百年历史，多种超复杂功能从无到有，从有到优，亦是时间浓缩的结晶。一枚腕表，从设计到完成，经历数月甚至数年，最终承载了制表大师的高超工艺以及对钟表传统的款款深情。

然而，机械钟表早已不是因循守旧的产物。它在上个世纪"石英革命"中浴火重生，愈加敏锐谦逊，精益求精。腕表世界每年都有新的表款夺人眼球：这边是最快陀飞轮高速旋转、那边计时码表精确到几千分之一秒。三问表动人心弦，低音报时、高音报分；动态机制表盘讲述一个个故事，启动按擎，看似微缩场景，却是万千世界。腕上的方寸天地，不差毫厘。

属于自己的腕表，应是气质出众、脾性相投。热爱潜水，腕表能测量深度，抗压性强且清晰易读；旅行达人，腕表显示各个时区，子表盘永远留给不变的家乡时间；玩赏时间，则选月相功能，潮汐涨落，阴晴圆缺；温柔女表，表圈铺镶钻石，玉腕分外夺目。仅是报以时分，便有罗马数字，白金时标，太子妃指针各式组合，甚至无需时针分针，时标翻转，光阴即现。正是这耗费心血、手工打造的腕表，方才经得起岁月考量，愈久愈醇。

21世纪的中国新贵，已经拥有属于自己的品味，并成为各大钟表品牌尤为重视的群体。在这财富与需求一并增长的重要市场，人们更需要权威、准确的信息与独到的品味见解，《国际腕表》(Watches International in China) 的目标便在于此。

因为复杂、所以珍贵。紧贴你的脉搏、带着你的温度，同你经历世间百态。时间无法收藏，腕表却带你品味光阴。指针在走，人在改变，世事无常，却可坦然以对。这就是腕表的意义所在。

刘婕

Jasmine Liu

HARRY WINSTON®

REINVENTING TIME™

BVLGARI

OCTO
ETERNAL VALUES

BVL 193 MANUFACTURE CALIBER WITH TWIN BARRELS,
ENSURING A 50-HOUR POWER RESERVE,
41MM CASE IN 18-CT PINK GOLD, WATER-RESISTANT UP TO 100M.

BVLGARI.COM

WATCHES INTERNATIONAL 国际腕表

Rich Heritage · Timeless Treasures | 终生财富·垂世瑰宝

中文第二卷 **2013**

新华出版社

北京市石景山区京原路 8 号（邮编：100040）

电话：（010）63077116（总编室）　　（010）63077121（发行部）

邮箱：xh_zb@xinhuanet.com

Michael Dickey
Caroline Childers
创办及策划人

蒋小云
责任编辑

赵越超 涂苏婷 孙歆旻
特约编辑

王雪
美术总监

李玉红
译者

刘捷
校对

TOURBILLON INTERNATIONAL
摄影

James R. Letzel
资源及协调

展华
首席执行官

雷王（GSSI）行销公司
协助出版

COVER 封面：豪雅 MIKROGIRDER 10,000 计时码表
PRICE 定价：RMB80 / HKD120 / NTD600 / USD20

声明：《国际腕表》的内容由第三方提供。本刊对技术信息的准确性、可靠性不提供保证。本刊竭尽全力保证所有内容的版权归属，如有任何错误、遗漏，我们致以歉意，并会在以后的刊物中进行勘误和指证。

制版、印刷、装订：北京凸版利丰雅高长城印刷有限公司　　　地址：北京市通州区光机电一体化产业基地政府路 2 号（邮政编码：101111）　　　电话：+86 10 5901 1288　　　传真：+86 10 5901 1234/1233

宝玑，时计发明先驱。

Classique系列Hora Mundi – 5717 世界时腕表

Classique系列Hora Mundi世界时腕表是率先采用瞬跳时区显示系统，同步日期、昼/夜及城市显示功能的机械腕表，设计精美，饰有手工扭索状纹的喷漆表盘，分别以三个不同地球板块的海陆图案呈现，邀您一起踏入时空旅程。创新的机械记忆系统，基于两枚心型记忆轮，只需按动专用按钮，即可瞬时显示预选城市的日期和昼/夜时间。宝玑再次成功挑战卓越品质，书写历史新篇章。

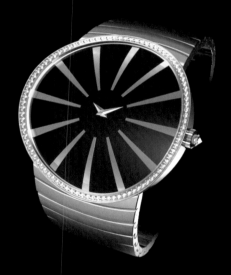

« CIRCLE »

With an ultra-flat case of 45 or 52 millimetres in diameter and 6 millimetres thickness for the first and 7 millimeters for the other, this watch literally envelops women's wrist thanks to its impressive convexity. This case is available in white gold, rose gold and yellow gold, with a bezel set or full set. Its dial with a perfect curve and with a gold mirror or a gold matte aspect is available with simple markers, jewel-set markers or completely set.

拥有45或52毫米超平表壳，前者拥有6毫米厚度，后者为7毫米，这款腕表以令人惊艳的凸面环绕着女士的玉腕。表壳有白金、玫瑰金或黄金可选，含钻石镶嵌表圈或完全铺镶钻石款。腕表表盘呈现完美曲线，有黄金镜面饰面或黄金哑光饰面，含简单时标、宝石镶嵌时标或完全铺镶钻石。

目录 SUMMARY

6 创办人语
LETTER FROM THE PRESIDENT

16 策划人语
LETTER FROM THE PLANNER

20 编者语
LETTER FROM THE EDITOR

38 网站名录
WEB SITE DIRECTORY

访谈录: 制表人物
INTERVIEWS: MASTERS IN WATCHMAKING

42 de Grisogono 创始人兼创意总监
DE GRISOGONO: Fawaz Gruosi

46 Sincere Watch 副主席兼董事总经理
SINCERE WATCH: Kingston Chu

52 Hublot 宇舶表全球首席执行官
HUBLOT: Ricardo Guadalupe

58 Richard Mille 全球首席执行官
RICHARD MILLE: Richard Mille

64 Swatch Group 宝玑、宝珀
及雅克德罗品牌总裁
SWATCH GROUP: Marc A. Hayek

70 TAG Heuer 豪雅全球首席执行官
TAG HEUER: Jean-Christophe Babin

74 胜者就是···瑞士钟表
AND THE WINNER IS...SWISS HOROLOGY

118 品牌总览
BRAND PROFILES AND WATCH COLLECTIONS

322 术语表
GLOSSARY

344 品牌索引
BRAND DIRECTORY

BELL & ROSS 柏莱士 **118**

BLANCPAIN 宝珀 **126**

BREGUET 宝玑 **132**

BVLGARI 宝格丽 **138**

CARTIER 卡地亚 **146**

CHANEL 香奈尔 **154**

CORUM 昆仑表 **162**

DE GRISOGONO **168**

DIOR HORLOGERIE 迪奥高级腕表 **174**

ETERNA 绮年华 **182**

FRANCK MULLER 法穆兰 **186**

GIRARD-PERREGAUX 芝柏表 **192**

GUY ELLIA 简依丽 **196**

H.MOSER & CIE. 亨利慕时 **202**

HARRY WINSTON 海瑞温斯顿 **206**

HERMÈS 爱马仕 **212**

HUBLOT 宇舶 **218**

IWC 万国表 **226**

JAQUET DROZ 雅克德罗 **232**

LONGINES 浪琴表 **238**

PARMIGIANI 帕玛强尼 **248**

PATEK PHILIPPE 百达翡丽 **252**

PORSCHE DESIGN **258**

RALPH LAUREN 拉尔夫·劳伦 **262**

RICHARD MILLE **266**

ROGER DUBUIS 罗杰杜彼 **278**

ROLEX 劳力士 **284**

SALVATORE FERRAGAMO TIMEPIECES **290**
萨尔瓦多·菲拉格慕

TAG HEUER 豪雅 **296**

VAN CLEEF & ARPELS 梵克雅宝 **302**

VERSACE 范思哲 **306**

ZENITH 真力时 **312**

Villeret Collection
Quantième Annuel GMT

Annual calendar
Double time zone
Patented under-lug correctors

Ref. 6670-3642-55B

1860 爱德华·豪雅发明摆动齿轮
1916 首枚自制 Calibre 1887 机芯诞生，使用豪雅首创摆动齿轮
今天 CARRERA（卡莱拉）1887机时码表启动时间不到千分之二秒
www.tagheuer.cn

cellini

三十五年以来

Cellini Jewelers 始终为钟表爱好者提供世界最为齐全的高级腕表选择，赢得了机械钟表发烧友的热爱。

Cellini 无可比拟的深度令它为腕表收藏者带来独一无二的购物体验，因而在钟表界一枝独秀。无论在华尔道夫酒店还是在麦迪逊大道，Cellini 均能满足每一位客人的需求。"顾客想购买一块手表，而我们没有的情况很少发生，"公司主席 Leon Adams 表示，"人们看重的是我们可以有求必应，迅速提供理想的商品。"

公司最为可贵之处，是利用自己齐全的产品为顾客提供钟爱之选。"如果你钟爱某一种式样——比如计时码表或者超薄正装腕表——我们能够提供来自不同品牌的20余种型号，然后你可根据样式和感受选择。" Adams 说道。

在品牌专卖店里，顾客无法得到品牌之间的对比信息以及客观公正的意见。"从事品牌腕表这么久，我们已经树立了自己的观点，"他表示，"人们相信我们的建议，因为我们努力做到准确客观。"

▲ **DROP EARRINGS**
耳坠镶有11克拉以上玫瑰车工黄钻。

◀ **HYT H1**
HYT H1黑色类钻碳镀膜钛合金腕表。

▼ **PEARL BANGLES**
可叠戴 South Sea Pearl 手镯镶嵌翡翠、红宝石和蓝宝石，与钻石和18K黄金相映成趣。

根基深厚
DEEP ROOTS

20世纪70年代末80年代初，石英腕表的流行宣告机械制表的日渐衰落。因而，Cellini 成为美国地区仍然出售手工机械腕表的少数公司之一，包括爱彼（Audemars Piguet）、江诗丹顿（Vacheron Constantin）、积家（Jaeger-LeCoultre）和万国表（IWC）等富有历史底蕴的品牌均可在此找到。

机械腕表逐渐在90年代卷土重来时，买家可以在 Cellini 寻到知名品牌和钟表新秀。最初在 Cellini 占据一席之地的腕表品牌十分可圈可点，朗格（A. Lange & Söhne）、De Bethune、迪菲伦（DeWitt）、Franck Muller、宇舶表（Hublot）、Jean Dunand、Ludovic Ballouard、Maîtres du Temps、Richard Mille、帕玛强尼（Parmigiani）和罗杰杜彼（Roger Dubuis）。

如今，Cellini 依旧是极具影响力的品味缔造者，并不断欢迎新品牌的加入。现在，宝格丽（Bulgari）的拥趸可以尽享 Serpenti 招牌蛇形表链的魅惑。Cellini 也是 HYT 的授权经销商，这一来自瑞士的钟表品牌以首枚作品H1腕表荣获大奖。

以"色"动人
COLOR ME IMPRESSED

除腕表之外，Cellini 更跻身纽约高级珠宝商之列。今年推出的新作中特意添加大胆色彩，以"色"动人。

其中最为引人注目的便是一款由翡翠和钻石制成的项链。翡翠总重59.43克拉。在珠宝买手 Claudette Levy 看来，项链的颜色才是它与众不同的地方。她解释道："它的绿色太惊艳了。翡翠在如此尺寸的项链上搭配得这么恰到好处，太难得了。"

另外一件无与伦比的作品当属一款钻石耳环。这对耳环中央为闪耀的玫瑰车工黄钻，四周镶嵌精美白钻。Levy 表示，倒泪滴型耳坠十分衬托脸型。"耳环的线条轮廓非常自然，能够突出女性的面部特点。"她说。

Cellini 还推出一款名为 South Sea Pearl 的手镯，红宝石、蓝宝石或翡翠的装饰为其增添了色彩斑斓的趣味。她说："18K白金镶白钻的底圈衬托下，每种宝石饱满自然的色泽都显得更加亮丽。"

无与伦比的商品精选，极致完美的质量和无懈可击的服务，Cellini 在未来无疑将继续保持着侈品行业的标杆地位。

ROTONDE DE CARTIER FLYING TOURBILLON
卡地亚（Cartier）

MOSER PERPETUAL MOON
亨利慕时（H. Moser & Cie）

TONDA RETROGRADE ANNUAL CALENDAR
帕玛强尼（Parmigiani）

PULSION FLYING TOURBILLON SKELETON
罗杰杜彼（Roger Dubuis）

Hotel Waldorf-Astoria
301 Park Avenue at 50th Street
New York, NY 10022
212-751-9824

509 Madison Avenue at 53rd Street
New York, NY 10022
212-888-0505

800-CELLINI
www.CelliniJewelers.com

◄ **SERPENTI**
宝格丽 (Bulgari) Serpenti Jewelry 系列钻石白金手链。

▲ **DROP NECKLACE**
翡翠与钻石项链包括两排共25枚椭圆形翡翠，总重近60克拉。

► **ROYAL OAK TOURBILLON**
爱彼表皇家橡树 (Audemars Piguet) 超薄陀飞轮腕表玫瑰金款。

Cellini 为以下品牌的授权经销商：

A. LANGE & SÖHNE	DE BETHUNE	IWC	RICHARD MILLE
AUDEMARS PIGUET	DEWITT	JAEGER-LECOULTRE	ROGER DUBUIS
BACKES & STRAUSS	FRANCK MULLER	JEAN DUNAND	ULYSSE NARDIN
BELL & ROSS	GIRARD-PERREGAUX	LUDOVIC BALLOUARD	VACHERON CONSTANTIN
BULGARI	H. MOSER & CIE.	MAÎTRES DU TEMPS	ZENITH
CARTIER	HUBLOT	PARMIGIANI	
CHOPARD	HYT	PIAGET	

Elegance is an attitude

优雅态度 真我个性

郭富城

LONGINES®

网站名录 WEB SITE DIRECTORY

BELL & ROSS 柏莱士　　　　　www.bellross.com

BLANCPAIN 宝珀　　　　　　　www.blancpain.com

BREGUET 宝玑　　　　　　　　www.breguet.com

BVLGARI 宝格丽　　　　　　　www.bulgari.com

CARTIER 卡地亚　　　　　　　www.cartier.com

CHANEL 香奈尔　　　　　　　www.chanel.com

CORUM 昆仑表　　　　　　　　www.corum.ch

DE GRISOGONO　　　　　　　www.degrisogono.com

DIOR HORLOGERIE 迪奥高级腕表　　www.dior.com

ETERNA 绮年华　　　　　　　www.eterna.ch

FRANCK MULLER 法穆兰　　　www.franckmuller.com

GIRARD-PERREGAUX 芝柏表　www.girard-perregaux.ch

GUY ELLIA 简依丽　　　　　　www.guyellia.com

H.MOSER & CIE. 亨利慕时　　www.h-moser.com

HARRY WINSTON 海瑞温斯顿　www.harrywinston.com

HERMÈS 爱马仕　　　　　　　www.hermes.com

HUBLOT 宇舶　　　　　　　　www.hublot.com

IWC 万国表　　　　　　　　　www.iwc.com

JAQUET DROZ 雅克德罗　　　www.jaquet-droz.com

LONGINES 浪琴表　　　　　　www.longines.com

PARMIGIANI 帕玛强尼　　　　www.parmigiani.ch

PATEK PHILIPPE 百达翡丽　　www.patek.com

PORSCHE DESIGN　　　　　　www.porsche-design.com

RALPH LAUREN 拉尔夫·劳伦　www.ralphlaurenwatches.com

RICHARD MILLE　　　　　　　www.richardmille.com

ROGER DUBUIS 罗杰杜彼　　　www.rogerdubuis.com

ROLEX 劳力士　　　　　　　　www.rolex.com

SALVATORE FERRAGAMO
TIMEPIECES 萨尔瓦多·菲拉格慕　www.ferragamo.com

TAG HEUER 豪雅　　　　　　www.tagheuer.com

VAN CLEEF & ARPELS 梵克雅宝　www.vancleefarpels.com

VERSACE 范思哲　　　　　　www.versace.com

ZENITH 真力时　　　　　　　www.zenith-watches.com

相关网站

BASELWORLD 巴塞尔世界钟表珠宝展览　　www.baselworld.com

SIHH 日内瓦国际钟表展　　　　www.sihh.org

拍卖行

CHRISTIE'S 佳士德　　　　　www.christies.com

SOTHEBY'S 苏富比　　　　　www.sothebys.com

ANTIQUORUM 安帝古伦　　　www.antiquorum.com

de GRISOGONO

GENEVE

www.degrisogono.com

阿布扎比 - 迪拜 - 日内瓦 - 格施塔德 - 科威特 - 拉斯维加斯 - 伦敦
迈阿密 - 莫斯科 - 纽约 - 巴黎 - 切尔沃港 - 罗马 - 圣莫里茨 - 东京

INSTRUMENTINO

两个时区自动上炼机械式机芯
玫瑰金表壳镶嵌白钻

Fawaz Gruosi

de Grisogono 创始人兼创意总监

20年创新不辍：
风格与材料的双重惊喜

在 de Grisogono 20周年庆典上，创始人兼创意总监 Fawaz Gruosi 提到了推动品牌不断进步的宝贵精神，未来将要面临的挑战，以及 Sugar 腕表系列。他打算在未来几年中注入更多创意和创新元素！

在1993年品牌创立后不久，de Grisogono 为珠宝界带来了创意独具的一缕清风。无论是使下方镶爪无迹可寻的宝石镶嵌技术，还是独树一帜的颜色搭配、亦或是出众夺目的设计，品牌无论在钟表还是在珠宝领域都致力于创制出人意料的作品。创意背后的真正动力是 Fawaz Gruosi 反趋势而行的能力。遵循直觉，撇开商业化的思维方式，冒着前所未有的风险，例如使用当时被其他品牌忽略的黑钻或玫瑰金。也正是通过这些大胆且大获成功的放手一搏，这个品牌得以吸引众人目光，将无限创意完美传达。敢于冒险的气概已经成为一种实实在在的力量，使公司得以定义自己的风格。Gruosi 回忆道："我们已经创制了许多独一无二，如艺术品般的作品，对于这个行业来说可谓成本巨大。拒绝任何形式的简化主义、关注每一个细节，我们首先在珠宝领域创制高级定制的作品，进而推广到制表业。

SUGAR

"我依然愿意冒险，
　但会更为慎重。"

▶ FAWAZ GRUOSI

MECCANICO DG

对于 de Grisogono 来说，制表业是始于2000年的一次冒险旅程，而品牌也迅速在这项通常墨守成规的行业内留下了不可磨灭的原创印记。对于 Gruosi 来说，这项在制表界的突破拓展了一片新领域，并强调了创新精神。创新理念在品牌腕表系列的设计中十分明显，甚至在极为复杂的机械腕表上都得以体现，例如 Occhio Ripetizione Minuti, Meccanico DG 和 Otturatore。女士腕表中的 Instumentino Piccolina, Tondo by Night 和 Tondo Tourbillon 都带来了尤为显著的影响力。倘若让 Gruosi 在这前13年制表历程中只选三枚腕表，2000年推出的 Instrumento No Uno 将是他的选择，对他而言，"这始终是 de Grisogono 的首款腕表"。当谈及 Instrumentino 腕表时，他解释道："这是第一枚女士腕表，于2002年发布，也占有独一无二的地位。"2003年发布的 Doppio 表款被他看作是"第一枚拥有钟表复杂功能的 de Grisonogo 腕表"——它亦为之后广受青睐的腕表系列奠定了基石。

增长与变化

20年中，de Grisonogo 已经从先前仅拥有10名员工的小型工坊，扩大到了拥有135名出色员工的公司。这样的增长自然而然带来了巨大变化，最为显著的应该发生在2012年，新的股东加入到公司资本运作。"虽然我们有了增长，但 de Grisogono 依然保持着家族式的团队精神。决定是一步步做出的，我们的股东必须花足够的时间理解我们公司是如何运作的。"因而，品牌依旧保持着对挑战的渴望和创新的个性。然而，Gruosi 也承认个人策略有了一些改变："随着 de Grisogono 的发展，我的身上也肩负了新的责任。我是员工的保障，每一个决定都会对这135位已经结婚、有家庭的员工有所影响。我依然愿意冒险，但是会更为慎重。"

de Grisogono 已经清晰地规划好了未来的发展方向。在现在的经济形势下，公司已经制定了十分清晰明确的战略计划。在公司的可持续发展战略方面，Gruosi 总结为以下几点："在2012年，我们花了许多时间来规划发展方向，来布置我们的生产设施，来做重要的决策，为的是继续扩大我们的优势。2013年我们将把这些计划付诸实践，并将实施新的策略。最终，在2014年大家将看到改变的结果。"de Grisogono 已经全力以赴准备迎接新的改变。我们的品牌没有自满，而是已经将自己创新不辍的精神化为2013年2月推出的新作：Suger 系列。

女士玉腕的美妙点缀

在 Suger 系列中，de Grisogono 创制了一枚具有绝对女性气质的腕表臻品，将经典风度与摩登元素完美糅合。以一位女士将糖撒入咖啡杯这一无与伦比的优雅瞬间为灵感，该款方形腕表充分展现了品牌在宝石镶嵌方面的过人才华。腕表由珍贵宝石镶嵌而成的表圈、表背、侧边及表扣构成。这款腕表最了不起的

工艺成就当属表圈和珍珠鱼皮表带之间的设计。移动式宝石镶嵌技术使得钻石能够随着佩戴者的一举一动，制造出繁星如瀑，从玉腕倾泻而下的幻觉。这款腕表的表盘有两种款式可供选择：珍珠母贝材质或全面铺镶宝石。de Grisogono 向来以用色著称，在 Sugar 腕表上也不例外，腕表系列拥有包括镶嵌蓝宝石、橙色蓝宝石、白钻和翡翠等多种款式。每一款都可以搭配尺寸36x36毫米的玫瑰金和白金表壳。Sugar 系列沿袭了 Tondo 系列开创的风格，该系列腕表极具女性气质，既适合在高贵华丽的社交活动中佩戴，也适合放松的夜晚。

Sugar 系列在2013年初备受瞩目，而这一年的巴塞尔钟表展 (BaselWorld Fair) 上亦能见到新款 Instrumento No Uno，这枚腕表将拥有更大的日期显示以及全新表盘。Gruosi 宣布在2013年秋季将发布新款女士腕表。这款腕表设计新颖，必将引人瞩目。总之，de Grisogono 将在2014年发布更多更为惊艳的新作品，同时，将会有更多惊喜等待揭晓。

Kingston Chu

朱俊浩先生，Sincere Watch (Hong Kong) Limited 副主席及董事总经理

钟表的个性演绎：
FRANCK MULLER 会在中国市场脱颖而出

朱俊浩先生 (Kingston Chu) 在2012年被任命为香港 Sincere Watch (Hong Kong) Limited 的副主席及董事总经理。这次专访，他与我们分析了中国市场和消费者的特点，以及法穆兰 (Franck Muller®) 身为高级腕表品牌，在中国市场的机遇与挑战。

您这么年轻，就在 Sincere Watch 担任着如此重要的职责。您是如何在中国庞大的市场，管理如此重要的零售网络？

奢侈品在中国市场的增长和潜力是无可比拟的，它是未来钟表业成功与否的关键。为扩展中国零售网络做好准备和制定计划的最好方法，是研究其他成熟市场的发展趋势。作为一个大规模的钟表集团，Sincere Watch 拥有广泛的东南亚销售网络，对它的观察和趋势研究对计划中国销售网有着十分珍贵的价值。

在这个时候，将新构思引进奢侈品腕表零售行业是否可行？对于年轻一代来说，哪些新概念可以被应用到市场中？

虽然腕表的基本功能和我们佩戴的方式相对来说并没有很大的改变，然而高级腕表的概念和文化是一直不断演变的。我希望为我们的顾客取得平衡，既能使腕表发挥其传统的计时功用，又能让佩戴者欣赏代表品味和卓越功能的高科技杰作。

对于新兴或独立品牌来说，在中国这片钟表巨头和主要品牌已经十分活跃和知名度高的市场上，如何取胜？您是如何计划就传播、市场、开展商业活动以及在奢侈品购物中心开设新店等方面与之竞争的？

法穆兰 (Franck Muller®) 是一个享誉全球的品牌，并且在中国发展了零售网络和批发网络。随着市场的扩展和销售的增长，我们十分有信心，这个品牌能在同行中脱颖而出。

您将如何定义法穆兰在中国奢侈品腕表市场中的位置？您认为身为独立品牌是一项优势还是劣势？

法穆兰 (Franck Muller®) 拥有如此广泛的表款，很少有品牌能够做到。我们为传统的收藏家提供多样的选择，并且提供有着创新演绎的现代钟表。从复杂腕表到高端珠宝腕表，我们的顾客总能够满意地走出店门。拥有如此令人印象深刻的腕表选择、以及引人注目的品牌形象，我坚信 法穆兰 (Franck Muller®) 将会成为中国市场上一个成功的独立品牌。

CRAZY HOURS

法穆兰精品店

中国消费者是否已经准备好改变奢侈品购物方式，在中国国内购买钟表，而非在其他国家旅行购物？您认为对于瑞士独立制表品牌来说，在中国国内进行分销在未来是否能成功？

中国消费者的消费习惯一直随着进口奢侈商品而改变。随着新贵的产生和出国旅行日趋方便，中国消费者的确将消费地域扩大到了全球范围。我相信这种趋势在不久的将来依然会继续。然而，随着奢侈品和高级腕表在中国继续发展，国内市场在腕表销售总额方面将会占有更多的比重。对于本土消费者来说，个性化服务、更多选择以及合理的价位将会成为推动国内销售增长的主要动力。

您是如何看待中国消费者消费习惯和品牌的改变？

我相信中国消费者将会继续处于高级钟表市场的领先地位。

我们看到有越来越多的高级腕表系列针对中国市场。在您眼中，中国在奢侈品世界扮演着怎样的角色？

正如中国在全球经济中扮演的角色一样，在未来几年奢侈品增长中，中国扮演着重要且紧密的角色。随着国内生产总值和国家整体财富的增长，中国在奢侈品市场的消费也会随之增长。在任何一个奢侈品的领域，没有品牌会忽略中国消费者带来的影响。

法穆兰被认为是"复杂功能大师"。您个人在所有系列中最喜欢的复杂功能腕表是什么？

事实上，法穆兰（Franck Muller®）的优秀传统和专业工艺都体现在这些精妙绝伦、史无前例的复杂功能腕表上。因而，"复杂功能大师"是一个十分实至名归的美誉。我最喜欢的法穆兰（Franck Muller®）腕表之一、同时也是最具代表性的，当属Crazy Hours系列。这个系列完美诠释了品牌的革命性科技和创新文化。

制表工坊

法穆兰腕表的下一步，分别从设计角度和从商业角度来说，将会是什么？

法穆兰（Franck Muller®）无疑将会继续为我们的消费者带来极具代表性的腕表杰作，拓展高级制表的疆界。复杂功能大师将会继续遵循传统，将不可能一一实现，并且以多种产品选择引领市场。品牌计划在亚洲地区积极扩张业务，在2013年开设新的专卖店及增加新的销售点。品牌还要在中国与重要零售商建立紧密的战略伙伴关系，令品牌在这一持续增长的市场上扩大影响。品牌的前景十分光明，但同时我们亦要汲取以往的经验，从多方面作好准备，迎接现在与未来的旅程。

CRAZY HOURS

HUBLOT

THE ART OF FUSION

OFFICIAL WATCH
SCUDERIA FERRARI

Big Bang法拉利红色魔力碳纤维
UNICO导柱轮计时机芯
72小时动力储存
由宇舶表独立研发制造
碳纤维表壳，红色蓝宝石镜面
快速可更换黑色鳄鱼皮表带，内衬天然橡胶
限量典藏1000枚

Ricardo Guadalupe

宇舶表（Hublot）全球首席执行官

宇舶表座右铭:
垂直整合和发展制造并重

Ricardo Guadalupe 自2012年初开始担任宇舶表（Hublot）全球首席执行官。从他的朋友、现任董事会主席的 Jean-Claude Biver 接手这一职位后，Ricardo Guadalupe 在2013年的目标包括在全球新建15个精品店，以及为品牌位于瑞士的制表厂新建第二幢建筑。

能否能用几个字形容一下宇舶表（Hublot）？
品牌的标语是"融合的艺术"（"Art of fusion"），这条标语代表了宇舶表（Hublot）的理念。

是什么让宇舶表（Hublot）区别于其他品牌？
在制表中融入创新概念，将现代科技运用到高端制表中。在1980年，宇舶表（Hublot）史无前例地为金表搭配橡胶表带，这一设计在当时的制表界一鸣惊人。我们遵循这一方向，在高级钟表中运用出人意料的材料，比如陶瓷、碳纤维、钛金等等。不仅如此，宇舶表（Hublot）还成功开启了制表中运用黑色的先河。我们甚至探索极致，设计了全黑腕表。如今，黑色已然是人人必备的百搭基本款。

这些新材质的应用是出于实用考虑，还是只为美观？
两者皆有。有功能性和技术性的考虑，同时也出于审美目的。比如陶瓷是一种抗刮痕和抗致敏的材料。这是两项巨大的优势，特别相较于黄金这样的材料，后者很容易留下刮痕，并且会引起一些佩戴者的过敏反应。

CLASSIC FUSION EXTRA-THIN SKELETON 超薄镂空腕表

回顾2012年，宇舶表（Hublot）成绩如何？

过去的六年中，每一年我们都有新创记录，2012年也不例外。我们继续迎来两位数的增长，远高于瑞士钟表出口的平均增长，现在利润也十分可观。这个高起点意味着在接下来的三年中我们也许都无法再将这个数字翻番。宇舶表（Hublot）正处于一个巩固阶段：我们正实实在在地努力塑造品牌形象，包括新建精品店以及发展我们的生产设备。宇舶表（Hublot）正在进行机芯以及材料上的垂直整合。

说到整合，宇舶表（Hublot）已经拥有自己的 Unico 计时码表机芯。在未来，自制机芯能够占到多大比例？

宇舶表（Hublot）正努力成为瑞士钟表中人人青睐的必备品牌。我们的目标是能够与许多诸如爱彼表（Audemars Piguet）、积家（Jaeger-LeCoultre）以及宝玑（Breguet）这样的标杆品牌平起平坐。为了达到这个目标，垂直整合和全面发展生产必不可少。2012年，我们生产了5,000枚 Unico 机芯和35,000只腕表。三到四年之内的目标是把 Unico 机芯产量提高到每年20,000枚。这意味着更多的投资，特别是一个崭新的、有6,000平方米规模的厂房，能够让我们将生产区域扩大一倍。新的建筑大楼会在2014年底前竣工，用于 Unico 机芯和包括陶瓷、碳纤维和魔力金(一种抗刮痕的专利18K金)等材料的生产。

宇舶表（Hublot）是否计划研发一款自制自动上链机芯？

我们将与目前的合作伙伴共事。我们与 Sellita 共同研制基础机芯。我们的合作非常顺利，将来还会继续。我们同样拥有一枚超薄手动上链机芯，是与 La Joux-Perret 合作的产物。宇舶表（Hublot）从一开始的研发阶段就参与整个过程。未来，我们将继续遵循这项战略，与机芯生产商合作，创制宇舶表（Hublot）的独家机芯。

UNICO 机芯

您对2013年的展望是什么？这一年将会重点发展大复杂表、计时码表、男表还是女表？

我们的 Masterpieces 传世之作系列创意无穷。我们希望这个系列的发展不受技术或者美学框架的制约。2013年，我们将会呈现一款与法拉利（Ferrari）共同合作的腕表，灵感来源是赛车的巅峰——新款恩佐（Ferrari Enzo）。这两个尖端品牌将合力打造一款与恩佐搭配的表款。除了在日内瓦车展上与法拉利（Ferrari）一同首度亮，也会在巴塞尔钟表展（BaselWorld）的宇舶表（Hublot）展区与大家见面。这款腕表当然会凸显赛车主题，还拥有超长时间动力储存。我们确实希望在这个方面能够创造一个新的世界纪录。这是一枚高端腕表，售价约为30万瑞士法郎。机芯灵感同样来自赛车引擎，在表盘侧面清晰可见。我们想要在其他品牌与法拉利合作失败的领域获得成功。我们的 Big Bang 表款将在2013年使用 Unico 机芯。用自己的专利机芯驱动腕表，这也是理所应当。当然，2013年，女士腕表同样引人注目。女士腕表占到了我们销售额的30%，我们也有计划地将现有表款设计成女士腕表。

哪些市场正在增长？最近有多少家精品店开张？

2012年，我们开设了约15家精品店（到2012年底宇舶表共拥有58家精品店）。我们将在2013年再开设约15家，多数在中国，因为我们需要在中国市场成长壮大。钟表出口额的30%以上都在大中华区，而宇舶表（Hublot）仅向中国出口约6%的钟表。原因有很多：首先，宇舶表（Hublot）是一个年轻的品牌，在三年前才进入中国市场。我们的理念十分新颖，这不太符合中国消费者的传

统期待。宇舶表（Hublot）希望在中国能够展现真实的自我——我们不会通过发行特别款式给品牌人为镀上一层"中国风"。新一代的中国消费者渴望尝试与众不同的事物，而满足创新需求正是宇舶表（Hublot）的专长。通过精品店销售网络，我们想要向中国展示我们在这片市场立足的能力。开设精品店能够让终端客户体验到不仅仅是产品本身，更是一个世界，一种哲学。这对我们这样的品牌来说极为重要。

决定在中国市场寻求更大影响力，与法拉利（Ferrari）的合作显得更为重要。

非常对，因为我们需要一个更突出的品牌形象。中国顾客喜欢为品牌而买。强大的品牌形象使人们放心，这正是我们现在正在做的。首先，我们需要通过合作，特别是与法拉利（Ferrari）的合作真诚地树立品牌形象。而后品牌自然会在中国市场取得成功。

▲ RICARD GUADALUPE（右）与 EDWIN FENECH（法拉利大中华区总裁兼首席执行官）

BIG BANG 法拉利

RICHARD MILLE
A RACING MACHINE ON THE WRIST

RM 037

In-house designed caliber CRMA1
Power reserve: circa 50 hours
Baseplate and bridges made of grade 5 titanium
New rotor with variable geometry
Free sprung balance with variable inertia
Newly developed gear teeth profile
Oversize date display
Function selector
New patented stem-crown construction
Balance: CuBe, 4 arms, 4 setting screws
Inertia moment 7.5 mg.cm2, angle of lift 50°
Frequency: 28,800 vph (4 hz)
Newly designed flat head movement screws in grade 5 titanium
Anglage hand polished
Satin finished surfaces
Titalyt® treatment for the baseplate and the bridges

Richard Mille

Richard Mille 全球首席执行官

"我们的品牌如同 一枚二级火箭"

Richard Mille 给人以不断挑战极限的印象，事实上，他对品牌发展的协调就如同钟表机械的运作一般精准，同时不断给收藏家和年轻的一代带来鼓舞。培养梦想，展现了集谨慎和创新于一身的完美平衡。

和 每年的年末一样，Richard Mille 匆忙完成了2012年底的这次采访。配送这一年年初的新款腕表是一项令人生畏的挑战，因为各个环节的延误必定会阻碍重要订单的完成。"最终，这决定了我们的营业额。"这位制表大亨平静地说道，特别是考虑到品牌完成了约20%的销售增长，共销售2700只腕表，达到1亿1000万瑞士法郎。

TOURBILLON RM 039

TOURBILLON RM 010

为何品牌总是面临着同样的年终挑战？

因为事实上腕表的配送绝不是简简单单就能完成的，任何顺畅的流程对于现在的我们来说都是假象。换言之，当我们开始着手策划设计一款仅发行20枚的腕表——这在 Richard Mille 十分常见——我们总是面临配送期限的困难，比如 Tourbillon RM 039 Aviation E6-B Flyback 腕表的表壳包括将近1,000枚配件，我们就比原计划的2013年底的配送时间晚了一年半。然而令我倍感欣慰的是，负责开发的 Renaud & Papi（编者注：为 Audemars Piguet 爱彼表所有）认为这是迄今为止最为完善的一款计时码表。

能说 Richard Mille 是自己成功的受害者吗？

我觉得倒也不能这么说。事实上，我们的限量款的确获得了极大的成功。RM 056 Felipe Massa Sapphire 就是一个很好的例子。它的三件式表壳完全由蓝宝石水晶制成，绝对深得顾客的喜爱。在五件式系列亮相的第一个晚上马上销售一空。我们甚至还能再销售五倍的数量。我将以相同的理念创制完全不同的腕表作品。这生动地解释了 Richard Mille 的哲学，而这一哲学基于两大战略。在最为独家的腕表作品中，我们很快发现顾客对于新款型号的极高需求——于是我们决定生产绝版和限量款系列。这看起来是个不错的选择，因为这类腕表使人们蜂拥而至。每一枚腕表都被提前预定，意味着我们没有任何存货。这让我们进入了一个良性循环，帮助高级制表摆脱了孤立的状态——这正是我从创立品牌伊始便在努力的方向。然而另一方面，这又迫使我必须不断创制新款腕表——虽然这并不是问题，而是我在制表行业的主要动力。

TOURBILLON RM 27-01

第二大战略又是什么？

最为独家的限量款腕表大约每年有200枚左右，如我刚才所说，它们一直不断被更新。我们同样能够依赖于大尺寸系列，它们的生产销售极为稳定，比如 RM 07、RM 010 以及 RM 011 腕表。从这方面讲，Richard Mille 正如同一枚二级火箭，拥有特别款式的同时，特别款式又给大尺寸腕表系列注入灵感。在它不羁的外表和天马行空的创造力之下，Richard Mille 其实是一个结构完善、始终如一的系统。最为独家的元素——耗费脑力的产品雏形早在生产之前已经销售一空——这让我们能够建立一个丰富的知识库，为整个品牌服务。从最早"Nadal"腕表的原型，到它的最终版本，我们否决了五到六只手表，人们当然会从中吸取经验教训。同样的事情也发生在 RM 031 High Performance 腕表上，我们当时的目标是创制一款每月误差小于30秒的超精确腕表。目前，我们已经将误差区间缩小到15到20秒。是的，我们有时候的确会推迟交货，因为许多东西的开发要比预计的时间要长。但重要的是我们都被创新进步的想法深深鼓舞，并享受其中的乐趣。

这就是具有感染力的快乐吧？

据顾客说，我们的确通过匠心独具、创意非凡的腕表获得了一定的赞誉。无论是对收藏家们还是未来的一代，我们的品牌都是老少通吃，广受青睐。我们在这个战场上赢得了良好的声誉。每一个制表品牌都有着自己的哲学。我们的哲学使人敢于梦想，让我们不断开拓，驱动着我所说的不竭创造力。就像在汽车制造业，没人会质疑为什么汽车品牌会同时生产小轿车、跑车、SUV和面包车。如果一个品牌有着丰富的创造力，就应该表现出来！

在2013年我们会期待怎样的精彩？

除了一百家左右销售点之外，我们正在计划扩大自己的精品店网络，再次与当地的经销商合作。很多国家还没有我们的身影，比如德国和韩国。我们还想增强在美国的影响。从产品角度说，我们将继续为伙伴服务，特别是新款"Nadal"腕表，以及为伦敦奥运会双金得主 Yohan Blake 创制的腕表，还有为刚刚加入 Richard Mille 大家庭、九次世界拉力赛冠军 Sebastien Loeb 即将创制的腕表。我们还将创制一枚 Panda 腕表和两枚 Jean Todt 腕表：分别是一枚 Worldtimer 和一枚 Tourbillon G-Sensor RM 36，后者能够从机械角度和视觉上呈现佩戴者在频繁加速时积累的G力。2013年对我们来说是重要的一年，我们第二个表壳制造工厂将要竣工，除了蓝宝石表壳，我们在这个领域更进一步保证了完美的独立性。我们决定加强品牌的垂直整合以便满足自己的需求。简言之，这将是充满兴奋与惊喜的一年。

Elegance is an attitude

优雅态度 真我个性

Kate Winslet

凯特·温丝莱特

康铂系列

Marc A. Hayek

宝玑 (Breguet), 宝珀 (Blancpain) 和雅克德罗 (Jaquet Droz) 总裁

"三个品牌着实迥异"

Marc-Alexandre Hayek

作为 Nicolas Hayek 的外孙，Nayla Hayekz 之子，现在的身份是 Swatch Group 董事会主席，领导着宝玑 (Breguet)、宝珀 (Blancpain) 以及雅克德罗 (Jaquet Droz) 三大品牌。他解释了三大品牌的特点，而这些品牌代表了世界高端钟表的第一方阵。

雅克德罗 JAQUET DROZ
The Bird Repeater

宝玑 (Breguet)、宝珀 (Blancpain) 和雅克德罗 (Jaquet Droz) 属于 Swatch Group 的高端产品线。它们之间有何不同？各自有何特色？

宝玑 (Breguet) 体现了研发和科技创新的精髓，并从 Abraham-Louis Breguet 创立品牌以来一直遵循这个宗旨。目前我们依然以这项传统为根基不断发展，当然也采取了众多现代技术。

这是否是一个先锋前卫的品牌？

是的，虽然在方方面面我们都展现了对传统的敬意。宝玑 (Breguet) 一直都具有先锋前卫的气质。

宝珀 (Blancpain) 是怎样的？

这也是一个具有悠久历史传统的品牌，虽然它经历了一些发展的不同阶段，并展现出不同的特点。比如在20世纪50年代，宝珀 (Blancpain) 只推出纯粹的运动腕表；而在20世纪80年代，这个品牌的腕表更趋于经典和传统。也正是这种多样性使得它显得如此与众不同：年轻并富有活力，机芯强大，风格浑然天成，一眼望去便知是宝珀 (Blancpain) 的独家特色。

雅克德罗 (Jaquet Droz) 的特点是什么？

雅克德罗 (Jaquet Droz) 是 Swatch Group 里具有哲学深度的高端品牌。Bird Repeater 三问表作为新款腕表之一，以栩栩如生的鸣鸟装点表盘，带来无限生机，这是怎样的一件杰作！在宝玑 (Breguet) 或宝珀 (Blancpain) 上，我绝对不会采用这种风格。因此，手工工艺才是雅克德罗 (Jaquet Droz) 的重中之重。它们代表了一种创新的力量，这种力量就体现在品牌能够持续不断地带来令人惊喜的作品。因而，这个品牌相较于其他传统品牌，追求的更是哲思与诗意的路线。

这些品牌之间的不同一直存在，还是集团为了使三个品牌更有区分度而着意加强？换言之，宝玑 (Breguet) 和宝珀 (Blancpain) 是否比5年之前更加不同？

我不认为它们在过去更为不同，幸运的是，这三个品牌一直就具有自己与众不同的个性。否则，如今管理三个品牌将会困难重重。回望100多年之前，三个公司已经大为不同，而那时的区别也许比现如今更加明显。本质上说，宝玑 (Breguet) 和宝珀 (Blancpain) 都专注于创制陀飞轮，它们也互为竞争对手。但明显的不同仍旧存在，比如宝玑 (Breguet) 的经典飞行员腕表就与宝珀 (Blancpain) Fifty Fathoms 腕表的传统大不一样。我从来不需要着意去寻找品牌间的差别，我也从未因为某一枚腕表的风格与另一枚十分相像而干预它的设计制作过程。

宝玑 BREGUET
Tradition Breguet 7047
Tourbillon Fusée
Rose Gold

宝玑 BREGUET
Type XXI Titanium

将它定义。

对于雅克德罗（Jaquet Droz）来说，我认为最能够象征它的款式应该是 Grande Seconde 腕表。然而在我心里，最能够代表这个品牌并且代表这个品牌未来挑战方向的是 Bird Repeater。它精妙地运用自动人偶，将 Pierre Jaquet-Droz 的精神融合到极致，让任何传统腕表都相形见绌。

这款腕表是否代表了雅克德罗（Jaquet Droz）未来的发展趋势？

它代表了品牌朝着这个方向发展的一个阶段，品牌还会走得更远。然而，这枚腕表虽然独一无二，却不能替代传统的雅克德罗（Jaquet Droz）系列——因此我会说 Grande Seconde 代表了品牌的作品，而 Bird Repeater 传达了 Pierre Jaquet-Droz 的精神。

站在更加全球化的角度看，您认为在未来几年制表行业将面临的主要问题是什么？

质量，这是绝对的；当然还有在研发和生产设备上的投入；最后，还有瑞士制造的标签。最后这一点，虽然我们几乎不受影响，产品是百分之百瑞士制造，然而我们坚信整个瑞士制表产业的职责是将瑞士制造发扬光大，而不应贬损它。瑞士制表应该保持自己的优势地位，也应该竭尽所能维护质量的高标准。一旦我们开始纵容自己寻求捷径，在最初几年也许行得通，最终总难逃灾难性的结局。制表商面临的另一个挑战就是全球行销的质量。这是一个核心要素，因为服务绝对要与产品相匹配，这是顾客对我们最基本的要求。

宝珀 BLANCPAIN
Fifty Fathoms

宝珀 BLANCPAIN
Traditional Chinese Calend

雅克德罗 JAQUET DROZ
Grande Seconde SW Red Gold

问鼎2012年度"日内瓦高级钟表大赏–金指针"奖

TAG HEUER CARRERA, MIKROGIRDER 10,000

豪雅荣获瑞士奢华制表最高荣誉2012年"日内瓦高级钟表大赏 — 金指针"奖。

52年的执着探寻，只为极致掌控时间的精微单位。

机械计时码表划时代之作：精确计时至前所未有的5/10,000秒，即每小时振频达720万次。

50倍速超高振频，精准度超越99.99%机械计时码表。

卓越性的突破，自1675年以来的全新机械调节系统由此诞生

Jean-Christophe Babin

豪雅 (TAG Heuer) 全球首席执行官

黄金周年庆:
卡莱拉 (CARRERA) 五十周年

豪雅 (TAG Heuer) 的首席执行官 Jean-Christophe Babin 向我们讲述了 Caliber 1887 的市场策略，制表行业全新材料的研发过程以及 Caliber 1888 诞生的缘由。

请向我们介绍一下2013年卡莱拉 (Carrera) 50 周年表款...

卡莱拉 (Carrera) 50周年表款是一款从 Valjoux 计时码表机芯、外包制造的表壳和表盘，到搭载豪雅 (TAG Heuer) 自制 Caliber 1887 机芯和品牌旗下 Cortech 以及 Artecad 表壳和表盘作坊的代表作品——这意味着腕表完全自制。购买一枚卡莱拉 (Carrera) 腕表时，顾客也是在购买一款价格从3800到200000瑞士法郎以上不等的豪雅 (TAG Heuer) 自制腕表，而且我们的生产流程全部在瑞士完成，所以这也是一枚货真价实百分之百的瑞士制造腕表。

说到 Caliber 1887，我们同样研制了一枚卡莱拉50周年的杰克豪雅版本的腕表，因为我们不愿意将甫获瑞士日内瓦金指针奖 Mikrogirder 的独特外观仅仅用于高价位的腕表。我们决定将它放置在45毫米，而非48毫米的表壳内。在动力储存方面，这枚腕表拥有更强的持久度。表盘由品牌第四代传人杰克·豪雅 (Jack Heuer) 先生亲自设计，展现了他对运动计时码表的着迷。11时和1时位置装置的人体工程学按钮，是对19世纪的怀表以及21世纪腕表的双重致敬。这枚腕表定价为7000 瑞士法郎，无限量编号。

新的卡莱拉 (Carrera) 表款是否与以往表款有很大不同?

事实上，卡莱拉 (Carrera) 是围绕着自产机芯

Caliber 1887 的不断进步，与此同时产量也在增长。两年前卡莱拉 (Carrera) 41毫米的产量是几千枚。2012年，我们1887机芯的产量已增长到上万枚。我们非常有信心将1887机芯装置在全球销量最好的腕表上，这同时也代表了我们工厂的生产能力。而其结果无论从哪一面来看，这新旧两款腕表在外观上非常相似，然而其实截然不同。因为当机芯改变了，表壳也必须改变。我们将铝制表圈改为了陶瓷表圈。因而事实上，虽然新的卡莱拉 (Carrera) 腕表与之前的型号相似，但两者其实没有一枚螺钉是一样的!

卡莱拉 CALIBRE 1887
陶瓷表圈

"卡莱拉 (Carrera) 50周年
恰是向 Caliber 1887
致敬的一次机会"

▶ **JEAN-CHRISTOPHE BABIN**

卡莱拉 CALIBRE 1887
RACING CHRONOGRAPH

CALIBRE 1887 机芯

卡莱拉（Carrera）表款在未来只装载豪雅的自制机芯吗？

绝对不会。我们将会一直保持一定的卡莱拉（Carrera）入门款使用 Sellita SW500 或一枚 Valjoux 机芯，虽然很多新型号会搭载 Calibre 1887 机芯或者今年推出的 Caliber 1888 机芯；像 Monaco 和 Grand Carrera 这样的表款已经使用 Caliber 36 机芯。与此同时，我们也有 Mikrograph 机芯，用于高级制表。因而卡莱拉（Carrera）系列应用范围十分广泛，包括价格从3800到200000瑞士法郎不等的表款，但机芯在它们各自的价格范围内都是独一无二的高性价比产品。

在新材料的研发领域你们取得了怎样的进步？

有关材料的使用，我们开发了一种碳材料，在粘合剂和生产流程上都实属新颖。这种材料更适用于制表业，因为它适合各种肤质的人佩戴。环氧碳原子纤维一直到现在才为人所质疑，因为它可能会引起过敏和皮肤刺激。这种材料对于一辆汽车来说无疑不成问题，因为司机的皮肤和汽车底盘很少接触，然而对于腕表来说却是个问题，这种材料多多少少都会接触皮肤。环氧碳原子纤维第二个劣势是对UV射线的敏感性，UV射线会使它变得不稳定，因而也很容易变色。在碳材料的使用上，我们推出崭新的碳基复合材料概念计时码表（Carbon Matrix Composite Concept Chronograph），我们使用了一种聚酰胺粘接剂，更广为人知的名字是尼龙。与环氧树脂不同，它毫无腐蚀性，对UV射线亦不敏感，这使它更持久稳定。这种碳材料的价值使它十分适合工业应用，不会引起过敏，并且经得起时间考验。

这是一种新材料还是一种为人熟知的材料，是第一次被应用到制表业吗？

这是第一次将这种材料应用到制表业，将它应用到这些微型部件中会遇到一些困难；正如 MANACOV4 机芯中的传送带是来自于显微外科手术领域，需要长足的发展才能将它们应用在制表领域。在这里，我们思考着怎样把碳纤维放置在环氧树脂模具中，在真空中使之变得平滑，再熔炉烧制。当从模具中取出后，完全不需重新塑形处理，并且这种材质像是手工制作而非工业化产物。每一块纤维材料都不是一模一样的，这就为每只腕表赋予了一种独一无二的感觉。搭载 Caliber 1887 自制机芯的腕表重72克，而一般的卡莱拉 (Carrera) 表款为125克。碳基复合材料概念计时码表将于2013年底上市，价格约12,000瑞士法郎。

能为我们介绍一下 Calibre 1888 吗？

我们在2012年初开始研发 Caliber 1888 项目。即便我们已经拥有研发 Caliber 1887 和 Mikro 高度复杂机芯的经验和教训，但是对于我们来说这其实还是从零开始。虽然后者并不是为了大规模生产，它们仍是百分之百原厂自制的计时码表机芯，所有的一切都必须亲自创造、研发和审批。因此 Mikro 高度复杂机芯的生产经验是极为宝贵的，我们在研发 Caliber 1887 时学到的经验也大有裨益。这一切都意味着在4年之中，我们已经取得了机芯制造方面相对完善的经验，这要得益于 Caliber 1887 及 Mikro 高度复杂机芯这两大机芯家族的发展。对于 Calibre 1888 机芯来说，我们想要研发一种适合大规模工业化生产的理想机芯。目标是控制较低的成本，无论是生产还是维护上，都能保证机芯的灵活通用。Caliber 1888 另一个显著特点是位于3时、6时和9时的小表盘。计时码表结构通常是 3-6-9 或者 6-9-12 的搭配。Caliber 1887、Sellita 和 Valjoux 机芯均采用 6-9-12 设计，已经不再新鲜；而 Caliber 1888 在一枚细薄机芯上使用 3-6-9 的设计，价格也会具有竞争力。

什么时候会推出 Caliber 1888？

我们想要在2013年底将它推广到市场上。我们将要用24个月去打造它——从一张白纸到进行量产。这个挑战性的日程非常紧迫，特别是当我们已经尝试过将所有核心和理想计时码表部件都安装到这枚机芯内。只有当我们穷尽豪雅 (TAG Heuer) 上下之心力，并倾注于这个项目中，才能达到这个目标。

碳基复合材料概念计时码表

胜者就是…瑞士钟表!

瑞士制表业并未受到经济危机的冲击,而是继续发展前进。《国际腕表》分析了瑞士钟表产业的成功之道和应对之策,正是这些变化挽救了这一30年前在崩溃边缘风雨飘摇的产业,令其不断迎来一个又一个成功。

作者: MICHEL JEANNOT

二十多年来,机械钟表的复兴为这项产业带来了全新而令人瞩目的生机与活力。制表业发生了怎样的变化?那些最为著名的钟表集团是如何产生的?为何中国成为了制表商们新的福地?钟表产业是如何在全球经济停滞的大背景下依然不断突破,它的优势何在?《国际腕表》通过全面分析钟表产业并一一指出其转型之处,解答了上述问题。

江诗丹顿 (VACHERON CONSTANTIN)
Répétition Minutes Squelette Maîtres Cabinotiers

« REPETITION MINUTES ZEPHYR »

Worldwide first sapphire case. It's through a sapphire crystal case with an impressive strength and high-resonance that is enhanced the technical nature of this exceptional timepiece. Its' exclusive movement GEC 88, created by the swiss manufacture Claret, chimes on a cathedral tone upon request on the hours, quarters and minutes. Added to these complications, you can read five different time zones and the power reserve.

世界首枚蓝宝石表壳。这枚超凡脱俗的腕表通过一枚蓝宝石水晶表壳彰显了令人瞩目的强度，在科技感中寻找到强烈共鸣。独家 GEC 88 机芯为瑞士 Claret 表厂制作，可根据需要在小时、刻钟和分钟报以教堂音。除了这些复杂功能之外，你也可以在表盘上读取五个不同时区和动力储存情况。

AUTOMATIC

25

SWISS MADE

劳动力与公司 随时间变更

Tb. 1e

年份	员工						公司
	企业经营 (a)	行政管理 (b)	生产 (c)	合计 (a-c)	失业人员 (d)	合计 (a-d)	
1980	14 155		30 018	44 173	2 825	46 998	861
1981	13 983		29 317	43 300	2 585	45 885	793
1982	12 935		23 873	36 808	1 343	38 151	727
1983	10 455		21 872	32 327	1 069	33 396	686
1984	9 864		20 191	30 055	889	30 944	632
1985	10 087		21 873	31 960	889	30 944	632
1985	10 087		21 873	31 960	944	32 904	634
1986	10 166		21 575	31 741	947	32 688	592
1987	9 588		19 534	29 122	687	29 809	568
1988	9 641		19 753	29 394	728	30 122	562
1989	10 109		21 273	31 382	826	32 208	564
1990	10 660		22 402	33 062	861	33 923	572
1991	10 084		22 098	32 182	788	32 970	575
1992	10 049		21 157	31 206	703	31 909	534
1993 (1)	10 281		20 476	30 757	686	31 443	558
1993 (1)	10 609		21 264	31 873	801	32 674	591
1994	10 686		21 979	32 665	721	33 386	606
1995	11 114		22 181	33 295	752	34 047	606
1996	10 773		21 924	32 697	652	33 349	586
1997	11 030		21 458	32 488	629	33 117	579
1998	11 396		22 232	33 628	586	34 214	567
1999 (2)	1 229	7 018	25 742	33 989	666	34 655	567
2000	1 260	7 398	27 992	36 650	684	37 334	575
2001	1 369	8 253	29 756	39 378	676	40 054	570
2002	1 385	8 434	30 330	40 149	666	40 815	564
2003	1 391	8 645	29 932	39 968	570	40 538	587
2004	1 411	8 785	29 304	39 500	498	39 998	589
2005	1 433	8 810	31 000	41 243	485	41 728	593
2006	1 594	9 272	33 161	44 027	417	44 444	595
2007	1 536	10 305	36 515	48 356	479	48 835	627
2008	1 661	10 932	40 224	52 817	483	53 300	629
2009	1 589	10 893	36 275	48 757	340	49 097	609
2010	1 607	10 978	35 708	48 293	255	48 548	596
2011	1 555	11 719	39 243	52 517	286	52 803	573

(1) 1993年的人员统计有两个版本。第一个版本在往年基础上进行统计，并与1980年到1992年的人员统计进行对比；第二个版本的基础数据较新较准确（将新公司考虑在内），必须用于对比1994年及之后的数据。

(2) 1999年之后，企业经营和行政管理才在人员统计中分开计算。

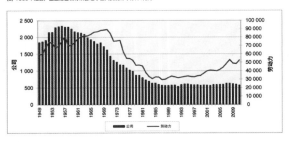

三十多年前，全球钟表业被石英革命的阴霾笼罩，瑞士钟表前途堪忧。来自亚洲的竞争对手来势汹汹，钟表业也被机械制表的种种限制束缚，瑞士古老的钟表厂接连倒闭。数以千计的人因此失业。昔日在业内最为活跃的地区也变得冷冷清清，与最近发生在美国的汽车制造业一样萧条。作为更为可靠且轻便的选择，电子钟表的发明和流行为传统机械制表敲响了丧钟。在20世纪60年代的鼎盛时期，瑞士拥有超过2000家制表公司和9万名员工。二十年之后，仅有500家幸存，员工也减少到3万人。

钟表业 新高峰

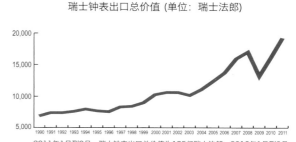

瑞士钟表出口总价值 (单位: 瑞士法郎)

2011年1月到9月, 瑞士钟表出口总价值为135亿瑞士法郎, 2012年1月到9月, 这个数字达到153.35亿瑞士法郎。

20世纪80年代的严峻形势与现在形成了鲜明对比——瑞士再一次主宰了国际钟表市场。这从仿货的流通趋势中便可见一斑: 仿货虽然是21世纪一大流弊, 它却反映了人们最趋之若鹜的商品。如今, 唯有披上瑞士钟表的外衣, 仿货才能在黑市大行其道。制表业紧随化学制药和机械产业成为瑞士出口第三大产业, 2011年出口额达200亿瑞士法郎, 较前一年增长了19.5个百分点。这个数字仅指批发价格, 乘以三才能反映其零售规模——约600亿瑞士法郎。瑞士钟表协会的数据显示, 瑞士钟表出口额达218亿美元, 瑞士也当之无愧地占据了钟表大国的头号交椅, 远超出中国香港(88亿美元)和中国大陆(37亿美元)。

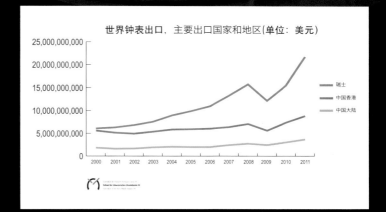

世界钟表出口, 主要出口国家和地区(单位: 美元)

瑞士
中国香港
中国大陆

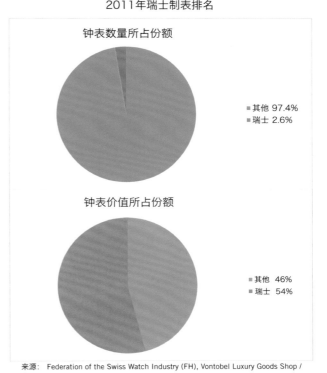

2011年瑞士制表排名

钟表数量所占份额

■其他 97.4%
■瑞士 2.6%

钟表价值所占份额

■其他 46%
■瑞士 54%

来源: Federation of the Swiss Watch Industry (FH), Vontobel Luxury Goods Shop / Watch Industry (2012年4月)。

AND THE WINNER IS...胜者就是...

这一切又是如何做到的？作为曾经的垂死产业，瑞士钟表如今已经成为奢侈品王国不可分割的一部分；人们梦想拥有一块制作精良的瑞士腕表，然而其价之高昂，有时甚至令人不敢问津。其中原因三个字便可说清，那就是"机械表"。机械表曾被指是钟表业的掘墓人，如今却成为了光辉传统和精密工艺的代表符号，前沿技术的创新体现和大师级制造工艺的化身。这一切都令机械表成为经典永恒的标志。制造商别无选择，只能努力掌握机械钟表的奥秘。钟表业正经历转型，并不断攀越新的高峰，整个行业并未受到变幻莫测的经济环境带来的严重影响。

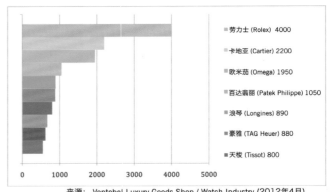

全球销售额最高十大品牌（单位：百万瑞士法郎）

- 劳力士 (Rolex) 4000
- 卡地亚 (Cartier) 2200
- 欧米茄 (Omega) 1950
- 百达翡丽 (Patek Philippe) 1050
- 浪琴 (Longines) 890
- 豪雅 (TAG Heuer) 880
- 天梭 (Tissot) 800

来源：Vontobel Luxury Goods Shop / Watch Industry (2012年4月)。

萧邦 CHOPARD，L.U.C 机芯

美妙 *Pont des Amoureux*
诗意复杂功能腕表，白K金，
钻石，墨彩珐琅，
逆跳机械机芯

Van Cleef & Arpels

Haute Joaillerie, place Vendôme since 1906

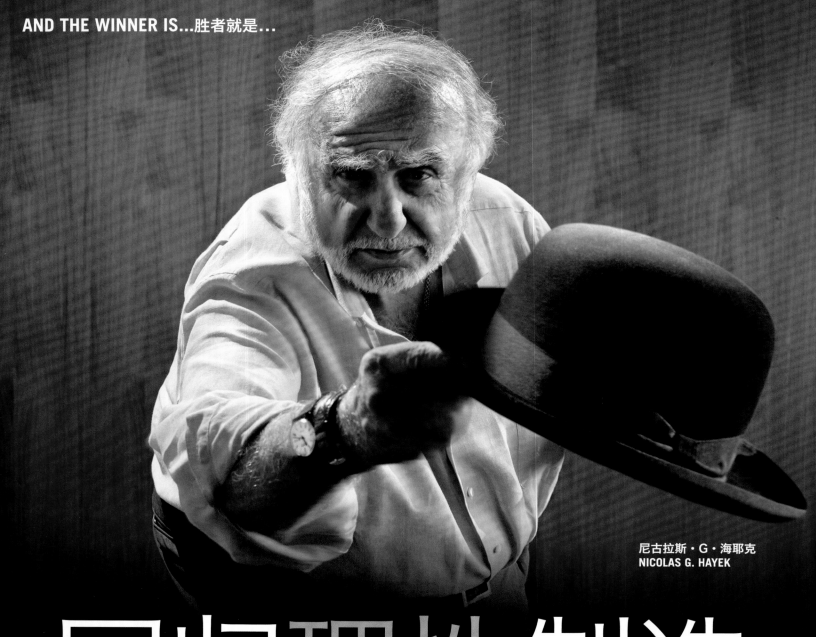

尼古拉斯·G·海耶克
NICOLAS G. HAYEK

回归理性制造

　　机械表的重生除了归因于制造商们精雕细琢的制作之外，更要感谢一个人的远见卓识。尼古拉斯·G·海耶克 (Nicolas G. Hayek) 先生比任何人都要了解保护钟表传统的重要意义。京都大学经济学教授 Pierre-Yves Donzé 解释说："在20世纪80年代就开始涉足制表行业的尼古拉斯·海耶克 (Nicolas G. Hayek) 先生，那时是瑞士银行系统的咨询师，当时几大瑞士钟表公司正值负债累累之时。他大胆重组制表行业的关键部门，取得所有权后将企业发展成著名的 Swatch Group。尼古拉斯·海耶克 (Nicolas G. Hayek) 将制表行业变得更加理性、更加全球化，并成功地使这项产业再一次扭亏为盈，为它提供了其长远发展的动力。"

　　石英钟表无法拥有机械钟表所蕴藏的灵魂和情感，真正的鉴赏家们也一直钟爱机械钟表。钟表收藏家对于传统深厚的计时方式和其中蕴藏的价值更为认可，这从每年世界著名的拍卖会上便可见一斑。世界重新发现了传统钟表的价值所在，而电子产品恰恰相反，是伽利略式的科学创新者取得的成果，亦是一种混合的解决方案。机械钟表的传统工艺看似与科技发展背道而驰，实则不然。科技进步使得机械钟表解决了诸如海拔显示等困难问题。正是这些先进科技推动机械制表不断前进，无时无刻不提醒着腕表佩戴者莫忘初心——巧夺天工的机械作品，正是人类伟大智慧的充分写照。

力挽狂澜

SWATCH, Swatch 腕表

宝玑 (BREGUET), 制表工坊

机械钟表的复兴为整个钟表产业带来了新的气息。21世纪之初，一股兼并与收购的浪潮席卷瑞士制表业，最终诞生了几大如雷贯耳的钟表巨头。SMH集团 (Société de microélectronique et d'horlogerie) 于1998年正式更名为Swatch Group，其著名的塑料腕表一经推出便大获成功，并与亚洲电子钟表形成了竞争。随后，通过将钟表品牌一个个纳入旗下，Swatch Group 稳固了其钟表霸主地位。宝珀 (Blancpain)、宝玑 (Breguet)、Léon Hatot、雅克德罗 (Jaquet Droz)、Union Glashütte 以及格拉苏蒂 (Glashütte Original) 的加入使这个全球最大的国际钟表集团熠熠生辉。如今，Swatch Group 在全球拥有160家工厂、2万8千名员工、17个品牌，每年创造70亿瑞士法郎的销售额。不仅如此，Swatch Group 于2013年斥资7.5亿美元收购 Harry Winston 这一钟表和珠宝品牌，该举措体现了集团势不可挡的发展趋势。

卡地亚 (CARTIER),制表工坊

与此同时，历峰集团（Richemont）的发展速度也令人望尘莫及，在奢侈品领域和钟表领域，其表现更为可圈可点。1988年，南非鲁伯特家族将其国际资产拆分，成立瑞士历峰集团，这家总部位于瑞士的公司不断吸纳奢侈品牌。除了旗下的卡地亚（Cartier）、伯爵（Piaget）、名士（Baume & Mercier）、登喜路（Dunhill）、万宝龙（Montblanc）和克罗维（Chloé），历峰集团（Richemont）收购并重新推出沛纳海（Penerai），并将江诗丹顿（Vacheron Constantin）、万国（IWC）、积家（Jaeger-LeCoultre）以及朗格（A. Lange & Söhne）、梵克雅宝（Van Cleef & Arpels）和罗杰杜彼（Roger Dubuis）纳入旗下，这些闻名于世的制造商帮助历峰集团确立了在高级钟表和高级珠宝产业的强大地位。面对钟表产业的强势增长以及人们对机械钟表持续增长的热情，奢侈品王国另外两大翘楚 LVMH 和 PPR 集团更不能袖手旁观。几年之间，LVMH 集团已经发展成钟表和珠宝界的行业巨头，旗下包括戴比尔斯（De Beers）、法兰（Fred）、尚美巴黎（Chaumet），迪奥（Dior Montres）、豪雅（TAG Heuer）、真力时（Zenith）、宇舶表（Hublot），以及2011年收购的宝格丽（Bulgari）。作为 Gucci 和宝诗龙（Boucheron）的所有者，巴黎春天集团（PPR）也收购了 Sowind 集团的大部分股份，在2011年接手芝柏表（Girard-Perregaux）和尚维沙（Jean Richard）。还有不得不提的美国摩凡陀集团（Movado Group），集团旗下拥有摩凡陀（Movado）、君皇表（Concord）、玉宝（Ebel）和 ESQ 几大品牌。同时，摩凡陀集团（Movado Group）也是 Coach、Hugo Boss、Tommy Hilfiger、Lacoste 和 Juicy Couture 品牌手表的授权制造商。

卡地亚 (CARTIER), Promenade d'une panthère

爱彼 (AUDEMARS PIGUET),
皇家橡树 'Leo Messi' 限量款

爱彼 (AUDEMARS PIGUET), 制表工坊

百年灵 (BREITLING), 制表工坊

百年灵 (BREITLING)
Chronomat 44 Frecce Triocolori
限量款

独上高楼

面对钟表产业巨头轰轰烈烈的兼并与收购，仍有少数品牌坚定地保持独立。并非无人愿意将它们收入麾下，恰恰相反，这些品牌可谓追求者众。然而，无论其稳固的市场地位，还是数百年的家族历史，以及品牌本身的成功，均让它们可以着眼未来，无需担心资金支持。不仅如此，这些品牌往往处于钟表业的先驱地位。爱彼 (Audemars Piguet)、百年灵 (Breitling)、萧邦 (Chopard)、昆仑表 (Corum) Franck Muller、百达翡丽 (Patek Philippe)、劳力士 (Rolex) 以及雅典 (Ulysse Nardin) 等独立品牌仍在瑞士制表业的时间史上书写着最美的篇章。

百达翡丽 (PATEK PHILIPPE), 制表工坊

劳力士 (ROLEX), 制表工坊

百达翡丽 (PATEK PHILIPPE), 参考编号: 5940
劳力士 (ROLEX), 蚝式恒动游艇名仕型

François-Paul Journe
F. P. JOURNE

Philippe Dufour
DUFOUR WATCHES

Robert Greubel 和 Stephen Forsey
GREUBEL FORSEY

Vianney Halter
VIANNEY HALTER

CHRISTOPHE CLARET
Baccara 腕表

GREUBEL FORSEY
Technique Double Tourbillon 腕表

　　我们也应该向那些制表大师们致敬，这些制表界的杰出天才受过十分严格的训练，专精钟表修复。他们往往在业界享有极高的声誉，其手工技艺每每都会打动最为挑剔的收藏家。从这些制表大师广受青睐的事实，不难看出，机械表的再度风靡，不仅是因为其自身复杂结构而令人着迷，更是由于擅长利用物理和机械原理的能工巧匠们将时间的艺术升华为凝固的诗篇。这些制表天才包括 François-Paul Journe 和 Peter Speake-Marin，还有 Robert Greubel 和 Stephen Forsey，以及 Felix Baumgartner of Urwerk、Philippe Dufour、Vianney Halter、Kari Voutilainen、Beat Haldimann、Michel Parmigiani、Christophe Claret。

这仅是过去几年新晋品牌的不完全统计，这些新秀勇于突破陈规，却亦恪守机械表的哲学理念——将精准的科学和无穷的想象力完美融合。诸如 Harry Winston 这样闻名于世的品牌也会邀请能工巧匠为自己的系列创制一件旷世之作。与其他系列不同的是，这些作品上往往有着合作者以及独立制表师的明显标识。

HARRY WINSTON
Opus 12

十年内
销售翻番

机械表的复苏与钟表业的迅速发展自然同时进行，过去十年间钟表的销售额几乎翻了一番。瑞士钟表出口额从2001年的101亿瑞士法郎，增长到2011年的193亿。销售的增长并未受到全球经济低迷的影响：2012年的前八个月，有报告显示钟表出口增长了16个百分点。虽然2009年美国次贷危机深重之时带来了震荡，钟表出口仍在年底达到了2位数的增长。其中很大一部分应该归功于机械表的销售——总量仅占到钟表出口的20%，但其价值却占到了75%，平均每只腕表的价格在2千瑞士法郎以上。生产商们不遗余力地拓展自己的分销渠道，包括增开品牌的精品店，或者继续与传统零售商合作。欧米茄（Omega）于2010年和2011年间在美国开设了21家销售点。除此之外，增长仍在继续。

万国表 (IWC)，纽约旗舰店

欧米茄 (OMEGA)，苏黎世精品店

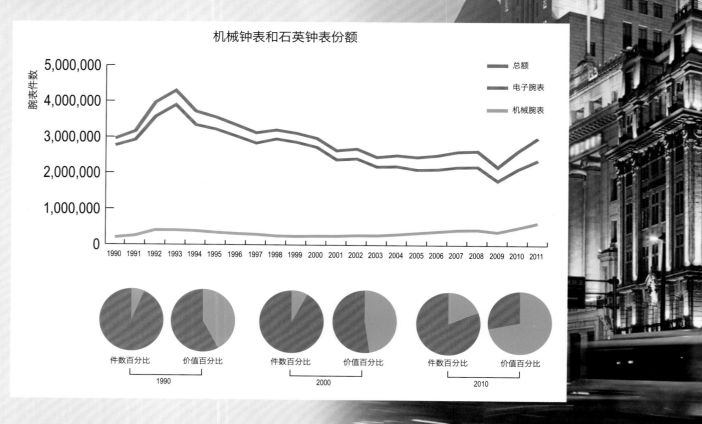

机械钟表和石英钟表份额

腕表件数

— 总额
— 电子腕表
— 机械腕表

件数百分比　价值百分比
1990

件数百分比　价值百分比
2000

件数百分比　价值百分比
2010

劳力士（ROLEX)
位于上海罗斯福
会所的精品店

AND THE WINNER IS...胜者就是...

瑞士制表业的发展势头非常强劲，瑞士制造的钟表遍及世界五大洲，并在新经济体国家获得了前所未有的关注，这些国家和地区正在迅速变成充满增长机会的新兴市场。"奢侈品行业在亚洲的增长迅速，特别在中国香港、澳门和中国大陆的增长速度十分惊人。"卡地亚 (Cartier International) 首席执行官伯纳德·福纳斯 (Bernard Fornas) 解释道，"在我看来，中国将很快成为世界最大的奢侈品市场，远早于预计的6到7年后。" 虽然在2011年，中国大陆还排到瑞士手表的前15大进口地，现如今它已经是瑞士钟表第三大进口市场，仅次于中国香港和美国。如果将处于免关税考虑而从香港转口到大陆的瑞士钟表也计算在内的话，不难发现中国大陆市场对于瑞士手表的重要性。中国游客在海外旅游时的消费力也不容小视，有报告显示中国出境游的游客人数将接近每年1亿人，而据行业估计，每五块瑞士钟表中就会有一块被中国顾客买走。不难想象，瑞士琉森城区现在以世界第三大钟表"超级市场"自居，而法国的 Place Vendômehe 和中国上海的恒隆广场则居于前两位。

卡地亚 (CARTIER)
Temps Moderne de Cartier

卡地亚 (CARTIER)
琉森精品店

Moser Perpetual 1 万年历腕表，型号341.501-004，18K玫瑰金表壳，HMC 341.501手动上炼机芯，提供10天动力储备。
通过表冠独立向前或向后调节日历显示，瞬跳万年历，可由2月28日直接跳至3月1日。
2006年荣获日内瓦钟表大赏的「最佳复杂腕表」荣誉。

更多可能

在这种情况下，瑞士钟表的增长潜力十分巨大。宇舶表（Hublot）主席让-克劳德·比弗（Jean-Claude Biver）认为，如果仍然维持当前几乎无竞争的局面，瑞士钟表未来十五年的出口额将增加一倍，达到400亿瑞士法郎。比弗（Biver）自己的故事就能完美证明这一预言的实现可能：他曾带领了宝珀（Blancpain）的重生和欧米茄（Omega）的新增长。当他于2004年加入宇舶表（Hublot）任职 CEO 的时候，宇舶表（Hublot）的年利润为4千万瑞士法郎。如今，根据瑞士私人银行家的估计，这个数字有望达到4亿瑞士法郎。在过去的10年间，即便经历了2002年的停滞和2009年的经济危机，瑞士出口额仍以平均每年6%的速度增长。如果以此推断，2022年瑞士钟表的年利润预计将达300亿瑞士法郎。

与此同时，年销售额超过10亿瑞士法郎的制表公司也大幅增加，诸如劳力士（Rolex）、欧米茄（Omega）和卡地亚（Cartier）几年之前就越过10亿大关，百达翡丽（Patek Philippe）和 Swatch Group 旗下的著名机芯制造商 ETA 亦然。不久的将来，豪雅（TAG Heuer）、浪琴（Longines）、天梭（Tissot）和萧邦（Chopard）也将达到这个数字。比弗（Biver）总结道:"这一行业的增长必然是螺旋上升的趋势，正如市场规律本身一样。"

让-克劳德·比弗 Jean-Claude Biver
宇舶表 HUBLOT

宝玑 (BREGUET)，制表工坊

不可或缺的
生产设备

百年灵 (BREITLING)
机芯制作

　　市场需求的迅速增长要求制表工业的生产设备必须与时俱进。在机芯的制作上，生产商们必须达到制表工艺的最高标准，对自行研制机芯的公司而言更是如此，由此才能保证顶尖工艺，续写品牌数百年的辉煌。但长久以来，许多钟表制造商更倾向于对外采购机芯和基础零部件，在设计时仅将一些品牌特色注入产品，就可以名牌销售。此举的确可以避免在生产设备和人力资源上的巨额投资，要知道，一只钟表的制作需要40几项专业分工，一系列专业人才也必须一一遴选。

AND THE WINNER IS...胜者就是...

许多钟表制造商采用了这个方法来降低成本，然而 Swatch Group 却在多年以来反其道而行之。无论在生产制作还是在分销渠道上的投资，这个久负盛名的钟表集团都可谓不惜血本。2011年到2012年之间，Swatch Group 投入12亿瑞士法郎来维持增长，正因如此，它才在竞争激烈的钟表市场上占有极其重要的地位。极为难得的是，无论机芯还是游丝发条这样的重要零件，这位行业巨头都不愿放弃任何一个其生产的产品。在21世纪之初，集团 CEO 尼古拉斯·G·海耶克 (Nicolas G. Hayek) 就曾表示，Swatch Group 将逐步减少对第三方的零部件销售。他认为，集团作出了如此巨大的投资，理应以自身利益为先，而不是为竞争对手提供零部件。这些公司也会因此投资开发自己的重要零件。

宝玑 (BREGUET)
传统陀飞轮

宝珀 (BLANCPAIN)
Caliber 3638, 中国传统历法腕表

雅克德罗 (JAQUET DROZ)
报时鸟三问表

格拉苏蒂 (GLASHÜTTE ORIGINAL)
Caliber 90

心之所欲 技之所长

MESURE ET DÉMESURE

TONDA 1950
玫瑰金
超薄自动上弦机芯
爱马仕鳄鱼皮表带

Made in Switzerland

www.parmigiani.ch

帕 玛 强 尼
PARMIGIANI
FLEURIER

来自 SWATCH GROUP 的一记警告

Swatch Group 的警告如期起效。一些钟表公司开始寻求替代 Swatch Group 的零部件供应商，但刚开始基本上很难找到。而现在，市场上也有不同价位的供应商可供选择，包括 Sellita、Soprod 和 Concepto，以及 Vaucher Manufacture、Christophe Claret、Dubois Dépraz、Audemars Piguet Renaud 和 Papi；不久的将来，萧邦 (Chopard) 的 Fleurier Ebauches 也许也会加入这个行列。即便如此，这些零件的价格与 ETA 最流行和最需要的机芯相比仍高出许多。与此同时，钟表商们也在着手开发自行生产机芯部件的设备，这是个长期的过程，从起步到发展壮大成稳定的工业生产，可能要花数年。许多品牌在过去的几年已经开始了这个进程，其中包括 Alpina (Extreme Tourbillon Régulateur)、Bovet (Dimier)、昆仑表 (Corum, CO 007)、万宝龙 (Montblanc, collections Villeret))、宝齐莱 (Carl F. Bucherer, CFB A1000)、百年灵 (Breitling, B01)、宇宙表 (Microtor UG 100)、欧米茄 (Omega, Calibre 8500)、康斯登(Frédéric Constant, Heart Beat Manufacture)以及 Vulcain (Cricket V-10 和 V-20)。更多品牌也在开发自己的机芯，包括宝格丽 (Bulgari, Calibre 168)卡地亚 (Cartier, 1904 MC)、迪菲伦·帝威 (DeWitt, DW 8028)、宇舶表 (Hublot, Unico)、Péquinet (Calibre Royal) 和豪雅 (TAG Heuer, Calibre 1887)，虽然想尽办法，但许多品牌对 Swatch Group 仍十分依赖。

沛纳海 (PANERAI)
Calibre P2004

雅典表 (ULYSSE NARDIN)
Caliber UN-118

DUBOIS DEPRAZ, 制表工坊

CONCEPTO, 制表工坊

2010年，尼古拉斯·G·海耶克（Nicolas G. Hayek）在集团年报中又提到了这个话题，表示钟表界已经意识到行业发展的任重道远。"这么多年以来，我们不得不连同专业技术一起将零部件销售给几乎所有有需求的企业，造成钟表行业的门槛过低，几乎完全没有资历的公司也可轻易进入。20多年以来，我们一直要求这些企业发展自己的生产设备，生产全套或至少部分的钟表部件，方式得当的话，这个解决方案是可行的，而且更对整个瑞士制表行业有益。"在报告发布之后，Swatch Group 向瑞士联邦竞争委员会（Federal Swiss Commission on Competition）提交了计划，呼吁相关各方于2012年秋季共同讨论该事宜。海耶克（Hayek）的警告有了效果，Swatch Group 对其他品牌的零件供应已经开始减少。

宇宙表 (UNIVERSAL GENEVE)
UG101 Microrotor 机芯

虎视眈眈的
分包商

DONZÉ CADRANS
被雅典表 (Ulysse Nardin)收购的
表盘制造商

　　钟表行业领会了海耶克 (Hayek) 警告的真谛，另外一记警钟也敲响了。钟表行业数年来都在盲目乐观中度过，其实这些年来零部件缺乏的问题一直存在，在钟表下单和送货之间延迟过长，很容易导致客户的不满。在这种情况下，并购其他公司也毫无意义——毕竟可供收购的公司已经所剩无几。与此同时，一些规模稍大的公司开始在生产上加大投资。垂直整合分包商在此时异军突起，不仅有瑞士钟表商们向其伸出橄榄枝，来自其他地方的钟表公司也在效仿。日本的西铁城公司 (Citizen) 就并购了高端机芯制造商 La Joux-Perret。与此同时，LVMH集团也开始为旗下豪雅 (TAG Heuer)、路易威登 (Louis Vuitton, 其总部从拉绍德封搬往日内瓦) 和宇舶表 (Hublot) 寻找合适的分包商。集团如今已经选定能够制作复杂机芯的 La manufacture du Temps (位于日内瓦)、碳材料提供商 Profusion (位于尼翁) 和表盘制造商 Léman Cadrans (位于日内瓦)。爱马仕钟表公司 (Le Montre Hermès) 于1978年在瑞士比尔成立，并拥有钟表零部件制造商 Vaucher Manufacture 25% 的股份。如今该公司也开始在表盘部分 (位于拉绍德封的 Nateber) 和表壳部分 (位于 Le Noirmont 的 Joseph Erard) 进行投资。钟表巨头对表盘制造商们同样抱有强烈兴趣：Simon & Membrez (位于德莱蒙) 和 Termiboîtes (位于 Courtemaîche) 已被 Swatch Group 收购；历峰集团 (Richemont) 收购了 Donzé-Baume (位于 Les Breuleux) 和 Varin-Etampage (位于德莱蒙)。这些变化都发生在2011到2012年两年间，充分证明了钟表公司对制造商的持续需求。

PORSCHE DESIGN

Make each second essential.

PORSCHE DESIGN
DASHBOARD
P'6620

顾客服务热线: 中国 0755-82371080 香港 852-27361237

P'6620 Dashboard. A modern classic – in a new and puristic interpretation. The dial is clear and lucid. The automatic movement provides absolute precision. The result: style and exclusivity, making each second essential.   www.porsche-design.com/dashboard

这绝不是钟表业跨越式发展的终点。投资于新生产的资金源源不断，在几个月之后能够达到数以亿计瑞士法郎。Swatch Group 旗下的机芯制造商 ETA 将在瑞士 Viller-tet 建立新工厂，同时集团也计划在其总部所在地比尔扩大建筑规模，并在 Boncourt 建立一个新的零部件工厂；江诗丹顿（Vacheron Constantin）将把日内瓦的生产设备规模翻倍，宇舶表（Hublot）在瑞士尼永的设施亦然；宝玑（Breguet）将扩大在亚洲的影响；卡地亚（Cartier）和沛纳海（Panerai）分别将在瑞士 Couvet 和 Neuchâtel 新建一个工厂；伯爵（Piaget）正在扩大在日内瓦的规模；而劳力士（Rolex）在比尔的建设也接近完工。豪雅（TAG Heuer）将在 Chevenez 建立工厂；为历峰集团（Richemont）制造零部件的生产商 ValFleurier 将在 Val de Travers 建造第四座大楼。产业的迅速增长意味着就业率的上升。2011年，瑞士钟表新增岗位达到4200个。如今，在瑞士从事制表行业的员工已经达到52800人，根据制表业业主协约的报告估计，这个数字在接下来的5年还会增长15个百分点。在过去的15年里，从事瑞士钟表业的人数已经增长60%——新增了2万个岗位。

劳力士 (ROLEX)，制表工坊

工程师参与钟表研发

在过去的十五年里，机械表经历了令人振奋的复兴。然而，这不仅仅因为机械钟表中所蕴藏的特殊情感无法替代，也应归因于几个世纪以来的科学发现以及制表技术的日渐成熟。钟表上体现的时间艺术因为前沿科技的打磨而愈加熠熠生辉，曾经被人看来是绝对正确的物理定理，如今也受到了挑战。经常有人说，钟表的发明已经走到了尽头，然而现在的钟表制造商们希望能够像惠更斯（Huygens）、宝玑（Breguet）或波特莱（Perrelet）这样的钟表先驱一样为人所铭记。许多年以来，制表公司一直致力于发展自己的研发设备，并在钟表结构方面求助于工程师，更重要的是，这些公司也积极与世界著名大学的实验室合作，共同开发新的钟表技术。"5年之前，我对钟表一无所知，"航空学专家兼工程师 Guy Sémon 表示，现在他是豪雅（TAG Heuer）的工程师，并带领一个45人的研发团队，"但是我现在十分确信，我们在机械表领域的发明只做到了10%。"

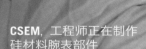

CSEM，工程师正在制作硅材料腕表部件

VERSACE

WATCHES

VANITY

表壳缀以小钉饰，表盘饰有希腊图案配上红色太阳环，表带饰以美杜莎钉饰

AND THE WINNER IS...胜者就是...

钟表的未来也被寄希望于"新材料"的使用。如今，一些特殊合金或材料已经被用于诸如航空、F1赛车和医疗技术测试阶段。特殊材料的选择起初是出于商业考虑，之后便成为一些品牌的特色之处——尊达（Gérald Genta）首创的青铜表壳，宇舶表（Hublot）的天然橡胶，以及 RJ-Romain Jérôme 使用的镀锌——这些应用于表壳或机芯的新材质很快为人所重视。

宇舶表 (HUBLOT)
Classic Fusion Gold

雷达 (RADO), Ceramica Chronograph Jubilee

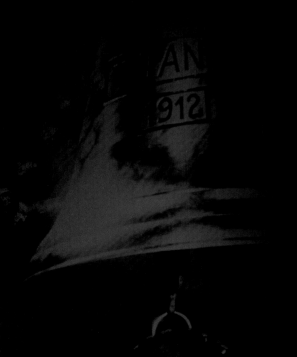

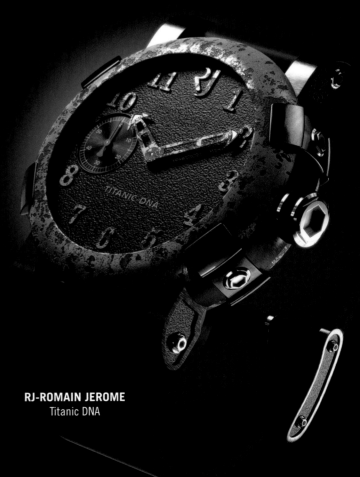

RJ-ROMAIN JEROME
Titanic DNA

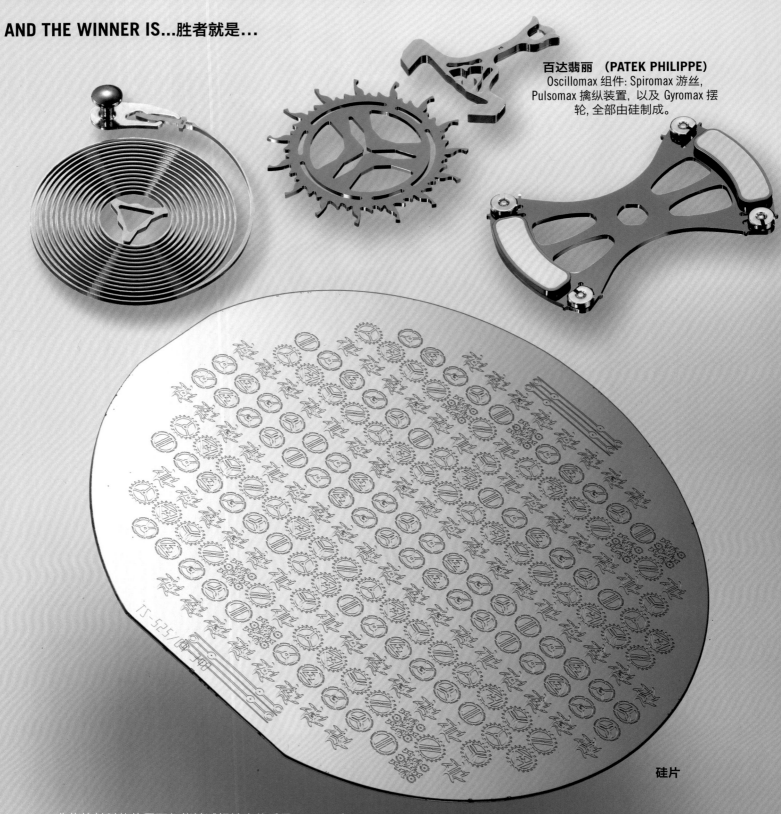

百达翡丽 （PATEK PHILIPPE)
Oscillomax 组件: Spiromax 游丝,
Pulsomax 擒纵装置, 以及 Gyromax 摆
轮, 全部由硅制成。

硅片

　　非传统材料的使用不仅能够减轻钟表的重量（alusic合金、碳和镁），具有抗氧化（钽），增加硬度和电阻（钛和瓷）的作用, 还可改善机芯润滑度（硅）。传统腕表使用者通常每5年要进行机芯润滑, 保证其报时准确。

硅材料的奇迹

宇舶表 (HUBLOT)
魔力金

当一些品牌正在忙于研发新材料时，一些生产商也回归到传统合金的使用。真力时 (Zenith) 更倾向于使用自己的 Zenithium 合金（钛、铝和铌）；宇舶表 (Hublot) 与洛桑联邦理工学院共同推出魔力金 (Magic Gold)，这是一种抗刮痕、抗腐蚀性极强的材料；爱彼 (Audemars Piguet) 在锻造碳的使用方面已经无可匹敌；Richard Mille 在使用十分轻质的 alusic 合金（由铝基和分子碳化硅复合的合金）之后，又开始使用钛和 LITAL ® 合金（这是一种由锂、铝、铜、镁和锆所组成的合金）。

AND THE WINNER IS...胜者就是...

这两种材料被用于 Richard Mille 的 RM 027 陀飞轮内，外部表壳由碳纤维复合材料制作而成。整个腕表包括表链重量仅为 20 克，网球冠军拉菲尔·纳达尔 (Rafael Nadal) 曾在比赛中佩戴。

拉菲尔·纳达尔 (Rafael Nadal)
佩戴 **RICHARD MILLE**

RICHARD MILLE
RM 027 Tourbillon

有一种材料在过去几年为机械表带来革命性的变化，那就是硅。这种一开始被用于电子装置上的材料，如今在制作钟表精密配件方面已经达到了先进水平。这种材料坚硬、抗磁性、质量轻、密度小并且抗腐蚀；它的另一个优势是无需使用任何润滑剂，因而引起了许多机芯设计师的强烈兴趣。硅被越来越多地应用到钟表擒纵装置以及调速系统（摆轮和游丝发条）中。雅典表 (Ulysse Nardin) 在自己的 Freak 腕表上首先使用了硅，随后劳力士 (Rolex)、宝玑 (Breguet)、百达翡丽 (Patek Philippe) 和积家 (Jaeger-LeCoultre) 等品牌都开始使用这种材料。积家 (Jaeger-LeCoultre) 于2007年推出的 Master Compressor Extreme LAB 腕表让人叹为观止：这块腕表共使用13种不同材料，成为第一块完全不用润滑剂的钟表。"这是第一块完全不用使用润滑油和润滑脂的机芯，"品牌在推出时这样介绍，"这并不会影响表的性能，因为零件不会损坏。"

雅典表 (ULYSSE NARDIN)
Freak DiamonSil

概念钟表:
未来的
钟表趋势?

概念钟表的出现,特别是豪雅 (TAG Heuer) 和卡地亚 (Cartier) 推出的概念表,让人耳目一新。概念表的推出是豪雅 (TAG Heuer) 推动销售的策略,对于卡地亚 (Cartier) 来说则是一块崭新的试验田。概念表继续探究新材料的开发和使用,并致力于迈向制表业的终极目标——高频领域的创新。

豪雅 (TAG HEUER)
Pendulum Concept

雅典表 (ULYSSE NARDIN)
InnoVision

卡地亚 (CARTIER)
ID Two

ROGER DUBUIS
HORLOGER GENEVOIS

EXCALIBUR

體驗非凡世界

唯一一家所有機芯皆印刻日內瓦印記的製錶廠，是高級製錶中的極致典範。
請瀏覽 rogerdubuis.com

豪雅 (TAG HEUER)
Mikrogirder

在过去的几年中，生产商们一直热衷于制造高速机芯，高速机芯的产生解决了有关钟表准确度的难题。机芯的频率是指每小时的震动次数（一次摆动引起两次震动），现在几乎所有的机械表机芯频率都为3赫兹（21600 VPH）或4赫兹（28800 VPH）。任何高于4赫兹的频率都被定义为高频。道理很简单：摆动的频率越高，每次测量的时间段就会变小，钟表的计时也会更准确。钟表商们在该领域的进步可谓突飞猛进: 豪雅 (TAG Heuer) 在2012年巴塞尔钟表展上推出的 Mikrogirder，其频率达到了1000赫兹，测量精确到1/2000 秒。

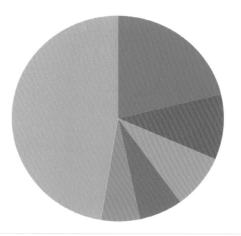

2011年瑞士制表主要市场（百分比）

- 中国香港 21.2
- 美国 10.3
- 中国大陆 8.5
- 法国 6.7
- 新加坡 5.9
- 其它国家 47.4

来源： Federation of the Swiss Watch Industry (FH), Vontobel Luxury Goods Shop / Watch Industry (2012年4月)。

　　谁能说机械表已经走到了尽头？从过去几年的爆炸式增长以及钟表新领域的发展来看，瑞士钟表的未来依然光明乐观。经济环境的影响必须考虑在内，这对分包商来说尤为重要，然而瑞士钟表在奢侈品王国的发展依然稳健。这个行业正在迎接许多新鲜血液，经验丰富的制表巨匠为未来打好基础，将曾经所谓的不可能一一实现。机械表在时间长河中留存下来，度过了数次危机。虽然电子业的发展令计时可借助无数新技术实现，但机械表本身蕴藏的梦想与情感仍然是一座丰富的宝藏，使人们对其拥有满心热爱与渴望。

豪雅 (TAG HEUER)
Pendulum

ZENITH

真力时，始自1865年的瑞士钟表制造商

旗舰系列

旗舰系列1969

机芯律动，生命之歌

Bell & Ross
TIME INSTRUMENTS

亲历历史
LIVING HISTORY

精确 力量 实用性

柏莱士 (Bell & Ross) 将这些特质于腕表系列中一并呈现。柏莱士 (Bell & Ross) 见证了军表的演变，是飞行家和其他军事人员的挚爱之选。

柏莱士（Bell & Ross）Vintage 和 Aviation 系列跨越半个多世纪的时光，从前电子化时代汲取设计灵感，缅怀模拟显示器大行其道，引领人类翱翔蓝天的时光。

Vintage PW1 和 WW1 系列引领我们回溯到20世纪初。彼时，定翼机飞行员会将怀表加以改装，增添临时表耳，以便将表链绑在腿上，空出双手驾驶飞机。柏莱士（Bell & Ross）两款计时腕表的诞生，是对军用腕表的重新演绎，唤起了旧时经典设计的无限想象。

毋庸置疑，PW1 系列中可与陀飞轮及万年历媲美的复杂腕表工艺，非 PW1 Répétition Minutes 三问表莫属。这款腕表最为精妙的设计，在于使用者只需按动表壳侧面的滑杆按掣，腕表便应需要以妙韵报时报刻报分。

柏莱士（Bell & Ross）使用 Argentium 银合金为PW1 Répétition Minutes三问表的49毫米表壳添上了一层炫目光泽。这种独特的银合金极为抗氧化，令华丽光泽经久不褪。WW1 Argentium 系列也应用相同材质。优雅设计唤起了对第一代飞行员军用表的回忆，表盘更是保留了旧时设计：小秒针盘位于六时位置，与时针和分针遥相呼应。

柏莱士（Bell & Ross）推出的限量版 WW1 Heure Sautante，为 WW1 的经典造型添上了现代动力的点睛一笔，并有玫瑰金款和铂金款可供选择。两款腕表造型各有千秋，但都十分简洁易读：表盘上的小时以跳时功能显

示，达到60分钟的一瞬间即跳进。位于12时位置的小时数字窗口，与中置分针及6时位置的逆行动力储备显示同轴排列，清晰分明。

Aviation 系列一直致力于再现昔日专业功能腕表辉煌。与此同时，该系列专注于探索当代飞行元素，每一枚腕表都如同出自航空飞行器的仪表板上一般，令人心驰神往。

柏莱士（Bell & Ross）一改传统的腕表指针设计，推出破格之作，灵感同样出自航天仪器。品牌推出的三种表款分别为BR 01 Horizon, BR 01 Altimeter 和 BR 01 Turn Coordinator。其设计均取材于驾驶舱内的不同仪器。姿态仪式 BR 01 Horizon 表盘上，地平线的图样将表盘一分为二；BR 01 Altimeter 表盘的日期显示实际上是取材自高度计的造型；而 BR 01 Turn Coordinator 正如其名，以黑白转数计为主题设计，可以瞬间准确无误地读取时间。

无论是取材于航天飞行器的外观，还是其复古优雅的传统，柏莱士（Bell & Ross）将经典军事风格与现代制表技术完美兼容，为腕表鉴赏家和军事迷们提供亲历历史的惊喜体验。

▲ WW1 ARGENTIUM
◀ WW1 HEURE SAUTANTE

119

VINTAGE 系列

作为测量时间间隔的工具，计时码表对于飞行员来说不可缺少。直至今天，许多飞行员仍然在电子导航设备之外常备一只计时码表。为了向这最具实用性的功能致敬，Vintage 系列中的许多腕表都具备计时码表功能。

WW1 Chronographe Monopoussoir 演绎的复古情怀可谓是向历史致敬的巅峰之作。45 毫米的表壳足够容纳双计时器，单按钮计时功能更令使用体验妙不可言。全黑色腕表 BR 126 Phantom 与同款灰色腕表 BR 126 Commando 为那些追求现代外观的腕表收藏家提供了更多选择。除了外观上的不同，每一只腕表都保证了相同的易读性和精确度。

VINTAGE 系列

飞行员曾经在第二次世界大战时依赖测天表为飞机导航。为了增强其易读性，测天表以不同表盘分开显示时间，并因应导航需要，特别突出分钟的显示。柏莱士（Bell & Ross）Vintage WW2 Régulateur Heritage 便将测天表外观特色和便捷功能熔于一炉，呈现在腕表之上。

AVIATION系列

继 BR 01 大获赞誉之后，柏莱士 (Bell & Ross) 再续辉煌，以一款 BR 03 惊艳世人。BR 03 表盘尺寸42毫米，设计庄重，方形表盘更令人过目难忘。

多年以来，BR 03 设计的多样性使其能自如融合各种风格和功能，并毫不减损其独有特色。新款系列中一款陶瓷外壳的腕表堪称亮点，陶瓷材质极其坚韧防磨损，以柔克刚。BR 03 Commando (时间/日历款和计时器款) 以全灰色示人，亦难以掩盖BR 03 腕表永恒经典的熠熠光芒。

BELL & ROSS 柏莱士

AVIATION BR 01 HORIZON

机芯： ETA 2892 自动上链机芯。

功能： 小时、分钟。

表壳： 喷砂打磨黑色碳涂层精钢表壳；46毫米；旋入式表冠；防眩光蓝宝石水晶表镜；100米防水性能。

表盘： 双层表盘，上层表盘显示小时刻度，第二层表盘以"地平线"划分上下黑色与灰色部分。"地平线"、时标和指针均经过夜光涂层处理。

表带： 黑色橡胶表带。

备注： 限量发行999只。

参考价： RMB 46 500

另提供： 强化尼龙表带。

AVIATION BR 01 ALTIMETER

机芯： ETA 2896 自动上链机芯。

功能： 小时、分钟、秒钟；3时位置显示日期。

表壳： 喷砂打磨黑色碳涂层精钢表壳；46毫米；旋入式表冠；防眩光蓝宝石水晶表镜；100米防水性能。

表盘： 黑色表盘；时针、时标和日期显示窗口经过夜光涂层处理。

备注： 黑色橡胶表带。

备注： 限量发行999只。

参考价： RMB 49 500

另提供： 强化尼龙表带。

AVIATION BR 01 TURN COORDINATOR

机芯： ETA 2892 自动上链机芯。

功能： 小时、分钟、秒钟。

表壳： 喷砂打磨黑色碳涂层精钢表壳；46毫米；旋入式表冠；防眩光蓝宝石水晶表镜；100米防水性能。

表盘： 三个黑色同心转碟位于表盘中心：从外向内依次为时钟显示盘、分钟显示盘和秒钟显示盘。

表带： 黑色橡胶表带。

备注： 限量发行999只。

参考价： RMB 57 500

另提供： 强化尼龙表带。

VINTAGE WW2 REGULATEUR HERITAGE

机芯： Dubois Dépraz 自动机械机芯。

功能： 小时盘位于6时位置；中置分针；小秒针位于12时位置。

表壳： 喷砂打磨灰色碳涂层精钢表壳；49毫米；双向旋转凹凸表圈；防眩光蓝宝石水晶表镜；50米防水性能。

表盘： 黑色表盘；沙色夜光数字、时标及指针。

表带： 仿古磨旧小牛皮表带。喷砂灰色PVD涂层表扣。

参考价： RMB 60 500

AVIATION BR 03-92 COMMANDO

机芯： ETA 2892自动上链机芯。

功能： 小时、分钟、秒钟；4时30分位置显示日期。

表壳： 喷砂打磨黑色碳涂层精钢表壳；42毫米；放眩光蓝宝石水晶表镜；100米防水性能。

表盘： 灰色表盘；夜光时标和指针。

表带： 灰色橡胶表带。

参考价： RMB 37 200

另提供： 黑色强化尼龙表带。

AVIATION BR 03-94 COMMANDO

机芯： ETA 2894 自动上链机芯。

功能： 小时、分钟、秒钟；4时30分位置显示日期；双定时器：9时位置30分钟累积计时，3时位置60秒累积计时。

表壳： 喷砂打磨黑色碳涂层精钢表壳；42毫米；放眩光蓝宝石水晶表镜；100米防水性能。

表盘： 灰色表盘；夜光时标和指针。

表带： 灰色橡胶表带。

参考价： RMB 55 700

另提供： 黑色强化尼龙表带。

VINTAGE WW1 CHRONOGRAPHE MONOPOUSSOIR HERITAGE

机芯： La Joux-Perret 自动上链机芯。

功能： 小时、分钟、秒钟；单按钮计时功能；双定时器：3时位置30分钟累积计时，9时位置60秒累积计时。

表壳： 抛光精钢表壳；45毫米；防眩光蓝宝石水晶表镜；100米防水性能。

表盘： 褐色圆拱形表镜；蜗形定时器；沙色夜光数字、时标和指针。

表带： 棕色小牛皮表带；抛光精钢针式表扣。

参考价： RMB 69 500

VINTAGE WW1 CHRONOGRAPHE MONOPOUSSOIR IVORY DIAL

机芯： La Joux-Perret 自动上链机芯。

功能： 小时、分钟、秒钟；单按钮计时功能；双定时器：3时位置30分钟累积计时，9时位置60秒累积计时。

表壳： 抛光精钢表壳；45毫米；防眩光蓝宝石水晶表镜；100米防水性能。

表盘： 象牙色圆拱形表镜；银白色蜗形定时器；蓝钢指针。

表带： 深蓝鳄鱼皮表带；抛光精钢针式表扣。

参考价： RMB 75 200

BELL & ROSS 柏莱士

VINTAGE BR 123 COMMANDO

机芯： ETA 2895 自动上链机芯。

功能： 小时、分钟；小秒针和日期显示位于6时位置。

表壳： 喷砂打磨黑色碳涂层精钢表壳；41毫米；弧面防眩光蓝宝石水晶表镜；100米防水性能。

表盘： 灰色表盘；夜光数字、时标和指针。

表带： 灰色小牛皮表带；黑色PVD涂层精钢针式表扣。

参考价： RMB 28 800

VINTAGE BR 126 COMMANDO

机芯： ETA 2894 自动上链机芯。

功能： 小时、分钟和秒钟；4时30分位置显示日期；双定时器：9时位置30分钟累积计时，3时位置60秒累积计时。

表壳： 喷砂打磨黑色碳涂层精钢表壳；41毫米；弧面防眩光蓝宝石水晶表镜；100米防水性能。

表盘： 灰色表盘；夜光数字、时标和指针。

表带： 灰色小牛皮表带；黑色PVD涂层精钢针式表扣。

参考价： RMB 44 600

VINTAGE BR 123 PHANTOM

机芯： ETA 2895 自动上链机芯。

功能： 小时、分钟；小秒针和日期显示位于6时位置。

表壳： 喷砂打磨黑色碳涂层精钢表壳；41毫米；弧面防眩光蓝宝石水晶表镜；100米防水性能。

表盘： 黑色表盘；夜光数字、时标和指针。

表带： 黑色小牛皮表带；黑色PVD涂层精钢针式表扣。

参考价： RMB 28 800

VINTAGE BR 126 PHANTOM

机芯： ETA 2894 自动上链机芯。

功能： 小时、分钟和秒钟；4时30分位置显示时间；双定时器：9时位置30分钟累积计时，3时位置60秒累积计时。

表壳： 喷砂打磨黑色碳涂层精钢表壳；41毫米；弧面防眩光蓝宝石水晶表镜；100米防水性能。

表盘： 黑色表盘；夜光数字、时标和指针。

表带： 黑色小牛皮表带；黑色PVD涂层精钢针式表扣。

参考价： RMB 44 600

VINTAGE WW1 ARGENTIUM

机芯： ETA 7001 手动上链机芯。

功能： 小时、分钟；小秒针位于6时位置。

表壳： Argentium® 合金表壳；41毫米；防眩光蓝宝石水晶表镜；30米防水性能。

表盘： 银色放射线圆拱形表盘；数字和时标经贴花金属处理。

表带： 灰色鳄鱼皮表带；Argentium® 合金针式表扣。

参考价： RMB 51 000

另提供： 钌质表盘。

VINTAGE PW1 MINUTE REPEATER

机芯： Dubois Dépraz 手动上链机芯；约56小时动力储存。

功能： 小时，分钟；小秒针位于6时位置；按要求音韵5分钟报时（每小时发出一次低音报时；接着每5分钟发出一连串低音及高音声响报时）。

表壳： Argentium®合金表壳；49毫米；圆拱形防眩光蓝宝石水晶表镜；Barleycorn 大麦粒扭索饰纹表背可一睹内部机械运作；30米防水性能。

表盘： 钌质深灰色放射线饰纹，拱形处理，时标和数字经贴花金属处理。

表链： 银色表链。

参考价： RMB 362 000

VINTAGE WW1 HEURE SAUTANTE PINK GOLD

机芯： 自动上链机芯；蓝钢螺丝；圆晶粒主夹板；线性振荡摆重及日内瓦波纹搭桥。

功能： 跳时窗口位于12时；中央分针；动力储存显示位于6时位置。

表壳： 缎面打磨18K玫瑰金；42毫米；防眩光蓝宝石水晶表镜；蓝宝石水晶表背；100米防水性能。

表盘： 乳白珍珠色表盘。

表带： 棕色鳄鱼皮表带；18K玫瑰金表扣。

备注： 限量发行50只。

参考价： RMB 241 000

VINTAGE WW1 HEURE SAUTANTE PLATINUM

机芯： 自动上链机芯；蓝钢螺丝；圆晶粒主夹板；线性振荡摆重及日内瓦波纹搭桥。

功能： 跳时窗口位于12时；中央分针；动力储存显示位于6时位置。

表壳： 缎面打磨铂金表壳；42毫米；防眩光蓝宝石水晶表镜；蓝宝石水晶表背；100米防水性能。

表盘： 乳白及银灰色18K金表盘配蓝钢指针；手工机刻 guilloché花纹。

表带： 灰色鳄鱼皮表带；铂金表扣。

备注： 限量发行25只。

参考价： RMB 362 000

BLANCPAIN

非凡深度 精密诠释
WATCHMAKING INNOVATION IN SPECTACULAR DEPTH

275年的卓越历史融入到每一只精雕细琢的腕表之中，并为世人完美呈现，宝珀（Blancpain）始终保持着自己在创新技术、优雅设计和精致工艺方面的顶级水准。

自1735年在瑞士 Villeret 创立以来，宝珀（Blancpain）便开始了勇敢无畏的制表旅程，并因其对高级制表工艺的精致诠释而为世人盛赞。落落大方，坦诚奔放，Villeret Squelette 8 Jours 呈现激情四溢的审美风范与极致追求：这款腕表拥有惊艳的镂空机芯结构。以表厂自制的 1333SQ 机芯为动力，这枚直径38毫米的白金腕表，在复杂的机械结构和晶莹剔透的外观之间奏响了和谐壮丽的音符。透过表面和表背的蓝宝石水晶，腕表通体透明，157个部件组成的手动上链机芯装置有钛金摆轮和宝玑摆轮游丝，并以三串联发条盒提供长久的动力储备能力。不仅如此，精妙绝伦的手工技艺带给人们完美的视觉印象，开面设计传递出轻盈优雅的气质。机芯细巧纤秀，倒角和填充工艺精益求精，并装有30颗宝石，主机板和夹板均装饰有涡卷形装饰，与机芯结构的美妙弧度完美呼应。

Villeret Squelette 8 Jours 腕表经由手工雕刻，精细装饰，将镂空设计与宝珀（Blancpain）对于机械细节的严格把握完美结合。以可靠的高精度自制机芯为动力，这件不凡的腕表作品纪念了瑞士制表的辉煌历史，凸显了精妙机芯的神奇卓异。

▲ **VILLERET SQUELETTE 8 JOURS**
依照最精良的瑞士制表传统镌刻和装饰，这枚三串联发条盒腕表传递着最繁复华美的镂空美学概念。

Villeret Squelette 8 Jours 展现了无与伦比的机械工艺，Fifty Fathoms X Fathoms 则着眼于水下计时的美妙艺术，呈现大胆设计与丰富信息。

Villeret Squelette 8 Jours 展现了无与伦比的机械工艺，Fifty Fathoms X Fathoms 则着眼于水下计时的美妙艺术，呈现大胆设计与丰富信息。在55.65毫米直径的哑光磨砂钛金表壳上，装置有单向旋转表圈，X Fathoms 腕表的高级表盘如同一枚精密的腕上座舱。这枚腕表工艺复杂，并覆有极清晰的荧光涂层，在水下300米之内都保证理想的易读性。表盘上显示小时、分钟，并在10时和11时之间装置5分返跳码表，一旦按下旁边的按擎，便可精准测量减压时间，除此之外，表盘还拥有双刻度深度测量以及最大深度记忆指针。腕表的机械深度计利用创新技术，内部非晶态金属膜随压力产生的变形转换为齿轮转动的角位移，达到对潜水参数史无前例的测量精度。表盘内圈为0-90米深度指示，表盘外圈为高精度0-15米深度指示。除了两个颜色醒目的指示之外，腕表还装置一枚柄轴，在90米刻度内运行，提醒在当前潜水状态下可达最大深度，位于8时位置的按擎则是用来复位潜水深度记录。腕表的橡胶表带融合最新技术，为佩戴者提供最高的舒适度，这件潜水利器由385个部件构成的自动上链机芯驱动，并拥有5天动力储存能力。

集合宝珀（Blancpain）在高精度深度测量方面的创新工艺和至高成就，Fifty Fathoms X Fathoms 以全面功能和至繁美学陪伴主人潜入水下，探寻深海奥秘。

▲ **FIFTY FATHOMS X FATHOMS**

Fifty Fathoms X Fathoms 腕表拥有双深度测量仪和最大深度记忆功能，是由装置44颗宝石的 9918B 自动上链机芯提供动力，能够满足世界顶尖潜水专家的所有要求。

VILLERET TRADITIONAL CHINESE CALENDAR

参考编号: 00888-3631-55B

机芯： 3638 自动上链机芯；直径32毫米，厚度8.3毫米；168小时动力储存；463个组件；39颗宝石。

功能： 小时、分钟；中置日期指针；双时针显示；黄道十二宫标识；中国阴历日期和月份；5大元素显示；天干显示；阳历；月相显示。

表壳： 18K红金；直径45毫米，厚度15毫米；蓝宝石水晶表背；30米防水性能。

表盘： 白色大明火珐琅。

表带： 棕色短吻鳄鱼皮表带。

参考价： 价格请向品牌查询。

另提供： 铂金款搭配黑色短吻鳄鱼皮表带，限量周年版（参考编号：00888-3431-55B）。

VILLERET ULTRA-SLIM

参考编号: 6606-3642-55B

机芯： 11C5 手动上链机芯；直径26.2毫米，厚度3.3毫米；100小时动力储存；216个组件；23颗宝石。

功能： 小时、分钟；小秒针位于6时位置；日期位于3时位置；动力储存显示位于9时位置。

表壳： 18K红金；直径40毫米，厚度8.55毫米；蓝宝石水晶表背；30米防水性能。

表盘： 珍珠白色。

表带： 棕色短吻鳄鱼皮。

参考价： 价格请向品牌查询。

另提供： 18K红金表壳，黑色 flinqué 雕花纹理表盘和黑色短吻鳄鱼皮表带（参考编号：6606-3630-55B）；18K红金表壳，银白色表盘和18K红金表链（参考编号：6606-3642-MMB）。

VILLERET INVERTED MOVEMENT

参考编号: 6616-1527-55B

机芯： 152B 手动上链机芯；直径35.64毫米，厚度2.95毫米；40小时动力储存；170个组件；21颗宝石。

功能： 小时、分钟。

表壳： 18K白金；直径43毫米，厚度9.5毫米；30米防水性能。

表盘： 白色陶瓷。

表带： 黑色短吻鳄鱼皮。

参考价： 价格请向品牌查询。

另提供： 18K白金，黑色陶瓷表盘，黑色短吻鳄鱼皮表带（参考编号：6616-1530-55B）。

VILLERET SQUELETTE 8-DAY

参考编号: 6633-1500-55B

机芯： 1333SQ 手动上链机芯；直径30.6毫米，厚度4.2毫米；192小时动力储存；157个组件；30颗宝石。

功能： 小时、分钟、秒钟。

表壳： 18K白金；直径38毫米，厚度9.08毫米；蓝宝石水晶表背；30米防水性能。

表盘： 镂空；手工装饰和雕刻。

表带： 黑色短吻鳄鱼皮。

参考价： 价格请向品牌查询。

VILLERET RUNNING EQUATION OF TIME

参考编号: 6638-3631-55B

机芯: 3863 自动上链机芯;直径26.8毫米,厚度5.25毫米;厚度5.25毫米;397个组件;39颗宝石。

功能: 小时、分钟;小秒针和陀飞轮位于6时位置;万年历;返跳月相显示。

表壳: 18K红金;直径42毫米,厚度11.5毫米;表耳矫正器;蓝宝石水晶表背;30米防水性能。

表盘: 白色大明火珐琅;弧形。

表带: 棕色短吻鳄鱼皮表带。

备注: 限量发行188只。

参考价: 价格请向品牌查询。

另提供: 铂金表壳,白色大明火珐琅表盘和黑色短吻鳄鱼皮表带,限量发行88只(参考编号: 6638-3431-55B)。

VILLERET ULTRA-SLIM

参考编号: 6651-3642-MMB

机芯: 1151 自动上链机芯;直径27.4毫米、厚度3.25毫米;100小时动力储存;210个组件;28颗宝石。

功能: 小时、分钟;中置秒针;日期位于3时。

表壳: 18K红金;直径40毫米,厚度8.7毫米;蓝宝石水晶表背;30米防水性能。

表盘: 珍珠白色。

表带: 18K红金。

参考价: 价格请向品牌查询。

另提供: 18K红金表壳,蛋白色表盘,棕色鳄鱼皮表带(参考编号: 6651-3642-55B);18K红金表壳,黑色flinqué雕花纹理表盘,棕色短吻鳄鱼皮表带(参考编号: 6651-3630-55B);18K红金表壳,珍珠白色 flinqué雕花纹理表盘,棕色短吻鳄鱼皮表带(参考编号: 6651C-3642-55A)。

VILLERET ULTRA-SLIM

参考编号: 6653Q-1529-55B

机芯: 7663Q 自动上链机芯;直径27毫米,厚度4.57毫米;72小时动力储存;244个组件;34颗宝石。

功能: 小时、分钟;返跳小秒针位于6时;中置日期指针。

表壳: 18K白金;直径40毫米,厚度10.83毫米;蓝宝石水晶表背;30米防水性能。

表盘: 蓝色漆面;flinqué雕花纹理。

表带: 黑色短吻鳄鱼皮。

参考价: 价格请向品牌查询。

另提供: 18K红金,黑色珐琅表盘,棕色短吻鳄鱼皮表带(参考编号: 6653Q-3642-55B);18K白金表壳,蛋白色珐琅表盘,黑色鳄鱼皮表带(参考编号: 6653-1542-55B)。

VILLERET COMPLETE CALENDAR

参考编号: 6654-1127-55B

机芯: 6654 自动上链机芯;直径32毫米,厚度5.32毫米;72小时动力储存;321个组件;28颗宝石。

功能: 小时、分钟、秒钟;中置日期;星期和月份位于12时;月相显示位于6时。

表壳: 精钢;直径40毫米,厚度10.65毫米;蓝宝石水晶表背;30米防水性能。

表盘: 白色。

表带: 黑色短吻鳄鱼皮。

参考价: 价格请向品牌查询。

另提供: 精钢表壳,白色表盘,精钢表链(参考编号: 6654-1127-MMB);18K白金表壳,蓝色漆面flinqué雕花纹理表盘,蓝色短吻鳄鱼皮表链(参考编号: 6654-1529-55B);18K红金,珍珠白色表盘,棕色短吻鳄鱼皮表带(参考编号: 6654-3642-55B);18K红金,珍珠白色表盘,18K红金表链(参考编号: 6654-3642-MMB)。

BLANCPAIN 宝珀

VILLERET HALF-HUNTER COMPLETE CALENDAR

参考编号: 6664-3642-55B

机芯: 6654 自动上链机芯; 直径32毫米, 厚度5.32毫米; 72小时动力储存; 321个组件; 28颗宝石。

功能: 小时、分钟、秒钟; 星期和月份位于12时位置; 月相显示位于6时位置。

表壳: 18K红金; 直径40毫米, 厚度11.7毫米; 30米防水性能。

表盘: 珍珠白色; flin-qué雕花纹理。

表带: 棕色短吻鳄鱼皮。

参考价: 价格请向品牌查询。

VILLERET ANNUAL CALENDAR WITH GMT

参考编号: 6670-3642-55B

机芯: 自动上链 6054F 机芯; 直径32毫米, 厚度5.57毫米; 72小时动力储存; 367个组件; 34颗宝石。

功能: 小时、分钟、秒钟; 星期、日期、月份; GMT位于8时。

表壳: 18K红金; 直径40毫米, 厚度10.9毫米; 蓝宝石水晶表背; 30米防水性能。

表盘: 珍珠白色; flin-qué雕花纹理。

表带: 棕色短吻鳄鱼皮。

参考价: 价格请向品牌查询。

另提供: 18K白金表壳, 蛋白色表盘, 黑色短吻鳄鱼皮表带 (参考编号: 6670-1542-55B)。

FIFTY FATHOMS DATE AND SECONDS

参考编号: 5015D-1140-52B

机芯: 1315 自动上链机芯; 直径30.6毫米, 厚度5.65毫米; 120小时动力储存; 227个组件; 35颗宝石。

功能: 小时、分钟、秒钟; 日期。

表壳: 亚光磨砂精钢, 直径45毫米, 厚度15.4毫米; 300米防水性能。

表盘: 蓝色flinqué雕花纹理。

表带: 蓝色航海帆布。

参考价: 价格请向品牌查询。

另提供: 亚光磨砂精钢表壳, 蓝色表盘, 亚光磨砂精钢表链 (参考编号: 5015D-1140-71B)。

FIFTY FATHOMS X FATHOMS

参考编号: 5018-1230-64A

机芯: 9918B 自动上链机芯; 直径36毫米, 厚度13毫米; 120小时动力储存; 411个组件; 48颗宝石。

功能: 小时、分钟、秒钟; 机械深度测量; 2个刻度仪显示深度; 最深深度记忆, 含安全重置按擎; 返跳5分钟积算盘; 减压阀。

表壳: 亚光磨砂精钢; 直径55.65毫米, 厚度24毫米; 300米防水性能。

表盘: 亚光黑色。

表带: 黑色人造橡胶。

参考价: 价格请向品牌查询。

WOMEN ULTRA-SLIM LOTUS　　参考编号: 3300Z-3544-55B

机芯: 自动上链 1150 机芯; 直径26.2毫米, 厚度3.25毫米; 100小时动力储存; 210个组件; 28颗宝石。

功能: 小时、分钟、秒钟; 日期位于3时位置。

表壳: 18K红金; 直径34毫米, 厚度9.5毫米; 镶嵌钻石(约0.59克拉); 50米防水性能。

表盘: 白色珍珠母贝镶嵌。

表带: 白色短吻鳄鱼皮。

参考价: 价格请向品牌查询。

WOMEN RETROGRADE CALENDAR　　参考编号: 3653-2954-58B

机芯: 自动上链 2650RL 机芯; 直径26.2毫米, 厚度5.37毫米; 65小时动力储存; 302个组件; 32颗宝石。

功能: 偏心小时、分钟; 中置日期指针; 月相位于12时位置。

表壳: 18K红金; 直径36毫米, 厚度10.75毫米; 镶嵌钻石(约2克拉); 30米防水性能。

表盘: 珍珠母贝; 镶嵌5颗钻石(约0.021克拉)。

表带: 白色鸵鸟皮。

参考价: 价格请向品牌查询。

另提供: 18K白金表壳, 蓝色珍珠母贝表盘, 白色鸵鸟皮表带(参考编号: 3653-1954L-58B)。

WOMEN COMPLETE CALENDAR　　参考编号: 3663A-4654-55B

机芯: 6763 自动上链机芯; 直径27毫米, 厚度4.9毫米; 100小时动力储存; 262个组件; 30颗宝石。

功能: 小时、分钟; 中置日期指针; 星期和月份位于12时; 月相显示位于6时。

表壳: 精钢; 直径35毫米, 厚度10.57毫米; 镶嵌钻石(1.92克拉); 蓝宝石水晶表背; 30米防水性能。

表盘: 珍珠母贝; 镶嵌9颗钻石(0.025克拉)。

表带: 白色短吻鳄鱼皮。

参考价: 价格请向品牌查询。

另提供: 精钢表壳, 蓝色珍珠母贝表盘, 白色亚光表带(参考编号: 2663-4654L-52B); 18K红金表壳, 珍珠母贝表盘, 白色短吻鳄鱼皮表带(参考编号: 3663-2954-55B)。

WOMEN ULTRA-SLIM　　参考编号: 6604-2944-55A

机芯: 1150 自动上链机芯; 直径26.2毫米, 厚度3.25毫米; 100小时动力储存; 210个组件; 28颗宝石。

功能: 小时、分钟、秒钟; 日期位于3时位置。

表壳: 18K红金; 直径34毫米, 厚度8.46毫米; 镶嵌钻石(约1克拉); 30米防水性能。

表盘: 珍珠母贝; 镶嵌8颗钻石(约0.06克拉)。

表带: 白色短吻鳄鱼皮。

参考价: 价格请向品牌查询。

系出名门 创世成就

如果品牌创始人阿伯拉罕-路易·宝玑 (Abraham-Louis Breguet) 的第一枚腕表诞生二百周年仍不足以代表它的经典与传统，那么，这枚著名腕表佩戴者之尊贵地位，无疑能够证明这个瑞士制表工坊无人比肩的贵族血统。

NOBLE PEDIGREE, GROUNDBREAKING CHARACTER

应拿破仑·波拿巴 (Napoleon Bonaparte) 妹妹、那不勒斯王后卡洛琳·缪拉 (Caroline Murat) 要求，宝玑 (Breguet) 于1812年将名为 Watch Number 2639 的腕表献给了她。虽然这件珍宝如今已经无迹可寻，却标志着品牌伊始的灵感源泉——贵青女性风度的复兴。

谨遵制表工坊之父的谆谆教诲，宝玑 (Breguet) 专业制表大师们一直致力于以魔法般的手工结合最新制表工艺，为世人呈现实至名归的那不勒斯皇后系列 (Reine de Naples)。

那不勒斯皇后 Gold Thread Bracelet 将200年历史的灵感个性尽情演绎，加入当代设计元素与对历史传统的点睛一笔。表如其名，链带与椭圆形表壳完美搭配，这款18K白金腕表装置在一条柔软优雅的链带之上，后者亦由白金制成，优雅舒适地拥着玉腕。鹅卵形表壳上镶嵌有117颗钻石，表盘以18K银金和大溪地黑珍珠母贝组成的机刻花纹为饰面，色彩奔放，光芒夺目。表盘的下半部分，一个小秒针子表盘位于7时位置，巧妙地覆盖在布局精巧、层次丰富的小时和分钟计时圈上。作为制表工坊独有的视觉标识，抛光蓝钢宝玑 (Breguet) 指针由装置22颗宝石、具有独立编号和标记的自动上链 537DRL1机芯为动力围绕表盘运行，机芯还采用直线型瑞士杠杆式擒纵装置与扁平摆轮游丝。表盘上半部分，月相盈亏显示和动力储存视窗共同镶嵌在通透曼妙的天青底色上，珍珠母贝的色泽尽情地闪耀着。腕表的每一面均透出高贵柔美的女性气质；带有超凡舒适表链的那不勒斯皇后系列正完美诠释了俗语 "fit for a queen" ("尊若皇后") 的意义。

唯有宝玑（Breguet）的超凡工艺，才能令佩戴者倍享奢华腕表的万千宠爱。

另一方面，辉煌传统幻化为不竭创新，Type XXII 计时码表在高频计时领域迈出了可圈可点的一大步。

拥有每小时72000次，即10赫兹的震动频率，Type XXII 计时码表还装置飞返功能，仅需一次操作就能以每秒20次的振频进行测时。这件计时臻品具有超凡精确度，指针运行显示也无比清晰，令佩戴者沉浸在精准舒适的体验之中，唯有超凡机械工艺才可做到。以普通腕表两倍速率不着痕迹地流畅旋转，计时码表的中置秒钟指针仅30秒钟就能完成一周旋转，让时间读取愈加清晰精确。与此同时，第二分钟计时盘与外圈分钟刻度圈时标清晰区分了第一或第二个30秒。

这件性能出众、品质卓越的高频计时器的诞生要归功于宝玑（Breguet）六年时间的研发，创意独具地将硅材料运用到腕表的机械结构当中。其中摆轮游丝、擒纵叉和擒纵轮均由非金属材料制成，Type XXII 计时码表自动上链机芯需要机械结构的完全重新设计，均得益于品牌对机械原料性质的巧妙应用，如羽毛般轻盈的重量，方能达到惊人的高速振频。

表盘3时位置还置有24小时 GMT 格林威治时间功能，日期视窗位于6时位置，Type XXII 计时码表是对宝玑（Breguet）创新气质和时尚风度的先锋诠释。

▲ **TYPE XXII CHRONOGRAPH**
这件敢为人先的飞返计时码表通过位于表背的视窗令人能够一窥腕表强大的内核运行。

◀ **REINE DE NAPLES GOLD THREAD BRACELET**
拥有五个不同方位校准和一枚镶有弧面宝石的偏心表冠，这件旷世腕表臻品为女性优雅气质镀上了一层高贵的皇家光辉。

BREGUET 宝玑

CLASSIQUE HORA MUNDI　　参考编号: 5717BR/US/9ZU

机芯: 自动上链 77F0 机芯; 12法分; 55小时动力储存; 43颗宝石; 振频4赫兹; 18K黄金摆陀以刻花机芯手工雕刻; 硅质扁平摆轮游丝和瑞士直线型杠杆擒纵系统; 六方位调校。

功能: 小时、分钟、秒钟; 日期位于12时位置; 月相位于3时位置; 城市显示位于6时位置。

表壳: 18K红金; 直径44毫米; 精细凹面表壳带; 焊接表耳; 手工镶刻蓝宝石水晶表背; 30米防水性能。

表盘: 18K黄金美洲大陆图案; 波浪形饰纹在半透明漆面下为手工镶刻; 银色手工镶刻日/夜显示, 为18K黄金制成; 独立编号, 并刻有BREGUET字样; 圆环置有罗马数字。

表带: 短吻鳄鱼皮。

参考价: 价格请向品牌查询。

另提供: 欧洲大陆或亚洲大陆图案表盘; 950铂金表壳搭配亚洲大陆、美洲大陆或欧洲大陆图案表盘。

CLASSIQUE REVEIL DU TSAR　　参考编号: 5707ER/29/9V6

机芯: 519F 自动上链机芯; 12法分; 45小时动力储存; 38颗宝石; 4赫兹振频; 18K黄金摆陀; 手工镌刻; 直线型杠杆擒纵系统; 五方位调校。

功能: 小时、分钟; 小秒针和日期位于6时; 第二时区显示位于9时; 闹表显示位于3时; 闹表动力显示位于11时; 闹表开/关显示位于12时。

表壳: 18K玫瑰金; 直径39毫米; 精细凹面表壳带; 蓝宝石水晶表背; 30米防水性能。

表盘: 炉烧白色珐琅含秘密签名; 独立编号和BREGUET字样; 外圈置有宝玑阿拉伯数字; 蓝钢宝玑指针含镂空针尖。

表带: 短吻鳄鱼皮。

参考价: 价格请向品牌查询。

CLASSIQUE CHRONOMETRIE 7727　　参考编号: 7727BR/12/9WU

机芯: 574 手动上链机芯; 14法分; 60小时动力储存; 45颗宝石; 振频10赫兹; 硅质瑞士直线型杠杆擒纵系统; 硅质游丝发条; 六方位调校。

功能: 小时、分钟; 小秒针位于12时位置; 动力储存位于5时; 硅质指针显示十分之一秒, 位于1时; 偏心圆环。

表壳: 18K玫瑰金; 直径41毫米; 精细凹面表壳带; 焊接表耳; 蓝宝石水晶表背; 30米防水性能。

表盘: 银色18K金; 手工车刻六种不同图案; 独立编号和BREGUET字样; 宝玑精钢指针含镂空针尖。

表带: 皮质。

参考价: 价格请向品牌查询。

TRADITION 7047 TOURBILLON FUSEE　　参考编号: 7047/BR/G9/PZU

机芯: 宝玑 Breguet 569 手动上链机芯; 16法分; 50小时动力储存; 43颗宝石; 振频2.5赫兹; 具编号和BREGUET字样; 碳黑色涂层; 动力储存显示位于9时; 芝麻链传动系统保证一致扭矩; 陀飞轮框架, 宝玑陀飞轮条的上夹板为钛金制成; 直线型瑞士杠杆擒纵系统; 宝玑钛金夹板置有四个黄金校准螺丝; 宝玑硅质游丝发条。

功能: 偏心小时和分钟; 小秒针位于陀飞轮框架内, 位于1时。

表壳: 18K玫瑰金; 直径41毫米; 精细凹面表壳带; 焊接圆形表耳; 旋紧式游丝条; 蓝宝石水晶表背; 30米防水性能。

表盘: 黑色涂层车刻18K金; 独立编号和BREGUET字样; 圆圈置有罗马数字; 抛光月形针尖宝玑指针。

表带: 短吻鳄鱼皮。

参考价: 价格请向品牌查询。

另提供: 玫瑰金镀金机芯(参考编号: 704BR/R9/7Z)。

MARINE ROYALE

参考编号: 5847

机芯： 宝玑 Breguet 519R 自动上链机芯；12法分；45小时动力储存；36颗宝石；振频4赫兹；含编号和BREGUET字样；车工18K玫瑰金摆陀；直线型杠杆擒纵装置；摆轮由调校螺丝固定；五方位调校。

功能： 小时、分钟、秒钟；日期位于6时；提醒动力储存显示位于9时和11时之间；闹铃开启/关闭显示位于12时。

表壳： 18K玫瑰金；直径45毫米；精细凹面表壳带；单向表圈饰有荧光标记；波浪形棘轮位于3时位置，保证表圈旋转方向；旋拧式表冠；橡胶闹表开启/关闭按擎位于8时；闹表设置按擎位于4时；螺旋销紧固表带；300米防水性能。

表盘： 18K金经过黑色镀铑处理；手工镂刻波形图案；具独立编号和BREGUET字样；圆环置有玫瑰金镀金罗马数字和荧光点；中置三角指针用于设定闹表时间；刻面、镂空针尖宝玑指针由18K金制成，覆有荧光合成涂层。

表带： 橡胶。

参考价： 价格请向品牌查询。

MARINE TOURBILLON PLATINUM

参考编号: 5837PT/U2/5ZU

机芯： 554.4 手动上链机芯；12法分；50小时动力储存；28颗宝石；振频3赫兹；宝玑摆轮；硅质游丝发条杠杆和擒纵轮；六方位调校。

功能： 小时、分钟、秒钟；小秒针位于陀飞轮框架内，在12时位置；计时码表：12小时积算盘位于6时，30分钟积算盘位于3时。

表壳： 950 铂金；直径42毫米；精细凹面表壳带；圆形焊接表耳；螺旋销紧固表带；波形计时码表按擎；手工镂刻表背置有蓝宝石水晶。

表盘： 银色，黄金镀铂金；手工镂刻波形纹图案；独立编号和BREGUET字样；圆环置有罗马数字和荧光点；针尖镂空宝玑指针，涂有荧光材料。

表带： 橡胶。

参考价： 价格请向品牌查询。

LA MUSICALE

参考编号: 7800BA/11/9YV

机芯： 0900 自动上链机芯；17⅓ 法分；55小时动力储存；55颗宝石；振频4赫兹；含独立编号和BREGUET字样；宝玑游丝发条；硅质擒纵轮和杠杆；宝玑摆轮置有调校螺丝；六方位调校。

功能： 小时、分钟、秒钟；通过按擎或提前设定一定时间间隔进行清脆报时。

表壳： 18K黄金；直径48毫米；表壳带精细镌刻五线谱；圆形焊接表耳；螺丝固定发条杆；30米防水性能。

表盘： 旋转式；手工镌刻，覆铂金；独立编号和Breguet字样；圆环在轮缘位置置有罗马数字；宝玑镂空月型针尖蓝钢指针。

表带： 皮质。

参考价： 价格请向品牌查询。

TYPE XXII

参考编号: 3880ST/H2/3XV

机芯： 589F 自动上链机芯；13¼ 法分；45小时动力储存；28颗宝石；振频10赫兹；编号和BREGUET字样；宝玑摆轮置有调校螺丝，硅质游丝发条；五方位调校。

功能： 小时、分钟、秒钟；日期位于6时；计时码表。

表壳： 精钢；直径44毫米；凹面表壳带；双向旋转表圈含60分刻度；旋紧式表冠；表耳边缘为圆形；100米防水性能。

表盘： 氧化黑色；BREGUET字样；荧光时标和指针；圆环置有阿拉伯数字；红色计时码表秒针。

表带： 皮质。

参考价： 价格请向品牌查询。

备注： 为了纪念1960年著名Type XX 首次问世50周年，宝玑(Breguet)推出这一款现代高科技腕表 Type XXII 作为对 Type XX 的崭新诠释。

BREGUET 宝玑

TRADITION BREGUET 7067 GMT | 参考编号: 7067BB/G1/9W6

机芯: 宝玑 Breguet 507 DRF 手动上链机芯; 14½ 法分; 50小时动力储存; 40颗宝石; 振频3赫兹; 表面碳灰色处理; 具编号和BREGUET字样; 硅质倒置直线型擒纵系统; 硅质宝玑游丝发条; 六方位调校。

功能: 偏心小时和分钟; 中置时间区域; 参考时间位于6时; 24小时表盘位于2时; 夹板位于4时。

表壳: 18K白金; 直径40毫米; 精细凹面表壳带; 焊接表耳边缘为圆形, 并装置螺丝条; 30米防水性能; 蓝宝石水晶表背。

表盘: 18K金; 第二时区表盘为银色; 参考时间表盘为黑色涂层; 独立编号和BREGUET字样; 小时圈含有罗马数字; 抛光精钢镂空针尖宝玑指针。

表带: 皮质。

参考价: 价格请向品牌查询。

另提供: 白金款(参考编号: 7067BB/G1/9W6)。

HERITAGE CHRONOGRAPH | 参考编号: 5400BB/12/9V6

机芯: 550 自动上链机芯; 10½ 法分; 52小时动力储存; 47颗宝石; 振频3赫兹; 独立编号和BREGUET字样; 硅质倒置直线型杠杆擒纵系统和游丝发条; 宝玑摆轮。

功能: 小时、分钟; 小秒针和日期位于6时; 计时码表: 12小时积算盘位于9时, 30分钟积算盘位于3时。

表壳: 18K白金; 桶形; 精细凹面表壳带; 30米防水性能。

表盘: 银色18K金; 手工镂刻; 独立编号和BREGUET字样; 圆环置有罗马数字; 蓝钢宝玑指针; 秘密签名。

表带: 皮质。

参考价: 价格请向品牌查询。

另提供: 玫瑰金款。

MARINE GMT 5857 | 参考编号: 5857BR/Z2/5ZU

机芯: 517F 自动上链机芯; 11½ 法分; 72小时动力储存; 28颗宝石; 振频4赫兹; 编号和BREGUET字样; 硅质倒置直线型杠杆擒纵系统和扁平游丝发条; 六方位调校。

功能: 小时、分钟、秒钟; 中置时区显示; 参考时间和日期显示位于6时; 24小时表盘位于2时。

表壳: 18K黄金; 直径42毫米; 精细凹面表壳带; 焊接表耳含螺丝条; 蓝宝石水晶表背; 100米防水性能。

表盘: 18K镀金黑化镀铑; 手工镂刻波纹; 独立编号和BREGUET字样; 参考时间的小时圆环含罗马数字, 第二时区显示含阿拉伯数字; 宝玑指针含镂空针尖, 为抛光精钢制造。

表带: 黑色橡胶。

参考价: 价格请向品牌查询。

另提供: 精钢款含银色表盘(参考编号: 5857ST/12/5ZU)。

HERITAGE PHASES DE LUNE RETROGRADE 8860 | 参考编号: 8860BR/11/386

机芯: 586L 自动上链机芯; 13½ 法分, 厚度7法分; 40小时动力储存; 38颗宝石; 振频3赫兹; 编号和BREGUET字样; 直线型杠杆擒纵系统和硅质扁平游丝发条; 六方位调校。

功能: 小时、分钟; 月相显示位于1时。

表壳: 18K玫瑰金; 尺寸35x25毫米; 弧形桶形; 含精细表壳带; 30米防水性能。

表盘: 珍珠母贝中心, 手工车工flinqué alterné图案; 圆环为磨砂镀银; 独立编号和BREGUET字样; 小时环含罗马数字; 月相显示含玫瑰金镀金月亮部件; 抛光精钢宝玑指针含镂空针尖。

表带: 织皮。

参考价: 价格请向品牌查询。

另提供: 玫瑰金款搭配同款黄金表链(参考编号: 8860BR/11/RBO); 白金款搭配织皮表带(参考编号: 8860BB/11/386); 白金款搭配同款黄金表链(参考编号: 8860BB/11/BBO)。

REINE DE NAPLES GOLD THREAD BRACELET 8908

参考编号: 8908BB/5T/J70DODD

机芯: 537DRL1 自动上链机芯; 8¾ 法分; 40小时动力储存; 22颗宝石; 振频3赫兹; 直线型瑞士杠杆擒纵系统和扁平游丝发条; 编号和BREGUET字样; 五方位调校。

功能: 偏心小时和分钟; 小秒针位于7时; 月相显示和动力储存显示位于12时。

表壳: 18K白金; 尺寸28.45x36.5毫米; 卵形, 精细凹面表壳带; 表圈镶嵌11颗钻石(约0.99克拉); 蓝宝石水晶表背; 30米防水性能。

表盘: 车工银色18K金和黑色塔西提岛珍珠母贝; 镀铑月相; 独立编号和BREGUET字样; 小时环含罗马数字; 宝玑指针含镂空针尖, 为抛光精钢制成。

表带: 白金编织表链。

参考价: 价格请向品牌查询。

REINE DE NAPLES 8928

参考编号: 8928BR/51/844DD0D

机芯: 586 自动上链机芯; 38小时动力储存; 29颗宝石; 振频3赫兹; 直线型瑞士杠杆擒纵系统和硅质扁平游丝发条; 含编号和BREGUET字样; 五方位调校。

功能: 小时、分钟。

表壳: 18K玫瑰金; 卵形, 尺寸33x24.95毫米; 精细凹面表壳带; 表圈、表盘轮缘和球形表耳镶嵌139颗钻石(约1.32克拉); 表冠镶嵌椭圆形钻石; 30米防水性能。

表盘: 天然珍珠母贝; 小时环含罗马数字; 抛光精钢宝玑指针含镂空针尖; 独立编号和BREGUET字样。

表带: 亚光。

参考价: 价格请向品牌查询。

另提供: 玫瑰金表链(参考编号: 8928BR/51/J20DD00); 镶嵌钻石表盘和亚光表带(参考编号: 8928BR/8D/844DD0D); 镶嵌钻石表盘和玫瑰金表链(参考编号: 8928BR/8D/J20DD00)。

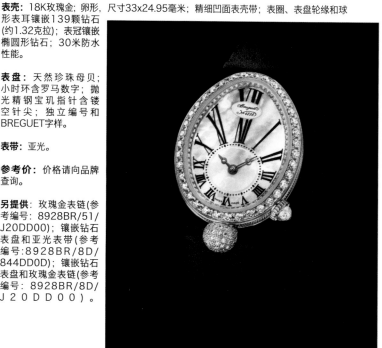

REINE DE NAPLES CHARLESTONE BRACELET 8928

参考编号: 78928BB/51/J60DD0D

机芯: 586 自动上链机芯; 6¾ 法分; 38小时动力储存; 29颗宝石; 振频3赫兹; 直线型瑞士杠杆擒纵系统和硅质扁平摆轮游丝; 含数字和BREGUET字样; 五方位调校。

功能: 小时和分钟。

表壳: 18K白金; 卵形, 尺寸33x24.95毫米; 精细凹面表壳带; 表圈、表盘轮缘和球形表耳镶嵌139颗钻石(约1.32克拉); 表冠镶嵌椭圆形钻石; 30米防水性能。

表盘: 天然珍珠母贝; 小时环含有罗马数字; 抛光精钢宝玑指针含镂空针尖; 独立编号和BREGUET字样。

表带: 白色查尔斯顿(Charlestone)。

参考价: 价格请向品牌查询。

另提供: 黄金款(参考编号: 8928BA/51/J60DD0D)。

CLASSIQUE TOURBILLON MESSIDOR

参考编号: 5335BR/42/9W6

机芯: 558 SQ2 手动上链机芯; 13½ 法分; 50小时动力储存; 25颗宝石; 手工镂刻; 独立编号和BREGUET字样。

功能: 偏心小时、分钟位于12时; 陀飞轮位于6时。

表壳: 18K玫瑰金; 直径40毫米; 精细凹面表壳带; 蓝宝石水晶表背; 30米防水性能。

表盘: 蓝宝石水晶上装饰玫瑰金; 独立编号和BREGUET字样; 蓝钢宝玑指针。

表带: 皮质。

参考价: 价格请向品牌查询。

另提供: 950铂金款。

BVLGARI

曼妙灵感 生生不息
ETERNAL INSPIRATION

宝格丽（Bulgari）从历史长河中最为激荡人心的时代和壮阔的瞬间汲取灵感，推出三款非同凡响的计时杰作，将品牌全面成熟的制表工艺完美呈现。

在Octo 腕表低调阳刚的优雅背后，是品牌灵感与人类文明史长河的深厚联系。通过两个具有象征意味的几何形状、圆形和八边形的巧妙组合，宝格丽（Bulgari）打破了常规传统，创制出拥有如磐石般坚强品格的腕表。

中世纪的炼金术士将这两种形状的融合看作是完美的象征，代表了人与神的无间结合，宝格丽（Bulgari）呈现的这款腕表轮廓刚毅充满力量，同时被圆融的曲线赋予了柔和恬静的气质。Octo 别具一格的表壳以玫瑰金或精钢打造，以两种形状体现隐喻含义，取义于中国文化中最具代表性的幸运数字8——北京奥林匹克运动会正于2008年8月8日晚8点08分开幕。正如数字8经过旋转便成为数学中的无限符号，Octo 腕表的8边形表壳搭配圆形表圈，更是超越传统的一举，同时为制表结构确立了崭新标准。刚毅干练中透出和谐圆融，Octo 腕表历经复杂制作工序，隐喻背后深藏的哲学理念，为人们展现了一件颠峰之作。

由品牌本厂制造的 Octo 腕表表壳包含近110个切面，每一面都经精细手工抛光或哑光喷砂处理。轮廓比例造型完美的 Octo 腕表黑色漆面表盘传递出经典隽永的优雅气质。同样不凡的内核为腕表提供着稳定的动力，BVL 193自动上链机芯装置一个单向摆陀，并置于滚珠轴承之上，以达到最佳上链效果，双发条盒更加强了长久的同步性。这枚高性能机械机芯拥有50小时动力储存能力，每小时振动频率达28800次，即每秒8次。与腕表外形的极致美感相得益彰，Octo 腕表机芯含抛光芯轴，哑光磨砂驱动轮，圆晶粒主机板，并刻有精致的日内瓦波纹。小时、分钟、秒钟以及半即时日期以令人惊异的精度为表盘赋予了生机，Octo 腕表内涵丰富，是对经典的有力诠释，该款腕表为未来高级制表业继续书写着辉煌篇章。

▶ **OCTO**
Octo 腕表完美的几何形状与低调优雅的动人气质，是由极为复杂、置有单向摆陀的双发条盒机芯提供动力。

外形曼妙、气质刚毅,
Octo 腕表完美体现了
品牌背后的制表哲学。

作为少数几家拥有全面问表制造工艺和生产能力的表厂之一，宝格丽（Bulgari）为世人呈现了一款风情万种、工艺卓越的腕表。Daniel Roth Carillon Tourbillon 三问表内置品牌独家自制机芯，完美展现了品牌优异的制表技术。该款腕表以精妙的韵响和高精确度的调校机制一鸣惊人。旨在营造出最为理想的报时声，DR330机芯置有3个响锤音簧，遵照严格标准精细打造而成；一枚惯性调速器还可减少摩擦阻力，避免了任何声音干扰，音簧经纯手工弯折和塑型，再以900摄氏度高温进行硬化，之后经过清洁，再置于500摄氏度的火上烧制。繁复的制作过程锻就了能发出天籁般清脆鸣响的三音锤。为了突出陀飞轮调校机制的纤薄之美，由327个组件构成的手动上链机芯置有细工雕刻的开面夹板，覆有黑色高科技铂金合金。腕表零件装配标新立异，线条流畅明朗，充满现代气息。在直径43毫米18K玫瑰金制成的表壳中，一枚滑动式问表杠杆位于7时和11时之间，本厂自制的半镂空蓝宝石表镜以其独特的构造使音锤和陀飞轮的精妙结构纤毫毕露。腕表机芯做工完美无暇，时标巧妙地设计成不连续罗马数字，极具经典审美意味。这枚腕表为限量发售，上链表冠刻有从1到30的独立编号。Daniel Roth Carillon Tourbillon 陀飞轮腕表以经典诠释繁复功能，以现代感造型承载至高性能，并因其无与伦比的机械结构和果敢设计，为宝格丽（Bulgari）卓越的制表工艺和对创新的不懈承诺增添了光辉的一笔。

▲ **DANIEL ROTH CARILLON TOURBILLON**
腕表第一个发条盒确保了敲击机械毫无偏差的运行性与美妙韵响，第二个发条盒则为机芯储备了75小时的动力。

◄ DIAGONO CERAMIC

精致的层次变化为腕表提供了极优的易读性与高效性，Diagono Ceramic 以不凡的美学风韵呈现出令人无法抗拒的运动气质和领袖风范。

散发令人瞩目的运动气质，Diagono Ceramic 腕表将一件诞生于20年前的经典款式赋予了果敢俊朗的现代外观。腕表的名字本身便是对古老希腊运动精神的致敬。"Agon"是希腊语"竞技"的意思，也是古希腊著名雕塑——掷铁饼者的名字，Diagono Ceremic 展现了品牌对于纯粹运动精神的不懈追求。42毫米精钢或18K玫瑰金表壳轮廓精致，这款奔放而优雅的计时码表拥有超大表盘，饰以颇具现代气息的细表圈，简洁清晰，确保了腕表的易读性。

秉承所有系列一贯的低调设计，从品牌著名的双标识镶刻，到高科技感哑光处理黑色陶瓷表圈，都与表壳侧面计时码表按掣的设计相得益彰。磨砂和抛光交替处理的表壳有力地表达了腕表独特的运动气质，与强有力的黑色表盘呼应，愈加透出独特与深刻之美；指针与时标由镀铑处理或玫瑰金镀金制成。三个经典的计时积算盘完美放置于3时、6时和9时位置，银调或金调与表壳色系和谐辉映，在深黑色底盘上愈发璀璨。4时和5时之间的日期视窗，更是为 Diagono Ceramic 腕表的极强易读性增添了画龙点睛的一笔。

腕表内部，饰有日内瓦波纹和蜗形纹的自动上链圆粒 BVL130 机芯又为运动灵感激荡的计时码表提供每小时28800次的振动频率。符合工程原理的表带极为舒适；一体式黑色橡胶表带内嵌精钢或18K金材料，搭配成熟稳重的旋进式表耳，与表壳紧密连接。Diagono Ceramic 腕表集优雅风度和果断个性的现代气质于一身，以干练线条和层次变化展现运动风范，并传递出生生不息的体育精神。

BVLGARI 宝格丽

DANIEL ROTH CARILLON TOURBILLON
参考编号: 101929

机芯: DR3300 手动上链机芯; 75小时动力储存; 327个组件; 35颗宝石; 每小时振动频率21 600次; 无声惯性调速器; 夹板和主机板经过NAC表面处理; 夹板镌刻太阳放射纹; 抛光和倒角精钢组件; 抛光螺头; 镀金齿轮。

功能: 小时、分钟、秒钟; 三音锤问表功能; 陀飞轮置于直径13毫米框架内; 动力储存显示。

表壳: 18K玫瑰金; 尺寸48x45毫米; 18K玫瑰金表冠具独立编号; 蓝宝石水晶表背; 30米防水性能。

表盘: 工坊自制蓝宝石; 特别视窗强调音锤和陀飞轮。

表带: 短吻鳄鱼皮; 玫瑰金三叶式折叠表扣。

参考价: 价格请向品牌查询。

DANIEL ROTH PAPILLON VOYAGEUR
参考编号: 1018353

机芯: DR1307 自动上链机芯; 11½ 法分; 45小时动力储备; 26颗宝石; 每小时振动频率28 800次; 铍青铜夹板含三个辐条; 由螺钉在五个位置校准; 夹板饰有日内瓦波纹; 圆晶粒双金属摆陀; 倒角和抛光夹板边缘; 钻石抛光同色宝石。

功能: 跳时; Papillon分钟显示; 中置指针显示双时间, 通过按擎进行+/-时域调节。

表壳: 18K玫瑰金。

表盘: 碳灰色装饰18K玫瑰金同心半圆环。

表带: 棕色短吻鳄鱼皮; 18K玫瑰金折叠式表扣。

备注: 限量发行99只。

参考价: 价格请向品牌查询。

OCTO BI-RETRO
参考编号: 101831

机芯: GG7722 自动上链机芯; 直径25.6毫米, 厚度5.53毫米; 45小时动力储存; 26颗宝石; 每小时振动频率28 800次; 装饰纹饰和复古金。

功能: 跳时; 返跳分钟和日期。

表壳: 精钢, 直径43毫米, 厚度12.35毫米; 精钢珠形表冠镶嵌凸圆形陶瓷; 防刮痕防眩光蓝宝石水晶表镜; 蓝宝石水晶表背; 100米防水性能。

表盘: 蓝色漆面瓷釉和玑镂; 刻面镂空时针和分针。

表带: 黑色橡胶; 精钢三叶式安全折叠表扣。

参考价: 价格请向品牌查询。

MAGSONIC
参考编号: 101836

机芯: GG 31001 手动上链机芯; 直径31.5毫米, 厚度7.31毫米; 48小时动力储存; 55颗宝石; 每小时振动频率21 600次; 大自鸣表; 陀飞轮。

功能: 偏心小时, 分钟; 陀飞轮; 西敏寺宝石大自鸣和小自鸣表, 四个音簧; 问表功能。

表壳: 专利18K玫瑰金和magsonic合金; 直径51毫米, 厚度16.27毫米; 表冠刻有限量款编号; 蓝宝石水晶表背; 30米防水性能。

表盘: 镂空; 手刻声波花纹。

表带: 黑色短吻鳄鱼皮; 18K白金三叶式折叠表扣。

备注: 限量款。

参考价: 价格请向品牌查询。

OCTO
参考编号: 101963

机芯： BVL 193 自动上链机芯；尺寸25.6x3.7毫米；50小时动力储存；28颗宝石；每小时振动频率28 800次；双发条盒；单向摆陀；夹板饰蜗形纹，装饰日内瓦波纹；倒角和抛光处理夹板边缘；圆晶粒主机板；亚光磨砂齿轮；抛光芯轴。

功能： 小时、分钟、秒钟；日期位于3时。

表壳： 自制18K玫瑰金；尺寸41.5x10.55毫米；旋紧式表冠；旋紧式表背；100米防水性能。

表盘： 黑色漆面；玫瑰金时标。

表带： 黑色短吻鳄鱼皮；玫瑰金双叶折叠式表扣。

参考价： 价格请向品牌查询。

OCTO
参考编号: 101964

机芯： BVL 193 自动上链机芯；尺寸25.6x3.7毫米；50小时动力储存；28颗宝石；每小时振动频率28 800次；双发条盒；单向摆陀；夹板饰蜗形纹，装饰日内瓦波纹；倒角和抛光处理夹板边缘；圆晶粒主机板；亚光磨砂齿轮；抛光芯轴。

功能： 小时、分钟、秒钟；日期显示位于3时。

表壳： 工坊自制精钢；尺寸41.5x10.55毫米；旋紧式表冠；旋紧式表背；100米防水性能。

表盘： 黑色漆面；镀铑时标。

表带： 黑色短吻鳄鱼皮；精钢双叶折叠式表带。

参考价： 价格请向品牌查询。

DIAGONO CERAMIC
参考编号: 101992

机芯： BVL 130 自动上链机芯；直径28.6毫米，厚度6.1毫米；42小时动力储存；37颗宝石；每小时振动频率28 800次；日内瓦波纹；圆晶粒和蜗形纹图案；Bvlgari 自制。

功能： 小时、分钟、秒钟；日期显示位于4时30分；计时码表：12小时积算盘位于6时，30分钟积算盘位于9时；60秒积算盘位于3时。

表壳： 精钢；直径42毫米；陶瓷表圈，计时码表按擎和旋入式表冠；抗刮痕防眩光蓝宝石水晶表镜；100米防水性能。

表盘： 黑色；镀铑时标经过SuperLumiNova涂层处理；手工镀铑刻面指针，经过SuperLumiNova涂层处理。

表带： 黑色整体橡胶内嵌精钢；精钢针式表扣。

参考价： 价格请向品牌查询。

DIAGONO CALIBRO 303
参考编号: 101879

机芯： BVL 303 自动上链机芯；直径25.6毫米，厚度5.5毫米；40小时动力储存；37颗宝石；每小时振动频率21 600次。

功能： 小时、分钟；小秒钟位于6时；日期显示位于4时30分；计时码表：12小时积算盘位于9时，30分钟积算盘位于3时，中置秒针。

表壳： 18K玫瑰金和精钢；直径42毫米，厚度11.9毫米；抗刮痕防眩光蓝宝石水晶表镜；蓝宝石水晶表背；100米防水性能。

表盘： 银色；多层竖纹处理；手工时标和内圈。

表带： 棕色短吻鳄鱼皮；精钢双叶折叠式表扣。

参考价： 价格请向品牌查询。

BVLGARI　宝格丽

SERPENTI　参考编号: 101814

机芯： 石英机芯。

功能： 小时、分钟。

表壳： 18K玫瑰金；尺寸35x9毫米；镶嵌38颗圆形明亮式切割钻石(约0.29克拉)；18K玫瑰金表冠镶嵌一颗粉红尖晶石；弧面抗刮痕防眩光蓝宝石水晶。

表盘： 黑色弧面；玑镂楞纹处理；手工玫瑰金镀金时标和位于12时与6时的罗马数字。

表带： 18K玫瑰金；双圈表链 (360毫米)。

参考价： 价格请向品牌查询。

SERPENTI　参考编号: 101815

机芯： 石英机芯。

功能： 小时、分钟。

表壳： 18K玫瑰金；尺寸35X9毫米；镶嵌38颗圆形明亮式切割钻石(约0.29克拉)；18K玫瑰金表冠镶嵌一颗粉红尖晶石；弧面抗刮痕防眩光蓝宝石水晶。

表盘： 黑色弧面；玑镂楞纹处理；手工玫瑰金镀金时标和位于12时与6时的罗马数字。

表带： 18K玫瑰金；双圈表链 (215毫米)。

参考价： 价格请向品牌查询。

SERPENTI　参考编号: 101956

机芯： 石英机芯。

功能： 小时、分钟。

表壳： 18K玫瑰金；直径35毫米；镶嵌38颗圆形明亮式切割钻石(约0.29克拉)；18K玫瑰金表冠镶嵌一颗粉红尖晶石；弧面抗刮痕防眩光蓝宝石水晶。

表盘： 18K玫瑰金；弧面；完全铺镶190颗明亮式切割钻石(0.82克拉)；手工玫瑰金镀金罗马数字位于12时和6时。

表带： 18K玫瑰金；双圈表链(360毫米)。

参考价： 价格请向品牌查询。

SERPENTI　参考编号: 101923

机芯： 石英机芯。

功能： 小时、分钟。

表壳： 18K黄金；直径35毫米；镶嵌38颗圆形明亮式切割钻石(约0.29克拉)；18K玫瑰金表冠镶嵌一颗粉红尖晶石；弧面抗刮痕防眩光蓝宝石水晶。

表盘： 银色弧面；玑镂楞纹处理；手工镀金时标和位于12时与6时的罗马数字。

表带： 18K黄金；双圈表链(360毫米)。

参考价： 价格请向品牌查询。

SERPENTI SCAGLIE

参考编号：101986

机芯： 石英机芯。

功能： 小时、分钟。

表壳： 18K玫瑰金；直径26毫米；镶嵌6颗圆形明亮式切割钻石(约0.6克拉)；弧面抗刮痕防眩光蓝宝石水晶。

表盘： 黑色蓝宝石水晶；镶嵌33颗钻石(约0.06克拉)。

表带： 抛光18K玫瑰金镶嵌黑玛瑙；镶嵌346颗圆形明亮式切割钻石(约3.46克拉)；双圈表链。

参考价： 价格请向品牌查询。

SERPENTI SCAGLIE

参考编号：101995

机芯： 石英机芯。

功能： 小时、分钟。

表壳： 18K玫瑰金；直径26毫米；镶嵌6颗圆形明亮式切割钻石(约0.6克拉)；弧面抗刮痕防眩光蓝宝石水晶。

表盘： 白色珍珠母贝；镶嵌33颗钻石(约0.06克拉)。

表带： 抛光18K玫瑰金镶嵌黑玛瑙；镶嵌206颗圆形明亮式切割钻石(约2.13克拉)；单圈表链。

参考价： 价格请向品牌查询。

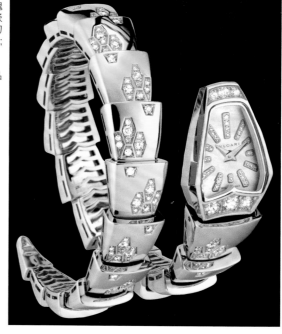

SERPENTI SCAGLIE

参考编号：101786

机芯： 石英机芯。

功能： 小时、分钟。

表壳： 18K白金；直径26毫米；镶嵌6颗圆形明亮切割钻石(约0.6克拉)；弧面抗刮痕防眩光蓝宝石水晶。

表盘： 白色珍珠母贝；镶嵌33颗钻石(约0.06克拉)。

表带： 抛光18K玫瑰金镶嵌黑玛瑙；镶嵌315颗圆形明亮式切割钻石(约23.57克拉)。

参考价： 价格请向品牌查询。

MEDITERRANEAN EDEN

参考编号：101907

机芯： 石英机芯。

功能： 小时、分钟。

表壳： 抛光18K玫瑰金；直径40毫米；镂空滑面表盖镶嵌3颗圆形明亮式切割钻石(0.34克拉)，132颗明亮式切割钻石(约1.1克拉) 以及10颗彩色宝石：3颗碧玺、一颗托帕石、一颗圆宝石、一颗黄水晶石、两颗紫水晶石和一颗翠绿橄榄石；18K玫瑰金表冠镶嵌一颗碧玺；抗刮痕防眩光水晶；尼龙垫圈。

表盘： 珍珠母贝。

表带： 高科技亚光；抛光18K玫瑰金三叶式覆褶表扣带Bulgari标识。

参考价： 价格请向品牌查询。

Cartier

精准机械
绝妙呈现

A MECHANICAL
REVELATION

每一枚腕表都如诗般动人，并拥有精妙复杂的机械内核，来自 Fine Watchmaking Collection 高级制表系列的七枚全新腕表展现了卡地亚（Cartier）这一经典制表品牌大胆进取，追求卓越的名匠风范。

为制表的怀旧情结赋予了独特的摩登元素，高级复杂功能镂空怀表展现了令人惊艳的结构设计，仿佛将佩戴者带回魅力无穷的旧时光。怀表拥有夺目的59毫米18K白金表壳，将精妙的美学风韵与457个部件组成的手动上链机芯完美融合。镂空罗马数字为高精度纯手工制成，精工雕刻耗时多达100余小时，开放式表盘设计之美令人屏息。三个积算盘结构之上，闰年视窗位于10时位置，万年历拥有精确日期显示，直到2100年才需第一次校准。8日动力显示与星期显示同处一个子表盘；卡地亚（Cartier）将镂空表盘的6时位置空出，并在这个位置展现了 9436 MC 型机芯的调校陀飞轮，其支撑夹板巧妙地制成"C"形，正是卡地亚（Cartier）的首字母。按照品牌165年传统的最高标准手工制作而成，这件具有象征意义的杰作拥有苹果形和锤形蓝钢指针，镶嵌凸圆形蓝宝石的上链表冠身兼数职，亦可一键开启、暂停和重置位于表盘中央的计时码表。搭配一条18K白金表链，高级复杂功能镂空怀表以玲珑剔透的空灵之美，完美展现了时计摄人心魄的魅力和机械结构的震撼优雅，尽显卡地亚（Cartier）大师级制表的灵感迸发。

◀▶ **高级复杂功能镂空怀表**
怀表拥有8日动力储存，镂空透明的设计传递出精密时计的灵魂，并以陀飞轮、万年历和单按钮计时码表的创新复杂工艺惊艳世人。

镂空罗马数字，精致曼妙的线条，以及超过100小时高精度手工打造，
怀表表盘大方呈现令人惊艳的极致之美。

ROTONDE DE CARTIER
浮动式陀飞轮腕表

ROTONDE DE CARTIER
反转陀飞轮腕表

ROTONDE DE CARTIER
浮动式陀飞轮三问腕表

Rotonde de Cartier 浮动式陀飞轮腕表的电镀银质表盘拥有玑镂饰面和太阳放射纹效果的镂空网格,从4时到8时的九枚异形罗马时标整体勾勒出线条夸张奔放的轮廓。9452 MC 型机芯的调校装置精妙绝伦,开面视窗尽显繁复表盘的不尽奥妙;浮动式陀飞轮以品牌"C"形标志优雅装饰,精确运行到秒。剑形蓝钢时针和分针与18K玫瑰金表壳上链表冠的凸圆形蓝宝石相互映衬,这件拥有日内瓦印记的腕表作品以多层次结构、富有对比的设计和精妙的机械工艺传递出华美繁复的优雅气质。

同样拥有日内瓦印记的 Rotonde de Cartier 反转陀飞轮腕表因富有表现力的几何结构和陀飞轮的大师级工艺而闪耀夺目。位于灰色电镀表盘左侧的18K白金罗马数字与繁复的玑镂图案共同呈现表盘的偏心设计,腕表的右侧部分则展现出令人叹为观止的结构特点。由卓越的 9458 MC 型机芯提供动力,这件多层

次的腕表拥有50小时动力储存能力,并在6时位置搭载有一枚反转陀飞轮,轮廓清秀,造型轻盈。

45毫米5级钛金表壳轻盈大方,为精妙绝伦的 Rotonde de Cartier 浮动式陀飞轮三问腕表的声音净度和共鸣提供了理想结构,复杂结构融合精湛工艺,呈上饱满华丽的视听享受。在微机械声音传播领域的不懈探索打造了腕表超凡的问表功能,复杂的惯性装置和摩擦调校器保证了最优的敲击节奏,12时位置搭载神秘的浮动式陀飞轮,由447个部件构成的 9402 MC 型手动上链机芯为美妙报时提供动力,日内瓦印记可谓实至名归。玑镂饰面电镀表盘的点睛一笔在于6时处清晰可见的问表音锤,映出机芯的调校运行,趣味盎然。一改较重的滑杆式传统设计,Rotonde de Cartier 浮动式陀飞轮三问腕表在8时位置装置轻型按擎,诠释了卡地亚(Cartier)对卓越功能的不懈追求,以及无与伦比的美学素养和创新成就。

ROTONDE DE CARTIER
年历腕表

ROTONDE DE CARTIER
万年历腕表

　　兼具经典精致与现代果敢的气质于一身，Rotonde de Cartier 年历腕表拥有45毫米18K玫瑰金表壳，以创新笔触在繁复的表盘上实现了时间的易读性。外缘环绕镂空银圈的电镀玑镂表盘中央呈深灰色，搭配太阳射线纹，完美烘托了年历功能。12时位置巧妙地置有双盘式大日期机制，只需在每年2月调校一次，日期和月份显示为充满创意的同心异盘设计，造型圆融，又可分层显示时间。两枚锤形指针拥有红色针尖，在浅凹形底盘上在内圈和外圈上分别显示星期和月份。将复杂功能巧妙布局清晰呈现，自动上链 Rotonde de Cartier 年历腕表机芯完美诠释了卡地亚（Cartier）充满远见卓识的制表天赋和独特内涵。

　　以大师级工艺呈现空间美学和表盘结构，自动上链 Rotonde de Cartier 万年历腕表通过清晰简洁的设计和令人无法抗拒的领袖魅力将时间信息全面展示。极具表现力的表盘上装饰中心玑镂图案和外缘镂空太阳射线格纹，搭配异形罗马数字；9422 MC 型机芯运用各种展示方法保证了这件18K玫瑰金腕表的清晰易读。蜗形纹月份显示和闰年显示位于12时位置，返跳日期显示位于6时位置，外围日期显示为这枚复杂低调的腕表作品赋予点睛一笔。拥有每小时28,800次的振动频率，腕表的凸圆形蓝宝石与表盘的6枚蓝钢指针相得益彰，Rotonde de Cartier 万年历腕表令人过目难忘，在现代活力与隽永机械传统之间取得了完美平衡。

　　9614 MC 型手动上链机芯的夹板造型，别出心裁地构成罗马数字。令人一见倾心的 Santos-Dumont 玫瑰金镂空腕表以独特线条与不羁设计夺人眼球。镂空数字和中央方形框架以极简结构衬托了20枚红宝石轴承和138个部件组成的精妙机芯，两枚蓝钢剑形指针优雅地指示小时和分钟，对比鲜明，读时清晰。七边形表冠由18K玫瑰金制成，切面蓝宝石更加强了腕表的几何感，为这件令人振奋不已的腕上臻品锦上添花。

SANTOS-DUMONT
玫瑰金镂空腕表

CARTIER 卡地亚

GRAND COMPLICATION SKELETON POCKET WATCH

高级复杂功能镂空怀表　　参考编号：W1556213

机芯：9436 MC 型手动上链机芯；15法分；直径33.8毫米，厚度10.25毫米；8天动力储存；457个组件；37枚红宝石轴承；每小时振动频率21 600次；独立编号。

功能：小时、分钟、秒钟；镂空陀飞轮；一键式计时码表；万年历。

表壳：18K白金；直径59毫米；珠形白金表冠镶嵌一枚凸圆形蓝宝石；蓝宝石水晶表背；30米防水性能。

表盘：18K白金；蜗形纹积算盘；苹果形蓝钢时针和分针；锤形秒针；黄金轮缘，太阳射线纹装饰。

表链：18K白金；水晶和黑曜石链底。

参考价：价格请向品牌查询。

ROTONDE DE CARTIER MINUTE REPEATER FLYING TOURBILLON

ROTONDE DE CARTIER 浮动式陀飞轮三问腕表　　参考编号：W1556209

机芯：9402 MC 型手动上链机芯；14¾ 法分；直径33.4毫米，厚度9.58毫米；50小时动力储存；447个组件；45枚红宝石轴承；每小时振动频率21 600次；日内瓦印记；独立编号。

功能：小时、分钟；浮动式陀飞轮；问表。

表壳：钛金；直径45毫米；钛金珠形表冠镶嵌凸圆形蓝宝石；蓝宝石水晶表镜；蓝宝石水晶表背；30米防水性能。

表盘：白色电镀玑镂；银色开面格纹具有太阳射线纹效果；黑色转印罗马数字；蓝钢剑形指针。

表带：黑色短吻鳄鱼皮；可调节18K白金双重折叠式表扣。

参考价：价格请向品牌查询。

ROTONDE DE CARTIER ANNUAL CALENDAR

ROTONDE DE CARTIER 年历腕表　　参考编号：W1580001

机芯：9908 MC 型自动上链机芯；11½ 法分；直径30毫米，厚度5.9毫米；48小时动力储存；239个组件；32枚红宝石轴承；每小时振动频率28 800次；独立编号。

功能：小时、分钟；大日期位于12时；年历含有指示星期和月份的指针。

表壳：18K玫瑰金；直径45毫米；18K黄金珠形表冠镶嵌一颗凸圆形蓝宝石；蓝宝石水晶表镜；蓝宝石水晶表背；30米防水性能。

表盘：下半部分：深灰色电镀玑镂图案，银色年历区域太阳射线纹饰面；上半部分格纹：银色，开面太阳射线纹效果，黑色转印罗马数字，灰色电镀玑镂图案在中心区域。

表带：棕色短吻鳄鱼皮；可调节18K玫瑰金双重折叠式表扣。

参考价：价格请向品牌查询。

ROTONDE DE CARTIER CADRAN LOVE TOURBILLON

ROTONDE DE CARTIER 反转陀飞轮腕表　　参考编号：W1556214

机芯：9458 MC 型手动上链机芯；17法分；直径38毫米，厚度5.58毫米；50小时动力储存；167个组件；19枚红宝石轴承；每小时振动频率21 600次；日内瓦印记；独立编号。

功能：小时、分钟；陀飞轮装置在C形框架内。

表壳：18K白金；直径46毫米；18K黄金珠形表冠镶嵌一颗凸圆形蓝宝石；蓝宝石水晶表镜；蓝宝石水晶表背；30米防水性能。

表盘：深灰色电镀玑镂图案；18K白金格纹以罗马数字呈现；圆形磨砂处理；剑形蓝钢指针。

表带：黑色短吻鳄鱼皮；可调节18K白金双重折叠式表扣。

参考价：价格请向品牌查询。

BALLON BLEU EXTRA FLAT

参考编号: W6920059

机芯: 430 MC 型自动上链机芯。

功能: 小时、分钟。

表壳: 铂金；30米防水性能。

表盘: 蓝色太阳式处理饰面；12个罗马数字；镀铑精钢剑形指针。

表带: 蓝色短吻鳄鱼皮。

备注: 限量发行199枚，具独立编号。

参考价: 价格请向品牌查询。

另提供: 18K白金，扭索表盘；18K玫瑰金；雕纹表盘。

SANTOS-DUMONT SKELETON

参考编号: W2020052

机芯: 9612 MC 型手动上链机芯。

功能: 小时、分钟；镂空夹板以罗马数字呈现。

表壳: 钛金和黑色ADLC涂层；黑化钛金表冠；黑色切面尖晶石；蓝宝石水晶表镜；蓝宝石水晶表背；30米防水性能。

表盘: 镂空；镀铑黄铜剑形指针。

表带: 黑色短吻鳄鱼皮；18K白金和ADLC涂层。

参考价: 价格请向品牌查询。

另提供: 18K白金款。

TORTUE PERPETUAL CALENDAR

TORTUE 万年历腕表

参考编号: W1580045

机芯: 9422 MC 型自动上链机芯。

功能: 小时、分钟；万年历；返跳星期显示；月份和闰年在同一子表盘内，位于12时位置。

表壳: 18K玫瑰金；18K玫瑰金八边形表冠镶嵌一颗切面蓝宝石；矿物晶体表镜；蓝宝石水晶表背；30米防水性能。

表盘: 银白色扭索纹饰面；黑色转印罗马数字；苹果形时针和分针。

表带: 棕色短吻鳄鱼皮；可调节18K玫瑰金双重折叠式表扣。

参考价: 价格请向品牌查询。

PASHA DE CARTIER SKELETON FLYING TOURBILLON

PASHA DE CARTIER 浮动式陀飞轮镂空腕表

参考编号: W3030021

机芯: 9457 MC 型手动上链机芯；日内瓦印记。

功能: 小时、分钟；浮动式陀飞轮显示秒钟，并装置在C形陀飞轮框架内；镂空夹板以阿拉伯数字呈现。

表壳: 18K白金，直径42毫米；18K白金凹面表冠镶嵌一颗凸圆形蓝宝石；蓝宝石水晶表镜；蓝宝石水晶表背；30米防水性能。

表盘: 镂空；蓝钢菱形指针。

表带: 黑色短吻鳄鱼皮；可调节18K白金表扣。

备注: 限量发行100枚，具独立编号。

参考价: 价格请向品牌查询。

CHANEL

时尚先锋
婉约隽永
AVANT-GARDE FEMININITY

尊贵雅致，婉约隽永——香奈儿（CHANEL）引领全新的美学概念，以大胆创意和优雅风姿书写着设计界的永恒传奇。

当香奈儿（CHANEL）于1987年推出第一款腕上计时杰作 Première 时，其暗示性的几何精确度与人们挚爱的香奈儿 N°5 香水瓶盖如出一辙。毋庸置疑，香奈儿依靠突破性的 J12 腕表重新定义了21世纪制表界的至高标准，腕表由高科技精密陶瓷制作，以极为先进的制作技术才得以完成。香奈儿以至繁至真的手工技艺、质量上乘的制作材料以及引领潮流的美学设计震惊了整个钟表界。与此同时，陶瓷作为香奈儿创新精神以及潮流先驱的标志已经成为制表领域中令人无法抗拒的新元素。

在第一枚腕表诞生25周年之际，香奈儿借此契机推出女士高级机械腕表。这款优雅超卓的腕表，立即赢得了第十二届日内瓦高级钟表大赏的肯定，而 Première Flying Tourbillon 也荣获了最佳女士腕表大奖。

将香奈儿女士（Mademoiselle Chanel）先锋美学的核心精神诠释为精密复杂的腕表杰作，香奈儿充满活力的时尚气质始终贯穿于腕表系列之中。

◀ **MADEMOISELLE PRIVÉ COROMANDEL**
Coromandel 腕表蕴藏了香奈儿女士初识中国乌木漆面屏风时的怦然心动，用雪花式镶嵌钻石装饰表框，以传统手工镂刻技艺和繁复华美的珐琅技艺呈现稀世经典之作。

MADEMOISELLE PRIVÉ 系列将女性令人醉迷的气质融合其中，传递着优雅韵致的美妙想象。

以嘉柏丽尔·香奈儿（Gabrielle Chanel）巴黎工作室门上的两个字为名（原意为"女士专属"），将女性气质以及奢华风度融为一炉的 Mademoiselle Privé 系列传递出婉约隽永的美妙想像。腕表体现了香奈儿标志性的设计元素，圆形白金表壳上装饰以精美钻石，熠熠生辉。动人的女士腕表上，创始人最为喜爱的形象以特别的形式完美诠释（彗星，羽毛，山茶花和狮子），Coromandel 中国乌木漆面屏风以微绘形式在表盘呈现，优雅韵致。星辰表盘实现了香奈儿"我要以璀璨群星装点女性。星星！大大小小、闪耀夺目的星星"的梦想；羽毛主题从她1932年前瞻性的珠宝系列汲取灵感，以钻石和粉红蓝宝镶嵌惊艳世人。狮子形象象征了嘉柏丽尔·香奈儿的星座；Coromandel 腕表向她喜爱的中国乌木漆面屏风致敬，在她的寓所里，乌木漆面屏风占据着举足轻重的地位。"从18岁起，我就爱上了这种中国屏风。我第一次进入一间中国古董店时，差点兴奋得晕倒。这是我第一次看见中国乌木漆面屏风……那是我收集的第一件藏品。"她曾这样评价过这些艺术品。

Coromandel 腕表珐琅表盘通过绝妙的微绘画珐琅工艺展示了中国漆木屏风图案。表壳通过雪花式镶嵌方法装饰600颗钻石，以稀世精美的艺术工艺和至高的手工技艺将品牌的优雅气质一展无余。绚丽色彩与深黑色珐琅底盘对比鲜明，宝石紧密贴合，两枚指针引人注目。腕表的表盘端庄大方，毫无保留地将香奈儿的高雅之美呈现世人。腕表背后蕴藏着艺术大师严谨的制作工艺与超凡脱俗的审美直觉，搭配黑色短吻鳄鱼皮表带或者钻石镶嵌白金折叠式表扣，Coromandel 腕表典雅有加，气质出众。

融合丰富想象与极致优雅，Mademoiselle Privé 系列将女性婉约隽永的形象以奢华方式呈现，是对香奈儿创新精神的致敬之作。

CHANEL　香奈儿

MADEMOISELLE PRIVE

MADEMOISELLE PRIVE 珠宝腕表	参考编号: H3098

机芯: 自动上链机芯; 42小时动力储存。

功能: 小时、分钟。

表壳: 18K白金; 直径37.5毫米; 表壳雪花式镶嵌316颗钻石 (2.18克拉) 和217颗粉红蓝宝 (1.65克拉); 表冠雪花式镶嵌37颗钻石 (0.09克拉) 以及1颗尖顶拱形粉红蓝宝 (0.33克拉); 30米防水性能。

表盘: 黑色大明火珐琅; 羽毛形状铺镶63颗钻石 (0.22克拉) 以及26颗粉红蓝宝石(0.46克拉)。

表带: 黑色密西西比短吻鳄鱼皮表带; 18K白金双折叠式表扣镶嵌80颗钻石 (0.49克拉); 可调节尺寸。

MADEMOISELLE PRIVE

MADEMOISELLE PRIVE 珠宝腕表	参考编号: H3094

机芯: 自动上链机芯; 42小时动力储备。

功能: 小时、分钟。

表壳: 18K白金; 直径37.5毫米; 表壳雪花式镶嵌513颗钻石 (3.27克拉) 并镶嵌7颗长阶梯形切割钻石 (0.36克拉); 表冠雪花式镶嵌35颗钻石 (0.09克拉) 以及1颗尖顶拱形蓝宝石 (0.33克拉); 30米防水性能。

表盘: 蓝色半透明大明火珐琅; 18K白金饰刻狮子浮雕; 20颗明亮式切割钻石; 5颗长阶梯形切割钻石以及5颗三角形切割钻石(1.08克拉)。

表带: 黑色密西西比短吻鳄鱼皮表带; 18K白金折叠式表扣镶嵌80颗钻石 (0.49克拉); 可调节尺寸。

MADEMOISELLE PRIVE

MADEMOISELLE PRIVE 珠宝腕表	参考编号: H3096

机芯: 高精确度石英机芯。

功能: 小时、分钟。

表壳: 18K白金; 直径37.5毫米; 镶嵌60颗钻石(1.09克拉); 30米防水性能。

表盘: 缟玛瑙; 山茶花图案由珍珠母贝镶嵌; 7枚钻石时标 (0.05克拉)。

表带: 哑光黑色; 18K白金针扣式表扣镶嵌80颗钻石(0.48克拉); 可调节尺寸。

MADEMOISELLE PRIVE

MADEMOISELLE PRIVE 珠宝腕表	参考编号: H2928

机芯: 自动上链机芯; 42小时动力储存。

功能: 小时、分钟。

表壳: 18K 白金; 直径37.5毫米; 镶嵌60颗钻石 (1.09克拉); 30米防水性能。

表盘: 防反光处理蓝宝石水晶镜面; 钛金属彗星镶嵌31颗钻石(0.04克拉)。

表带: 黑色哑光; 18K白金针扣式表扣镶嵌80颗钻石(0.48克拉); 可调节尺寸。

PREMIERE FLYING TOURBILLON

PREMIERE 浮动式陀飞轮腕表　　参考编号: H3092

机芯： 自动上链机芯；40小时动力储存。

功能： 小时、分钟；浮动式陀飞轮位于6点钟位置。

表壳： 18K白金；直径37毫米；镶嵌85颗长阶梯形切割钻石(5.44克拉),52颗明亮式切割钻石(1.48克拉);18K白金表冠镶嵌有16颗长阶梯形切割钻石(0.29克拉),11颗明亮式切割钻石(0.157克拉);30米防水性能。

表盘： 黑色高科技精密陶瓷表盘;18K白金指针镶嵌15颗钻石(0.015克拉);饰有凸圆形珠的陀飞轮镶嵌19颗钻石(0.019克拉)。

表带： 黑色短吻鳄鱼皮；18K白金折叠式表扣镶嵌30颗钻石(0.33克拉);可调节尺寸。

备注： 限量20枚,具独立编号。

PREMIERE FLYING TOURBILLON

PREMIERE 浮动式陀飞轮腕表　　参考编号: H3261

机芯： 自动上链机芯；40小时动力储存。

功能： 小时、分钟；浮动式陀飞轮位于6点钟位置。

表壳： 18K白金；　直径37毫米；表圈上部隐密式镶嵌151颗长阶梯形切割红宝石(11.57克拉);18K白金表冠镶嵌16颗长阶梯形切割红宝石(0.32克拉)以及1颗玫瑰式切割红宝石(0.45克拉);30米防水性能。

表盘： 黑色高科技精密陶瓷;18K白金指针镶嵌15颗钻石(0.015克拉);饰有凸圆形珠的陀飞轮镶嵌19颗钻石(0.019克拉)。

表带： 黑色短吻鳄鱼皮;18K白金双折叠式表扣镶嵌14颗长阶梯形切割红宝石(0.85克拉);可调节尺寸。

备注： 仅此一枚。

PREMIERE JEWELRY

PREMIERE JEWELRY 珠宝腕表　　参考编号: H2437

机芯： 高精确度石英机芯。

功能： 小时、分钟。

表壳： 18K白金；直径19.7毫米；52颗钻石(0.26克拉);30米防水性能。

表盘： 113颗钻石(0.37克拉)。

表带： 18K白金镶嵌404颗钻石(2.46克拉);18K白金表扣。

PREMIERE

PREMIERE 腕表　　参考编号: H3059

机芯： 高精确度石英机芯。

功能： 小时、分钟。

表壳： 白色高科技精密陶瓷和精钢；直径19.7毫米；镶嵌52颗钻石(0.26克拉);　30米防水性能。

表盘： 白色漆面。

表带： 白色高科技精密陶瓷和精钢表链。

另提供： 黑色高科技精密陶瓷款。

J12 RETROGRADE MYSTERIEUSE

J12 神秘飞返腕表　　　　　参考编号: H2971

机芯: CHANEL RMT-10 手动上链机芯; 10天动力储存。

功能: 小时、分钟; 飞返分针; 陀飞轮。

表壳: 黑色哑光高科技精密陶瓷和18K白金; 直径47毫米; 表圈含有12个夹层 (2时和4时位置具有表冠功能); 伸缩式垂直表冠; 双面蓝宝石水晶镜面; 表背防反射涂层处理; 30米防水性能。

表盘: 电子分钟计时; 开面镂空指针。

表带: 黑色高科技精密陶瓷; 18K白金三重折叠式表扣。

备注: 限量发行10枚, 具独立编号。

另提供: 18K白金和白色高科技精密陶瓷款; 18K玫瑰金和黑色高科技精密陶瓷款。

J12 JEWELRY

J12 JEWELRY 珠宝腕表　　　　参考编号: H2920

机芯: 自动上链机芯; 42小时动力储存; 瑞士官方天文台表鉴定局认证。

功能: 小时、分钟; 小秒针位于3点钟位置; 日期显示位于4点30分位置; 计时码表: 30分钟积算盘和中置秒针。

表壳: 18K白金; 直径41毫米; 铺镶65颗长阶梯形切割钻石 (7.12克拉); 表圈镶嵌48颗长阶梯形切割钻石 (4.85克拉); 表冠和按钮镶嵌1颗明亮式切割钻石 (0.25克拉); 50米防水性能。

表盘: 18K白金和黑色高科技精密陶瓷; 镶嵌10颗长阶梯形切割钻石时标和34颗梯形切割钻石小表盘 (1.76克拉)。

表带: 18K白金和黑色高科技精密陶瓷镶嵌404颗长阶梯形切割钻石 (20.3克拉); 18K白金三重折叠式表扣。

备注: 限量发行12枚, 具独立编号。

J12 JEWELRY

J12 JEWELRY 珠宝腕表　　　　参考编号: H2932

机芯: 高精确度石英机芯。

功能: 小时、分钟。

表壳: 18K白金; 直径29毫米; 83颗长阶梯形切割钻石 (2.24克拉); 表圈镶嵌84颗长阶梯形切割钻石 (2.2克拉)和12颗黑色长阶梯形切割陶瓷时标; 表冠镶嵌1颗明亮式切割钻石(0.16克拉)和14颗长阶梯形切割钻石 (0.12克拉); 50米防水性能。

表盘: 18K白金和黑色高科技精密陶瓷; 48颗长阶梯形切割钻石(0.87克拉)。

表带: 18K白金; 514颗长阶梯形切割钻石(16.73克拉); 18K白金三重折叠式表扣。

备注: 限量发行12枚, 具独立编号。

另提供: 直径33毫米款 (高精确度石英机芯); 直径38毫米款 (自动上链机芯); 直径42毫米款(自动上链机芯)。

J12 JEWELRY

J12 JEWELRY 珠宝腕表　　　　参考编号: H3386

机芯: 自动上链机芯; 42小时动力储存。

功能: 小时、分钟、秒钟。

表壳: 白色高科技精密陶瓷表壳; 直径38毫米; 34颗长阶梯形切割钻石 (2.5克拉); 明亮式切割钻石 (0.15克拉); 钛金表背; 50米防水性能。

表盘: 珍珠母贝表盘; 12颗长阶梯形切割钻石时标 (0.4克拉); 18K白金时针分针和秒针。

表带: 白色高科技精密陶瓷; 钛金三重折叠式表扣; 可调节尺寸。

另提供: 表壳直径33毫米款(高精确度石英机芯)。

J12 WHITE

J12 白色腕表　　　参考编号: H3111

机芯：自动上链机械机芯；42小时动力储存。

功能：小时、分钟、秒钟。

表壳：白色高科技精密陶瓷和精钢；52颗钻石（约1.42克拉）；50米防水性能。

表盘：珍珠母贝；8颗钻石时标；镀铑时针和数字。

表带：白色高科技精密陶瓷；精钢三重折叠式表扣；可调节尺寸。

另提供：表壳直径33毫米款(高精确度石英机芯)。

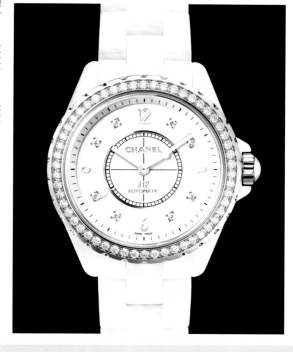

J12 WHITE

J12 白色腕表　　　参考编号: H2423

机芯：自动上链机芯；42小时动力储存。

功能：小时、分钟、秒钟。

表壳：白色高科技精密陶瓷和精钢，直径38毫米；旋入式表冠，200米防水性能。

表盘：珍珠母贝；8颗钻石时标；镀铑时针和数字。

表带：白色高科技精密陶瓷；精钢三重折叠式表扣；可调节尺寸。

另提供：直径33毫米款（高精确度石英机芯）。

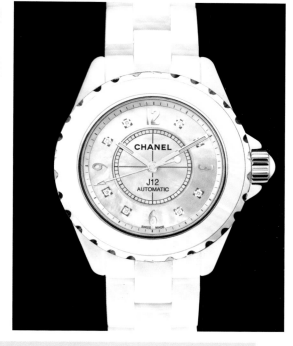

J12 GMT

J12 GMT 两地时腕表　　　参考编号: H3103

机芯：自动上链机芯；42小时动力储存。

功能：小时、分钟、秒钟；日期显示位于4点30分；GMT。

表壳：白色高科技精密陶瓷和精钢；直径38毫米；旋入式表冠；50米防水性能。

表盘：白色漆面；镀铑时针和数字；第二时区显示于24小时刻度外圈。

表带：白色高科技精密陶瓷；精钢三重折叠式表扣；可调节尺寸。

另提供：黑色和彩色款。

J12 WHITE

J12 白色腕表　　　参考编号: H2981

机芯：自动上链机芯；42小时动力储存。

功能：小时、分钟、秒钟；日期显示位于4点30分位置。

表壳：白色高科技精密陶瓷和精钢；直径42毫米；单向旋转表圈；旋入式表冠；200米防水性能。

表盘：白色漆面；镀铑指针和数字。

表带：白色高科技精密陶瓷；精钢三重折叠式表扣；可调节尺寸。

另提供：黑色高科技精密陶瓷款；直径33毫米款(高精确度石英机芯)；直径38毫米款(自动上链机芯)。

J12 CHROMATIC

J12 CHROMATIC 钛陶瓷腕表　　参考编号: H3155

机芯: 自动上链机芯; 42小时动力储存。

功能: 小时、分钟、秒钟。

表壳: 钛陶瓷和18K白金; 直径41毫米; 36颗长梯形切割钻石(3.47克拉); 1颗明亮式切割钻石表冠 (0.15克拉); 钛金表背; 50米防水性能。

表盘: 黑色漆面; 12颗长梯形切割钻石时标(0.52克拉); 18K白金指针。

表带: 钛陶瓷; 钛金三重折叠式表扣; 可调节尺寸。

J12 CHROMATIC

J12 CHROMATIC 钛陶瓷腕表　　参考编号: H2566

机芯: 自动上链机芯; 42小时动力储存。

功能: 小时、分钟、秒钟。

表壳: 钛陶瓷和精钢; 直径38毫米; 54颗钻石(约1.42克拉); 50米防水性能。

表盘: 垂直哑光磨砂处理中心盘, 罗圈型外侧; 8枚钻石时标(约0.06克拉); 镜面抛光镀铑涂层指针和数字。

表带: 钛陶瓷; 精钢三重折叠表扣; 可调节尺寸。

另提供: 直径33毫米 (高精确度石英机芯)。

J12 CHROMATIC

J12 CHROMATIC 钛陶瓷腕表　　参考编号: H3242

机芯: 自动上链机芯; 42小时动力储存。

功能: 小时、分钟、秒钟; 日期显示位于4点30分位置。

表壳: 钛陶瓷和精钢; 直径38毫米; 单向旋转表圈; 200米防水性能。

表盘: 垂直哑光磨砂处理中心表盘, 罗圈型外侧; 12枚钻石时标(约0.09克拉); 镜面抛光镀铑涂层指针和数字。

表带: 钛陶瓷; 精钢三重折叠式表扣; 可调节尺寸。

另提供: 直径33毫米款式(高精确度石英机芯)。

J12 CHROMATIC

J12 CHROMATIC 钛陶瓷腕表　　参考编号: H3401

机芯: 高精确度石英机芯。

功能: 小时、分钟、秒钟。

表壳: 钛陶瓷和精钢; 直径29毫米; 50米防水性能。

表盘: 银灰色; 8枚钻石时标; 镜面抛光镀铑指针和数字, 数字位于3点钟, 6点钟, 9点钟和12点钟位置。

表带: 钛陶瓷; 精钢三重折叠表扣; 可调节尺寸。

JJ12 CALIBRE 3125

J12 CALIBRE 3125 腕表　　参考编号: H2918

机芯: CHANEL AP 3125自动上链机芯；60小时动力储存；黑色高科技精密陶瓷和22K黄金镀铑涂层自动盘，高科技精密陶瓷滚珠轴承。

功能: 小时、分钟、秒钟；日期显示位于4点30分位置。

表壳: 哑光黑色高科技精密陶瓷和18K黄金；直径42毫米；单向旋转表圈；旋入式表冠；蓝宝石水晶镜面和表背；50米防水性能。

表盘: 黑色；18K黄金指针和数字。

表带: 哑光黑色高科技精密陶瓷；18K黄金三重折叠式表扣；可调节尺寸。

另提供: 黑色短吻鳄鱼皮表带。

J12 MARINE

J12 MARINE 腕表　　参考编号: H2559

机芯: 自动上链机芯；42小时动力储备。

功能: 小时、分钟、秒钟；日期显示位于4点30分位置；潜水时间显示。

表壳: 哑光黑色高科技精密陶瓷和精钢；直径42毫米；刻纹单向旋转表圈，装置高科技蓝色陶瓷圆盘；旋入式表冠；蓝宝石水晶镜面，内外经过蓝色防反射处理；300米防水性能。

表盘: 黑色；小时时标，指针和数字12经过夜光涂层处理。

表带: 哑光黑色橡胶；抛光和哑光精钢针式表扣。

另提供: 黑色和白色款式。

J12 GMT

J12 GMT 黑色哑光两地时腕表　　参考编号: H3101

机芯: 自动上链机芯；42小时动力储存。

功能: 小时、分钟、秒钟；日期显示位于4点30分位置；GMT。

表壳: 哑光黑色高科技精密陶瓷和精钢；直径42毫米；24小时表圈刻有第二时区显示；旋入式表冠；100米防水性能。

表盘: 哑光黑色。

表带: 哑光黑色高科技精密陶瓷；精钢三重折叠式表扣；可调节尺寸。

另提供: 黑色款；白色款和彩色款。

J12 BLACK

J12 黑色腕表　　参考编号: H2980

机芯: 自动上链机芯；42小时动力储存。

功能: 小时、分钟、秒钟；日期显示位于4点30分位置。

表壳: 黑色高科技精密陶瓷和精钢；直径42毫米；单向旋转表圈；旋入式表冠；200米防水性能。

表盘: 黑色；镀铑指针和数字。

表带: 黑色高科技精密陶瓷；精钢三重折叠式表扣；可调节尺寸。

另提供: 白色高科技精密陶瓷款；表壳直径33毫米款(高精确度石英机芯)；表壳直径38毫米款(自动上链机芯)。

CORUM
LA CHAUX-DE-FONDS · SUISSE

胆略纵横
一往无前 AUDACITY FIRST AND FOREMOST

钟表界向来不乏有着历史渊源的品牌，人们也不能仅从一家高级制表工坊的年限而简单地推断其拥有的声望。昆仑表（Corum）于1955年成立至今，无疑已经将名字与制表界许多成就一同镌刻。海军上将杯系列（Admiral's Cup）和昆仑桥系列（Golden Bridges）更成为品牌如今的强大支柱。

大胆与创新：创立于瑞士汝拉（Jura）地区的拉绍德封（La Chaux-de-Fonds），昆仑表（Corum）始终将这两大原则奉为品牌的立身之本。充满活力的昆仑表（Corum）早期便为其他品牌称赞为最具创造性的制表工坊，其创制的腕表更成为高级钟表中的不凡之作。1958年，Chapeau Chinois 腕表以一枚水晶的设计为人们留下深刻印象，令人联想到古时中国人佩戴的笠帽；1964年，表盘由一枚20美金双鹰金币直接制成的 Coin Watch 腕表因其独特创意吸引了众多名流（包括几任美国总统）和大收藏家；1976年，劳斯莱斯（Rolls-Royce）腕表纪念了历史上香车名表的首次联姻；1986年，昆仑表（Corum）又创制了世界上第一枚由陨石制成表盘的腕表。这些天马行空的杰出计时作品均获得了巨大的成功。

在 Antonio Calce 的领导下，昆仑表（Corum）如今以两项历史经典，海军上将杯系列及昆仑桥系列屹立高级钟表界。两大系列分别创制于1960年与1980年，传承了品牌的DNA：运动、精确、大师级制表工艺。不仅个性鲜明，更在其他品牌中气质出众，这些昆仑表（Corum）腕表已经成为瑞士高级钟表的标杆之作。

▲ **ANTONIO CALCE**，昆仑表 **(Corum)** 首席执行官、总裁。

海军上将杯系列以及昆仑桥系列完美诠释了昆仑表 (Corum) 的品牌 DNA：运动、精确、以及大师级的制表水准。

拥有十二边形表壳，以及航海旗时标装点的表盘，海军上将杯系列以其名字向世界上最具声望的帆船比赛致敬。作为当今航海界的必备之物，海军上将杯同样倍受世界名流的青睐，包括远航选手、昆仑表品牌形象大使 Loïck Peyron，最近这位航海名将刚刚获得儒勒·凡尔纳航海锦标赛 (Jules Verne Trophy) 冠军；奥林匹克单人艇常胜冠军 Ben Ainslie 同样对昆仑表 (Corum) 钟爱有加，继悉尼、雅典和北京奥运会之后，他在2012年伦敦夏季奥运会上再夺一金。

运行精准、技术精密，加上优异的防水性能和几款型号采用的超轻钛金材质，海军上将杯拥有三个子系列：可应对极端环境的 Seafender 系列，性能无比优异的 Challenger 系列，以及拥有经典特色的 Legend 系列。在三个系列不断推出新款腕表的同时，昆仑表 (Corum) 近期专注于丰富 Legend 家族，推出一款计时码表、一款年历腕表、一款陀飞轮微型自动盘腕表和一款女士神秘月相腕表。神秘月相腕表采用全转盘设计，将月相功能进行了惊艳的崭新诠释。

另一大主要家族，昆仑桥腕表系列，充分展现了昆仑表 (Corum) 全面完善的制表工艺以及品牌在高级钟表界拥有的极高声望。昆仑表 (Corum) 复原了著名的长机芯，这件大师级的机械杰作最早创制于1980年，并重新演绎设计理念，使之更加现代。Golden Bridge 以及 Titanium Bridge 系列隆重问世。前者忠于品牌的经典款式，于2010年推出，拥有男女款机械腕表以及陀飞轮腕表；一年之后，另一款搭载CO313机芯和线性摆陀的自动上链腕表惊艳世人，完全由昆仑表 (Corum) 本厂自制。2009年发布的 Titanium Bridge 腕表继续壮大昆仑桥家族，极富现代个性的同时，内部水平放置的钛金长形机芯更赋予这款腕表精密可靠的内部结构。

▲ **CORUM BRIDGES GOLDEN BRIDGE AUTOMATIC**
昆仑表 (Corum) 昆仑桥系列腕表均散发着华贵美丽的黄金光泽，其机芯也不例外。

▶ **ADMIRAL'S CUP LEGEND 42 CHRONO**
这件惊艳动人的计时码表由18K黄金打造，除计时码表子表盘外，还在4时30分位置显示日期。

CORUM 昆仑表

CORUM BRIDGES GOLDEN BRIDGE AUTOMATIC

参考编号: 313.150.55/0002 FN02

机芯: CO 313 自动上链机芯; 14¾ 法分; 40小时动力储存; 26颗宝石; 18K黄金主机版和夹板; 夹板刻有CORUM标识。

功能: 小时、分钟。

表壳: 5N 18K红金; 尺寸37.2 x 51.8毫米、厚度13.7毫米; 5N 18K红金表冠; 防眩光蓝宝石表镜; 5N红金旋入式开面表背镶防眩光蓝宝石水晶; 30米防水性能。

表盘: 黑色黄铜; 5N红金涂层镂空指挥棒型指针; 分钟时标在轮缘反转印; 5N红金涂层时标。

表带: 黑色鳄鱼皮表带; 5N 18K红金扣舌。

备注: 限量发行500只。

参考价: RMB 411 000

CORUM BRIDGES GOLDEN BRIDGE TOURBILLON PANORAMIQUE

参考编号: 100.160.55/0F01 0000

机芯: CO 100 手动上链机芯; 90小时动力储存; 每小时振动频率 21 600次; 22颗宝石; 蓝宝石水晶夹板和主机板。

功能: 小时、分钟; 飞浮式陀飞轮位于12时位置。

表壳: 5N 18K红金; 尺寸38.6 x 56毫米、厚度12.6毫米; 5N 18K红金表冠刻有CORUM标识; 防眩光蓝宝石水晶表镜; 18K红金旋入式开面表背镶防眩光蓝宝石水晶; 30米防水性能。

表盘: 无表盘; 5N红金镀金指挥棒型时针和分针。

表带: 黑色鳄鱼皮; 5N 18K红金扣舌刻有CORUM标识。

备注: 限量发行10只。

参考价: RMB 1 780 000

CORUM BRIDGES GOLDEN BRIDGE TOURBILLON

参考编号: 213.150.59/0001 GNII

机芯: CO 213手动上链机芯; 14¾ x 5法分; 40小时动力储存; 22颗宝石; 每小时振动频率19 200次; 18K黄金夹板和主机板; 夹板刻有CORUM标识。

功能: 小时、分钟; 飞浮式陀飞轮位于12时位置。

表壳: 18K白金; 尺寸34x51毫米, 厚度10.9毫米; 18K白金表冠; 防眩光蓝宝石表镜; 18K白金旋紧式开面表背, 防眩光蓝宝石水晶; 30米防水性能。

表盘: 黑色18K金, 扭锁纹样; 白金镀金镂空指挥棒型时针和分针。

表带: 黑色鳄鱼皮; 18K白金扣舌。

备注: 限量发行10只。

参考价: RMB 1 240 000

CORUM BRIDGES GOLDEN BRIDGE

参考编号: 113.150.59/0001 FN01

机芯: CO 113手动上链机芯; 14¾ x 5法分; 40小时动力储备; 19颗宝石; 每小时振动频率28 800次; 18K黄金主机板和夹板; 夹板刻有CORUM标识。

功能: 小时、分钟。

表壳: 18K白金; 尺寸34x51毫米, 厚度10.9毫米; 18K白金表冠刻有CORUM标识; 防眩光蓝宝石水晶表镜; 18K白金旋紧式开面表背, 防眩光蓝宝石水晶; 30米防水性能。

表盘: 黑色黄铜; 镀铑刻面镂空指挥棒型时针和分针; 分钟时标在轮缘反转印; 镀铑时标。

表带: 黑色鳄鱼皮; 18K白金扣舌。

备注: 限量发行350只。

参考价: RMB 336 000

CORUM BRIDGES MISS GOLDEN BRIDGE

参考编号: 113.102.85/V880 000

机芯: CO 113手动上链机芯；14¾ x 5法分；40小时动力储存；19颗宝石；每小时振动频率28 800次；18K黄金主机板和夹板；夹板刻有CORUM标识。

功能: 小时、分钟。

表壳: 5N 18K红金；尺寸21x43毫米；厚度11.24毫米；镶嵌90颗圆形钻石(0.68克拉)；5N 18K红金表冠刻CORUM标识；防眩光蓝宝石水晶表镜；5N 18K红金旋紧式开面表背，防眩光蓝宝石水晶；30米防水性能。

表盘: 无表盘；黑色镂空叶状时针和分针。

表带: 5N 18K红金；5N 18K红金三重折叠式表扣。

备注: 限量发行375只。

参考价: RMB 375 000

CORUM BRIDGES MISS GOLDEN BRIDGE

参考编号: 113.102.69.001 0000

机芯: CO 113手动上链机芯；14¾ x 5法分；40小时动力储存；19颗宝石；每小时震动频率28 800次；主机板和夹板为18K金；夹板刻有CORUM标识。

功能: 小时、分钟。

表壳: 18K白金表壳；尺寸21x43毫米，厚度11.24毫米；镶嵌90颗圆形钻石(0.68克拉)；18K白金表冠相克CORUM标识；防眩光蓝宝石水晶表镜；5N 18K白金旋紧式开面表背，防眩光蓝宝石水晶；30米防水性能。

表盘: 无表盘；黑色镂空叶状时针和分针。

表带: 黑色鳄鱼皮表带；18K白金扣舌。

备注: 限量发行275只。

参考价: RMB 291 000

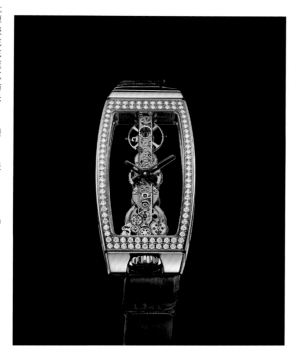

CORUM BRIDGES TI-BRIDGE POWER RESERVE

参考编号: 107.101.05/0F81 0000

机芯: CO 107手动上链机芯；17x5½ 法分；72小时动力储备；25颗宝石；每小时振动频率28 800次；夹板刻有"3 DAYS"。

功能: 小时、分钟；动力储存显示位于3时位置。

表壳: 5N 18K红金；尺寸42.5x52.3毫米，厚度13.23毫米；5N 18K红金表冠刻有CORUM标识；防眩光蓝宝石水晶表镜，旋紧式5级钛金开面表背，防眩光蓝宝石水晶，深灰色DLC处理；50米防水性能。

表盘: 黑色ARCAP；5N红金镀金镂空时针和分针，经过灰色SuperLumiNova处理；5N红金镀金箭头显示动力储存，经过灰色SuperLumiNova处理；分钟时标于轮缘反转印；5N红金镀金时标。

表带: 黑色鳄鱼皮；5N 18K红金三重折叠表扣，刻有CORUM标识；开启和紧固系统由两个按掣操作。

备注: 限量发行50只。

参考价: RMB 441 000

CORUM BRIDGES TI-BRIDGE TOURBILLON

参考编号: 022.702.04/0F81 0000

机芯: CO 022手动上链机芯；16⅘ x 5⅘ 法分；72小时动力储备；21颗宝石；每小时振动频率21 600次；ARCAP夹板和主机板；双发条盒经过太阳纹磨砂处理；夹板刻有CORUM标识。

功能: 小时、分钟；小秒针和飞浮式陀飞轮框架位于9时位置。

表壳: 5级钛金，经过黑色DLC处理；尺寸42.5x53.2毫米，厚度13.23毫米；5级钛金表冠，经过黑色DLC处理，刻CORUM标识；防眩光蓝宝石水晶表镜；旋入式5级钛金表背，防眩光蓝宝石水晶。

表盘: 银色黄铜；镀铑镂空指挥棒型时针和分针，经过灰色SuperLumiNova处理。

表带: 黑色硫化橡胶；5级钛金三重折叠式表扣，刻有CORUM标识；开启和紧固系统以两个按掣控制。

备注: 限量发行25只。

参考价: RMB 563 000

CORUM 昆仑表

ADMIRAL'S CUP LEGEND 42 TOURBILLON MICRO-ROTOR

参考编号：029.101.55/0002 FH12

机芯： CO 029自动上链机芯；13½ 法分；60小时动力储存；28颗宝石；每小时振动频率28 800次；5N红金镀金摆轮刻有CORUM装饰，17毫米；夹板刻有CORUM标识；主机板下部由经过垂直亚光处理。

功能： 小时、分钟；小秒针和陀飞轮框架位于6时位置。

表壳： 5N 18K红金；直径42毫米，厚度11.45毫米；5N 18K红金表圈和表冠；表冠刻有CORUM标识；防眩光蓝宝石水晶表镜；5N 18K红金旋入式开面表背；防眩光蓝宝石水晶；30米防水性能。

表盘： 灰色黄铜；5N红金太子妃变化镂空时针和分针；航海信号旗形时标在轮缘反转印；Admiral's Cup反转印；5N红金镀金刻有CORUM标识；5N红金镀金时标；纽索纹样中心；外围蜗形花纹。

表带： 棕色鳄鱼皮表带；5N 18K红金扣舌刻有CORUM标识。

备注： 限量发行55只。

参考价： RMB 498 000

ADMIRAL'S CUP LEGEND 42 ANNUAL CALENDAR

参考编号：503.101.55/0001 AK12

机芯： CO 503自动上链机芯；11½ 法分；42小时动力储存；21颗宝石；每小时振动频率28800次；5N红金镀金摆轮雕饰有CORUM装饰。

功能： 小时、分钟、秒钟；月份；日期。

表壳： 5N 18K红金；直径42毫米，厚度10.65毫米；5N 18K红金表圈和表冠；表冠刻有CORUM标识；月份校准位于5时位置；日期校准位于4时位置；防眩光蓝宝石水晶表镜；5N 18K红金开面表背，防眩光蓝宝石水晶；30米防水性能。

表盘： 炭灰色黄铜；5N红金镀金镂空太子妃变形时针和分针，经过SuperLumiNova处理；5N红金镀金指挥棒型秒针刻有CORUM标识；镂空日期显示经过白色SuperLumiNova处理；5N红金镀金太子飞型面月份显示；航海信号旗型时标在轮缘反转印；Admiral's Cup反转印；5N红金镀金CORUM标识；扭索花纹；5N红金镀金时标；31天外圈反转印。

表带： 黑色鳄鱼皮表带；5N18K红金扣舌刻有CORUM标识。

备注： 限量发行60只。

参考价： RMB 217 000

ADMIRAL'S CUP LEGEND 42 CHRONO

参考编号：984.101.20/V705 AB10

机芯： CO 984自动上链机芯；12½ 法分；42小时动力储存；37颗宝石；每小时振动频率28 800次；摆轮刻有CORUM装饰；瑞士官方天文台时计认证。

功能： 小时、分钟；小秒针位于3时位置；日期位于4时30分位置；计时码表：12小时积算盘位于6时位置，30分钟积算盘位于9时位置。

表壳： 精钢；直径42毫米，厚度11.6毫米；精钢表圈，按擎，表冠防护和表冠；表冠刻有CORUM标识；防眩光蓝宝石水晶表镜；精钢开面表背，放眩光蓝宝石水晶；30米防水性能。

表盘： 蓝色黄铜；镀铑刻面镂空太子妃变形时针和分针，经过Super-LumiNova处理；航海信号旗型时标在轮缘移印；分钟外围时标在轮缘移印；刻有Admiral's Cup纽索纹样；镀铑时标；刻有CORUM标识。

表带： 精钢；精钢三重折叠式表扣刻有CORUM标识；开启和紧固系统使用2个按擎。

参考价： RMB 53 300

ADMIRAL'S CUP LEGEND 38

参考编号：082.101.29/V200 PN10

机芯： CO 082自动上链机芯；11½ 法分；42小时动力储存；每小时振动频率28 800次；5N红金摆轮刻有CORUM装饰。

功能： 小时、分钟；日期显示位于3时。

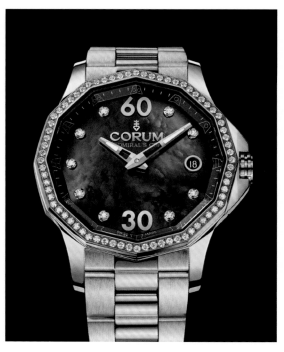

表壳： 精钢；直径38毫米，厚度8.75毫米；5N18K红金表圈刻有72颗钻石（0.58克拉）；精钢表冠防护；5N18K红金表冠刻有CORUM标识；防眩光蓝宝石水晶表镜；精钢开面表背，防眩光蓝宝石水晶；50米防水性能。

表盘： 珍珠母贝；9个圆形钻石时标(0.1克拉)；5N红金镀金，太子妃变形镂空时针和分针，经过SuperLumiNova处理；航海信号旗型时标在轮缘反转印；刻有Admiral's Cup 5N红金镀金CORUM标识；5N红金镀金时标位于6时和12时。

表带： 精钢和5N18K红金；精钢三重折叠式表扣刻有CORUM标识；开启和紧固系统使用2个按擎。

参考价： RMB 112 000

ADMIRAL'S CUP LEGEND 38 MYSTERY MOON

参考编号：384.101.47/0F49 AA01

机芯： CO 384自动上链机芯；13法分；42小时动力储备；30颗宝石；每小时振动频率28 800次；摆轮刻有CORUM装饰。

功能： 小时、分钟；日期；月相；旋转表盘。

表壳： 精钢；直径38毫米，厚度12.2毫米；精钢表圈刻有72颗圆形钻石（0.58克拉）；精钢表冠刻有CORUM标识；防眩光蓝宝石水晶表镜；旋紧式表背开面享有防眩光蓝宝石水晶；30米防水性能。

表盘： 白色珍珠母贝镶嵌6颗圆形钻石（0.02克拉）；太子妃变形镀铑刻面镂空时针和分针，经过SuperLumiNova处理；CORUM标识移印，位于蓝宝石玻璃之下；航海信号旗型时标印于轮缘。

表带： 白色亚光；精钢三重折叠式表扣刻有CORUM标识。

参考价： RMB 121 000

ADMIRAL'S CUP CHALLENGER 44 CHRONO RUBBER

参考编号：753.804.03/0379 AA21

机芯： CO 753自动上链机芯；13¼ 法分；48小时动力储存；27颗宝石；白色摆轮；瑞士官方天文台时计认证。

功能： 小时、分钟；小秒针位于9时；日期显示位于4时30分；计时码表：12小时积算盘位于6时；30分钟积算盘位于3时；中置秒针。

表壳： 硫化橡胶；直径44毫米，厚度15.85毫米；5N18K红金表圈，按摩和表冠；表冠刻有CORUM标识；硫化橡胶表冠防护；防眩光蓝宝石水晶表镜；氧化钛金开面表背镶蓝宝石水晶；30米防水性能。

表盘： 白色黄铜；5N红金镀金太子妃变形时针和分针，经过SuperLumiNova处理；5N红金镀金太子妃12小时、30粉红和小秒针积算盘，进过SuperLumiNova处理；镀铑指挥棒型计时码表指针有CORUM标识；5N红金镀金分针时标；航海信号旗型小时标移印轮缘；分钟外置时标移印轮缘；刻Admiral's Cup 5N红金镀金CORUM标识。

表带： 白色硫化橡胶；5N 18K红金扣舌刻有CORUM标识。

参考价： RMB 131 000

ADMIRAL'S CUP SEAFENDER 48 CHRONO CENTRO

参考编号：960.101.04/0231 AN14

机芯： CO 960自动上链机芯；13¼ 法分；42小时动力储存；28颗宝石；每小时振动频率28 800次；摆轮刻有CORUM装饰；瑞士官方天文台时计认证。

功能： 小时、分钟；小秒针位于9时；日期显示位于3时；中置60分钟计时码表。

表壳： 5级钛金，直径48毫米，厚度16.45毫米；硫化橡胶表圈及表冠防护；5级钛金表冠刻有CORUM标识；防眩光蓝宝石水晶表镜；5级钛金开面表背，蓝宝石水晶；300米防水性能。

表盘： 黑色黄铜；镀铑刻面太子妃变形时针和分针经过SuperLumiNova处理；镀铑太子妃小秒针经过SuperLumiNova处理；镀铑指挥棒型秒针刻有CORUM标识；黑色指挥棒型计时码表指针经过黄色SuperLumiNova处理；镀铑分钟时标；航海信号旗小时标和分钟时标反转印轮缘；刻Admiral's Cup "Certified Chronometer" CORUM标识；巴黎钉纹。

表带： 黑色皮质、织物质感；5级钛金扣舌刻有CORUM标识。

备注： 限量发行150只。

参考价： RMB 84 500

ADMIRAL'S CUP SEAFENDER 47 TOURBILLON GMT

参考编号：397.101.55/0001 AK10

机芯： CO 397自动上链机芯；16½ 法分；50小时动力储存；28颗宝石；每小时振动频率28 800次；摆轮刻CORUM装饰，黑色PVD处理。

功能： 小时、分钟；日期显示；第二时区；日夜显示；陀飞轮。

表壳： 5N 18K红金；直径47毫米，厚度15.8毫米；5N 18K红金表圈，表冠防护，表圈刻有CORUM标识；防眩光蓝宝石水晶表镜；旋紧式表背，18K红金开面和防眩光蓝宝石水晶。

表盘： 深蓝灰色黄铜；5N红金镂空刻面太子妃变形时针和分针经过SuperLumiNova处理；5N红金镀金太子妃第二时间和日期指针，经过SuperLumiNova处理；5N红金镀金分针时标；航海信号灯型时标反转印轮缘；蓝宝石玻璃下刻Admiral's Cup 扭索花纹；5N红金镀金时标。

表带： 黑色鳄鱼皮表带；5N 18K红金扣舌刻CORUM标识。

备注： 限量发行50只。

参考价： RMB 679 000

de GRISOGONO
GENEVE

精湛工艺 非凡品位
TIMEKEEPING VIRTUOSITY

de Grisogono 完美无缺的原创精神并不难以理解。深受文艺复兴时代影响，品牌一直以精美绝伦的作品惊艳世人。de Grisogono 这一创新不辍的制表工坊不断拓展想象的疆界，成为不同寻常的未来之星。

拥有佛罗伦萨人的远见卓识，de Grisogono 的创始人和创意总监 Fawaz Gruosi 以永无止境的创造力和原创精神不断突破传统。他本人最为著名的手工工艺闪耀在每一枚令人叹为观止的腕表臻品上。作为高级腕表中极具吸引力的创新之作，de Grisogono 腕表融合了这位钟表巨擎对于突破边界的热情，以及锐意进取的大胆梦想。

作为 Gruosi 极致美学和科技创新的激情诠释，Tondo By Night 系列秉承品牌理念，为活泼精致的设计赋予了更高层次的机械创新。采用感光珍珠合成材料，这件令人惊艳的计时作品在黑夜中亦能散发光芒。充满活力的表圈上，Gruosi 以自己对珠宝作品的热爱妆点着女士的玉腕，而他也是以珠宝起家。48颗珍奇宝石环绕在充满前卫元素的表盘周围，搭配每款腕表鲜明跳跃的主题色。更令拥有者对这件臻品爱不释手的是 Tondo By Night 机芯内的宝石镶嵌摆陀，晶彩夺目，跃然眼前。随时间来回摆动的摆陀上，镶嵌有60颗华美宝石，划出三排灿烂夺目的轨迹，融合了 Gruosi 对奢华运动美学和卓越机械的双重喜爱。一枚独具 de Grisogono 风格的黑钻镶嵌于表冠，仿佛于白昼汲取光明以点燃漫长黑夜。腕表搭配品牌特有的珍珠鱼皮表带，折叠式表扣也覆有发光物料，Tondo By Night 腕表以六种配色博得女士们的欢心：白色款镶嵌白钻，黄色、橙色或粉红色分别镶嵌同色蓝宝石，紫色款镶嵌紫水晶，而绿色款则搭配沙弗莱石。Tondo By Night 每一枚可见的精致翻转摆陀都具有革新意义，向世人证明时间与珍奇宝石同样绚烂多姿，拥有令人称奇的永恒之美。

▲ **FAWAZ GRUOSI**

◄ **TONDO BY NIGHT**
为了保证夜间也可以欣赏表盘上宝石镶嵌的摆陀，这件颜色炫丽的腕表覆有荧光涂层，在没有光线的情况下依然美妙夺目。

de GRISOGONO

珍珠鱼皮表带上的折叠式表扣以创新高科技发光物料珍珠荧光复合玻璃纤维制造，Tondo By Night 腕表以六种配色博得女士们的欢心。

169

第一枚 de Grisogono 陀飞轮腕表专为女士创制，Tondo Tourbillon Gioiello 为神秘高级制表赋予了大师级的珠宝工艺。由品牌独家手动上链机芯提供动力，这件现代巴洛克式的腕表作品利用不对称手法，在视觉上完美呈现令人惊叹的结构。精美的偏心陀飞轮在珍珠母贝装饰底盘上展露无遗，将这位日内瓦制表师无限创造性完美呈现。这款臻品共包括三个款式，以大师级的钻石镶嵌衬托高级腕表的复杂功能，偏心式陀飞轮就位于表盘的8时位置。钻石以"四丁镶"式镶嵌覆盖在白金底座，529颗白钻或咖啡钻环绕在白色或棕色珍珠母贝表盘周围。黑色款结合两种色调体现珠光色泽中活力十足的一面。496颗黑钻在黑色珍珠鱼皮表带和黑色珍珠母贝表盘上熠熠生辉，33颗白钻却为这件腕表赋予了夺目的反差效果。底盘上太子妃指针为白金、粉红金或覆有黑色PVD涂层的白金制成，腕表搭载的DG 31-88 机芯拥有72小时动力储存能力，并刻有日内瓦波纹装饰。不仅设计出众夺目，其技术的复杂性和钻石外观亦让这枚 Tondo Tourbillon Gioiello 腕表凸显 de Grisogono 设计和技术的卓越成就，满缀美钻更令腕表熠熠生辉，衬托了创始人的非凡制表才华与艺术品位。表冠夺目的黑钻是这件艺术极品的点睛之笔。

◀ **TONDO TOURBILLON GIOIELLO**
以珍珠母贝表盘的沉静和529颗美钻的华
美为底，de Grisogono 第一枚女士陀飞轮
腕表以巴洛克式的精繁工艺装点着女士的
玉腕。

de GRISOGONO

▲ **INSTRUMENTO N° UNO**

这枚腕表史无前例地结合了一个双时区显示和一个超大尺寸日期显示，以不同角度展现夺目的和谐设计。

▶ **INSTRUMENTO N° UNO XL**

这件多功能的腕表表盘由来自印度尼西亚苏拉威西岛的望加锡黑檀木制作而成，这座岛屿旧称 Celebes Island (西里伯斯岛)。

在高级腕表中实属第一次，Instrumento N° Uno 腕表结合了一个双时区显示与清晰无比的超大尺寸日期显示。以 de Grisogono 特有的易读性为准则，这件多功能腕表巧妙利用了黑色漆面表盘以及以抛光18K玫瑰金制成的阿拉伯数字和时标。为了与日期的大尺寸搭配，腕表紧密衔接整合了每一个部分，呈现渐进尺寸的效果。表盘的中心上方用于显示小时和分钟，并和下方的圆形第二时间子表盘温柔交错，巧妙地替代了5时和7时之间的数字。两圈刻度的相互交错在玫瑰金阿拉伯数字点缀下更显得玄妙，数字由上而下逐渐增大，使整个表盘结构呈现独一无二的几何形状。整个设计天衣无缝，但锐意进取的先锋设计师又怎能抵挡其中优雅惊喜的出位一笔？第二表盘左侧视窗的精简纯白与表盘的深黑形成鲜明对比，大日期的显示效果由上方的黄金数字巧妙强调。在18K玫瑰金的表壳内，Instrumento N° Uno 的自动上链机芯为这件天才般的腕表作品提供动力，低调优雅风范通过喷薄而出的设计灵感完美呈现。

拥有更加别出心裁的趣味，Instrumento N° Uno XL 堪称 Cruosi 大胆制表风度的极致展现。装置 58x44 毫米哑光玫瑰金和棕色钛金表壳，或者光面白金和黑色钛金表壳，Instrumento N° Uno XL 腕表在望加锡黑檀木制作而成的表盘上毫无保留地展示着自己的精致风度，不愧是对17世纪巴洛克风格的继承和现代诠释。上方表盘为表面带来一抹珠光，显示佩戴者的主要时区，并装饰有镂刻巴黎钉纹 (Clous de Paris)，与另一部分木质表盘的自然纹路完美搭配。和最大的渐进式玫瑰金或白金阿拉伯数字以及下方镂刻巴黎钉纹呼应的，是一枚棕色或深银色太阳放射纹下方显示盘，用来展示第二时区。在精心布局的表盘上，日期视窗位于7时和8时之间，一枚放大透镜增强了其易读性。透过蓝宝石水晶表背，腕表的 DF 11-96 自动上链机芯清晰可见，展现了"黑化金"处理方法和日内瓦波纹装饰。

拥有更小尺寸、强烈的视觉吸引力和大量钻石装饰，Instrumentino 腕表通过活泼轻快的基调传递出奢华的女性风姿。S36 AT款装置有明亮的银色玑镂饰面表盘和珍珠鱼皮表带，玫瑰金表壳精美镶嵌124颗白钻，并凸显品牌特有的黑钻表冠。表盘之上，两个独立的时区显示由同一个环状框架相连，巧妙地只显示阿拉伯数字4和8，与82颗镶嵌白钻一同闪耀。两组太子妃指针独立运行，均负责计时，以华丽的玫瑰金色调与三层表盘的光泽形成对比。这款腕表也包裹一系列活泼颜色的款式，并镶嵌长阶梯形切割黑色或咖啡色钻石，搭配白金表壳。以红宝石、玛瑙或者蓝宝石为装饰，除此之外，还包括优雅简静的无宝石款。Instrumentino 腕表精致小巧，是一款独具个性的女士计时臻品。

▲ **INSTRUMENTINO**
这件不同凡响的双时区腕表包括多种款式，每种颜色均搭配不同的珍贵宝石镶嵌。

Dior

迪奥腕表工艺：
制表天赋 创意独具

如同工坊中的其他作品一样，位于巴黎蒙田大街的迪奥设计室中，迪奥 (Dior) 腕表系列能够最先目睹巴黎的第一缕阳光。

由迪奥工坊 (House of Dior) 倾力打造，并由迪奥高级制表工坊 (Les Ateliers Horlogers Dior) 提供技术支持，这些腕表设计师们不遗余力地创制出突破想象、忠于迪奥先生 (Monsieur Dior) 精神的腕上臻品。

迪奥高级制表工坊 (Les Ateliers Horlogers Dior) 于2001年成立于瑞士制表摇篮拉夏德芳 (La Chaux-de-Fonds)，从设计室接手，并为巴黎制造的钟表作品赋予勃勃生机。高级制表工坊集合了各个领域最为优秀的专家，从机芯设计师，到表盘工匠，再到宝石镶嵌师，旨在将设计室的理想化为现实。

迪奥高级制表工坊 (Les Ateliers Horlogers Dior) 将科技工艺与专业知识融为一炉，并赋予了卓越精湛的珠宝制作技术。

选择最为精良的宝石，进行切割打磨，运用雪花式镶嵌或长阶梯式镶嵌方法，这些仅仅是许多严格考究的任务中很少的一部分，正是这些细致精良的工艺，打造了卓越的迪奥制表。

"人类之手赋予艺术品独特的个性。"

克里斯汀·迪奥

DIOR VIII

DIOR VIII
GRAND BAL PLUMES

DIOR VIII
GRAND BAL PIÈCE UNIQUE

DIOR VIII
BAGUETTE

"我曾梦想成为一个建筑师，如今作为服装设计师的我定会遵循建筑的原理与法则。"

迪奥先生（Monsieur Dior）的话语依旧回响在钟表制作设计室中，并成为 Dior VIII 结构性轮廓的灵感之源：纤薄圆润的表壳搭配着一条金字塔形切割镶嵌的陶瓷表链。美似油画、极致优雅的 Dior VIII 腕表令人联想起迪奥先生（Monsieur Dior）于1947年推出的"New Look"（新风貌），确切地说，是他标志性的 "Bar" 套装：窄肩，收腰以及收臀。无论是偶然得之或是系于其他原因，Dior VIII 共拥有8个字母。不多不少，仿佛是强调着迪奥先生（Monsieur Dior）的幸运数字。数字8也代表着他创立自己服装设计室的日期——1946年的10月8日，还包括他设计的第一个系列 "En Huit"（即法语的数字"8"），甚至迪奥高级定制工坊所在的巴黎第8区。拥有经典隽永的设计，Dior VIII 腕表随时间嘀嗒运转，经典日装系列以腕表镶嵌(或不镶嵌)整齐的珍贵宝石而惊艳动人；鸡尾酒会盛装系列于表圈镶嵌有彩色宝石；晚装系列内置 "Dior Inversé" 机芯，摆陀犹如一位名媛身穿华美礼服在舞池中旋转。Dior VIII 将自己严格定位于迪奥高级定制服饰的腕上诠释，白驹过隙，季复一季，这些向克里斯汀·迪奥（Christian Dior）致敬的卓越作品渐渐相互融合，共同散发充满艺术气质的夺目光辉。

DIOR GRAND SOIR

DIOR CHRISTAL TOURBILLON

Dior Grand Soir 系列融合了迪奥（Dior）制表匠对于摆陀、机芯、表盘和臻美表带的丰富技巧。巧妙的色彩运用，婉约至极的女性气质，这些腕表通过细节之精美泄露了自己的秘密。腕表内部搭载由真力时工坊（Zenith Manufacture）制作的一枚Elite机芯，以黄金表壳与一个长阶梯型镶嵌表圈妆点，每一枚腕表背面展现了精致动人的另一面：一枚珍珠母贝摆陀置于表盘之内，两者相得益彰，表带背面更覆有褶皱塔夫绸，手工缝制有精美标识"Christian Dior Paris"。

Dior Christal 于2005年发布以来，致力于强调独特的美学风范与图形设计。内载限量版机芯一直是向迪奥先生艺术风范致敬的作品。Dior Christal Tourbillon 自2008年以来以透明设计让双眼尽享复杂钟表机械之美，带来如风般轻盈美妙。

LA MINI D DE DIOR COLOR SNOW-SET

迪奥高级珠宝部艺术总监 Victoire de Castellane 的极致想象使这件计时臻品自2003年创制以来一直保持其独有的纯粹性。毫不遮掩地展示这女性气质的同时，它更得以升华，融合了迪奥高级珠宝的独特精神。La D de Dior 匠心独具地运用符号，挖掘自然优雅的风度，并以大师级珠宝工艺，结合雪花式镶嵌、材料与颜色综合运用，以及服装设计风格带来令人动容的腕上体验。

CHIFFRE ROUGE IRRÉDUCTIBLE

Chiffre Rouge 腕表自2004年以来，通过一系列独家上链机芯展现了迪奥桀傲（Dior Homme）的绅士风度与精湛工艺。

DIOR VIII 33MM DIAMOND-SET DIAL

参考编号: CD1235E3C002

机芯： 自动上链机芯；40小时动力储存；白色烤漆摆陀。

功能： 小时、分钟、秒钟。

表壳： 白色高科技陶瓷和精钢；直径33毫米；旋转表圈内嵌陶瓷；表冠内嵌白色陶瓷；蓝宝石水晶表背；50米防水性能。

表盘： 白色珍珠母贝；镶嵌32颗钻石(0.1克拉)。

表带： 白色高科技陶瓷；精钢折叠式表扣。

DIOR VIII 38MM DIAMOND SNOW-SET BEZEL

参考编号: CD1245E2C001

机芯： 自动上链机芯；38小时动力储存；黑色烤漆摆陀。

功能： 小时、分钟、秒钟。

表壳： 黑色高科技陶瓷和精钢；直径38毫米；钻石雪花镶嵌表圈铺镶246颗钻石 (1.41克拉)；表冠内嵌黑色陶瓷；蓝宝石水晶表背；50米防水性能。

表盘： 黑色烤漆；铺镶34颗钻石(0.17克拉)。

表带： 黑色高科技陶瓷；精钢折叠式表扣。

DIOR VIII 33MM PINK GOLD

参考编号: CD1235H0C001

机芯： 自动上链机芯；40小时动力储存；黑色烤漆摆陀。

功能： 小时、分钟、秒钟。

表壳： 黑色高科技陶瓷和18K玫瑰金；直径33毫米；18K玫瑰金表圈铺镶70颗钻石(0.56克拉)；黑色陶瓷内嵌；18K玫瑰金表冠内嵌黑色陶瓷；蓝宝石水晶表背；50米防水性能。

表盘： 黑色烤漆；铺镶32颗钻石(0.1克拉)。

表带： 黑色高科技陶瓷；18K玫瑰金折叠式表扣。

DIOR VIII GRAND BAL "RESILLE" MODEL

参考编号: CD124BE3C001

机芯： Dior Inversé 自动上链机芯；42小时动力储存；22K白金功能摆陀位于表盘，镶嵌182颗钻石 (0.33克拉)。

功能： 小时、分钟。

表壳： 黑色高科技陶瓷和精钢；直径38毫米；表圈镶嵌72颗钻石(0.72克拉)，内嵌黑色陶瓷；半透明黑色蓝宝石水晶表背；50米防水性能。

表盘： 黑色珍珠母贝。

表带： 黑色高科技陶瓷；精钢折叠式表扣。

DIOR VIII BAGUETTE

参考编号: CD1235F8C001

机芯: 自动上链机芯；40小时动力储存；浅蓝色，雕刻蓝宝石水晶摆陀。

功能: 小时、分钟、秒钟。

表壳: 白色高科技陶瓷和18K白金；直径33毫米；表圈铺镶50颗长阶梯形切割海蓝宝石(2.91克拉)；表冠内嵌白色陶瓷；蓝宝石水晶表背；50米防水性能。

表盘: 银白色；铺镶32颗钻石(0.1克拉)。

表带: 白色高科技陶瓷；18K白金折叠式表扣。

DIOR CHRISTAL PURPLE

参考编号: CD143112M001

机芯: 石英机芯。

功能: 小时、分钟、秒钟。

表壳: 精钢，直径33毫米；旋转表圈内嵌紫色蓝宝石水晶；表冠内嵌紫色蓝宝石水晶；50米防水性能。

表盘: 紫色烤漆；铺镶32颗钻石(0.1克拉)。

表带: 精钢，内嵌3排紫色蓝宝石水晶。

DIOR CHRISTAL RED

参考编号: CD144514M001

机芯: 自动上链机芯；38小时动力储存；红色烤漆摆陀。

功能: 小时、分钟、秒钟。

表壳: 精钢；直径38毫米；旋转表圈镶嵌56颗宝石(0.7克拉)，内嵌红色蓝宝石水晶；透明蓝宝石水晶表背；50米防水性能。

表盘: 红色烤漆。

表带: 精钢，内嵌3排红色蓝宝石水晶。

LA MINI D DE DIOR

参考编号: CD040153A006

机芯: 石英机芯。

功能: 小时、分钟。

表壳: 18K黄金，直径19毫米；表圈镶嵌40颗钻石(0.32克拉)；表冠镶嵌13颗钻石；30米防水性能。

表盘: 青金石。

表带: 黑色亚光表带；18K黄金阿狄龙ardillon表扣，镶嵌18颗钻石(0.11克拉)。

备注: 限量发行50只。

LA MINI D DE DIOR COLOR SNOW-SET　参考编号: CD040163A001

机芯: 石英机芯。

功能: 小时、分钟。

表壳: 18K白金；直径19毫米；表圈镶嵌40颗沙弗莱石(0.29克拉)；表冠镶嵌13颗钻石；30米防水性能。

表盘: 18K白金，雪花式镶嵌121颗帕拉依巴碧玺(0.58克拉)。

表带: 粉红蜥蜴皮；18K白金ardillon阿狄龙表扣，镶嵌29颗钻石(0.13克拉)。

LA D DE DIOR　参考编号: CD047110M002

机芯: 石英机芯。

功能: 小时、分钟。

表壳: 精钢；直径25毫米；表圈镶嵌50颗钻石(0.5克拉)；表冠镶嵌13颗钻石；30米防水性能。

表盘: 大溪地 (Tahiti) 珍珠母贝，镶4颗钻石。

表带: 精钢；精钢折叠式表扣。

LA D DE DIOR SNOW-SET　参考编号: CD043964A001

机芯: Elite caliber by Zenith for Dior 手动上链机芯；50小时动力储存。

功能: 小时、分钟。

表壳: 18K白金；直径38毫米；表圈镶嵌72颗钻石(0.72克拉)；表冠镶嵌18颗钻石(0.11克拉)；透明蓝宝石水晶表背；30米防水性能。

表盘: 18K白金；雪花式铺镶463颗钻石(2.38克拉)。

表带: 黑色亚光；18K白金 ardillon 阿狄龙表扣，镶嵌59颗钻石(0.55克拉)。

DIOR GRAND SOIR N°11　参考编号: CD133571A001

机芯: Elite caliber by Zenith for Dior 手动上链机芯；50小时动力储存；18K玫瑰金摆陀，内嵌玉石和翡翠。

功能: 小时、分钟、秒钟。

表壳: 18K玫瑰金；直径33毫米；表圈镶嵌72颗沙佛莱石(3.95克拉)；表冠镶嵌一颗玫瑰型切割钻石；透明蓝宝石水晶表背；50米防水性能。

表盘: 玉石玛瑙镶嵌钻石和蓝宝石；轮缘镶嵌翡翠。

表带: 三种表带可选: 黄色褶皱塔夫绸；黄色塔夫绸；黄色短吻鳄鱼皮；18K玫瑰金折叠式表扣，镶嵌44颗钻石(0.28克拉)。

备注: 仅此一件。

CHIFFRE ROUGE A03　　参考编号: CD084510M001

机芯：自动上链机芯；38小时动力储存。

功能：小时、分钟、秒钟；日期显示。

表壳：精钢；直径36毫米；半透明黑色蓝宝石水晶表背；50米防水性能。

表盘：黑色太阳射线纹。

表带：精钢。

CHIFFRE ROUGE C01　　参考编号: CD084C10A001

机芯：自动上链机芯；42小时动力储存。

功能：小时、分钟、秒钟；3时位置显示返跳日历；动力储存显示位于6时，星期显示位于9时。

表壳：精钢表壳，直径38毫米；半透明黑色水晶表背；50米防水性能。

表盘：白银色；纯棉缝线花纹饰面。

表带：深蓝灰鳄鱼皮表带；精钢 ardillon 阿狄龙表扣。

备注：限量发行200只。

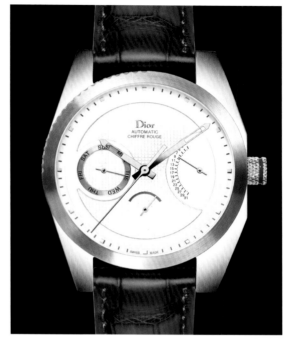

CHIFFRE ROUGE A05　　参考编号: CD084841R001

机芯：自动上链机芯；42小时动力储存；瑞士官方天文台时计机构认证。

功能：小时、分钟、秒钟；日期显示；计时码表；测速计。

表壳：精钢；直径41毫米；黑色橡胶铸型；半透明红色无机玻璃表背；50米防水性能。

表盘：黑色、太阳射线纹。

表带：精钢；黑色橡胶铸型。

CHIFFRE ROUGE M05　　参考编号: CD084B40R002

机芯：Dior Inversé 自动上链机芯；42小时动力储存；22K白金功能性摆陀置于表盘；红色开面纯棉缝线图案。

功能：小时、分钟、秒钟。

表壳：精钢；直径41毫米；黑色橡胶铸型；半透明红色无机玻璃表背；50米防水性能。

表盘：黑色亚光；黑色闪亮镂空分标。

表带：精钢；黑色橡胶铸型。

备注：限量发行200只。

ETERNA
Pioneers in Watchmaking
Since 1856

多样功能 创新不辍
A TRADITION of INNOVATION

作为最新科技的先行者，瑞士制表品牌绮年华（Eterna）在1910年时就因世界第一块响闹腕表而闻名于世，这块腕表因其强烈的先锋概念帮助绮年华赢得了当年布鲁塞尔世博会金奖。在全球制表业飞速发展的19世纪20年代，品牌生产了超过100万件机芯，完成了向全球市场的拓展。然而，绮年华（Eterna）依然致力于在制表领域的推陈出新。品牌曾推出每次点火就会上弦的打火机表。20年后的1948年，这个制表工坊完成了令人难以忘怀的巨大跳跃，推出了传奇性的 Eterna-Matic——世界首个以滚珠轴承组成的转陀系统，可显著减少摩擦。绮年华（Eterna）迅速树立了自动上链机芯的崭新标杆，其创新精神亦在五个小球形组成的品牌标识中永远镌刻。

一直以来，绮年华（Eterna）以新技术与新活力为动力不断创新，在21世纪，品牌更以历史性的成就完成了活力迸发的重生，辉煌得以重现。绮年华（Eterna）Spherodrive（球型轴承发条盒）系统集合品牌无可比拟的制造技术和果断个性，被首席执行官 Patrik Kury 评价为"轮系机构质量的一次巨大跨跃"。滚珠轴承被精巧地放置在自润滑氧化锆球内，能够极大提高机芯的整体性能，包括更加稳固的发条盒，更大的动力储存能力和持久性。

1856年，Joseph Girard 和 Urs Schild 在瑞士创立绮年华（Eterna），作为制表界的先锋，绮年华（Eterna）一直为世人展现专业的创新科技，一个半世纪以来为业内提供值得信赖的制表技术。

▲ **URS SCHILD**
Urs Schild 与 Joseph Girard 于1856年创立绮年华（Eterna）。

▲ **BALL BEARING BARREL SPHERODRIVE**
绮年华（Eterna）Spherodrive 使用品牌独特的滚珠轴承，放置在氧化锆球内，为腕表提供了更大的动力储存能力和持久性。

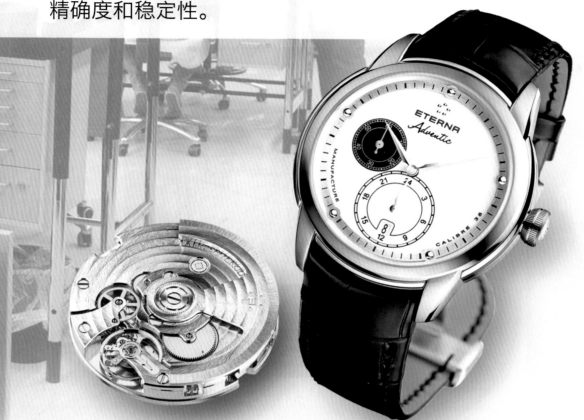

3843机芯将过去作为未来的跳板，与 Spherodrive
系统一同为腕表提供了无可比拟的力量、效率、
精确度和稳定性。

◀ **ADVENTIC 腕表**

Adventic 腕表在表冠和表盘
外圈体现标志性的五球形标识，
象征品牌开拓性的伟大成就。

◀ **3843 机芯**

新款机芯搭载绮年华经典
Spherodrive 系统，即球形轴
承发条盒，极大提高了机芯运
行效率和持久性。

▼ **绮年华 (ETERNA) 1948 腕表**

腕表纪念了这个瑞士制表品牌
值得庆祝的一年，标志着绮年
华的崭新开始，再现历史经典，
依然创新不辍。

绮年华（Eterna）最新系列中的亮点，直径44毫米的 Adventic 腕表从革命性
的 Spherodrive 中获取动力。作为第一款搭载最新自制3843机芯的腕表，Adventic 代
表着品牌150多年来在制表行业取得的巨大进步。象征继往开来的 3843机芯与精妙
的Spherodrive 系统拥有着杰出的动力平衡、效率、精确度和稳定性。不仅如此，作
为绮年华（Eterna）1960年超薄男款腕表 Centenaire 的当代诠释，Adventic 腕表的
表盘十分易读，偏心表盘上，小秒针位于9时和10时位置之间，外侧为5个标志性的
镀铑时标小球，24小时GMT显示位于6时位置，其下方是一个精致的日期显示视
窗。拥有傲人的70小时动力储备，Adventic 腕表以当代精湛制表技术向品牌
的光辉历史继续增添不竭活力。

绮年华 （Eterna）1948 腕表堪称现代经典，是向品牌20世纪40年代
核心设计的致敬之作。腕表的抛光精钢表壳，与银色或黑色太阳射线纹表
盘呈现低调优雅之感，将传统审美、独特个性与令人无法抗拒的现代设计完
美融合。位于6时位置的日期视窗简洁雅致，自动上链机芯符合品牌一贯创
新精神，黑色鳄鱼皮表带为腕表增添了古典稳重的贵族气质。

秉承创新不辍的精神，瑞士制表品牌绮年华（Eterna）持续推陈出新，追忆光辉
历史，不断为机械制表树立更新、更高标准。

VAUGHAN BIG DATE

参考编号: 7630.41.50.1227

机芯: Eterna 3030 自动上链机芯; 48小时动力储存; 27颗宝石; 每小时振动频率28 800次; 3件滚珠轴承。

功能: 小时、分钟、秒钟; 大日期显示位于3时位置。

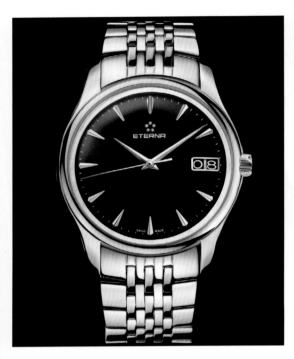

表壳: 抛光精钢表壳; 直径42毫米、厚度9.8毫米; 抗划痕防眩光蓝宝石水晶表镜; 表背由4颗螺钉紧固, 蓝宝石水晶玻璃透视盖; 50米防水性能。

表盘: 碳黑色太阳纹磨砂。

表带: 抛光磨砂精钢; 折叠式表扣。

参考价: RMB 54 000

另提供: 白色表盘; 鳄鱼皮表带; 玫瑰金表壳。

MADISON EIGHT DAYS WITH ETERNA SPHERODRIVE

参考编号: 7720.41.13.1229

机芯: Eterna 3510 手动上链机芯; 192小时动力储存; 22颗宝石; 每小时振动频率28 800次; 7件滚珠轴承。

功能: 小时、分钟、秒钟; 大日期显示位于3时位置; 7时和8时之间显示动力储备。

表壳: 抛光、磨砂精钢表壳; 尺寸38.5 x 53.3毫米, 厚度13.25毫米; 抗刮痕, 双面防眩光蓝宝石水晶表镜; 表背由8颗螺钉紧固, 蓝宝石水晶透视盖; 30米防水性能。

表盘: 银色太阳磨砂纹表盘。

表带: 棕色鳄鱼皮表带; 折叠式表扣。

参考价: RMB 89 000

另提供: 灰色或黑色表盘。

KONTIKI CHRONOGRAPH

参考编号: 1240.41.43.0219

机芯: ETA 7750 自动上链机芯; 48小时动力储存; 25颗钻石; 每小时振动频率28 800次; 1件滚珠轴承。

功能: 小时、分钟、秒钟; 日期显示; 计时码表。

表壳: 抛光和磨砂精钢; 直径42毫米、厚度15.8毫米; 旋紧表冠; 抗刮痕防眩光蓝宝石水晶表镜; 旋紧式表背, 带有 KonTiKi (太阳神) 徽章; 200米防水性能。

表盘: 黑色表盘。

表带: 抛光和磨砂精钢表链; 折叠式表扣。

参考价: RMB 39 000

另提供: 白色表盘; 皮质表带。

ADVENTIC

参考编号: 7660.41.66.1273

机芯: Eterna 3843 自动上链机芯; 72小时动力储存; 26颗宝石; 每小时振动频率28 800次; 4件滚珠轴承。

功能: 小时、分钟; 小秒针位于9时位置; GMT显示位于6时位置。

表壳: 抛光和磨砂精钢表壳; 直径44毫米、厚度12.5毫米; 抗刮痕防眩光蓝宝石水晶表镜; 表背由蓝宝石螺钉紧固; 50米防水性能。

表盘: 白色表盘。

表带: 黑色鳄鱼皮表带; 折叠式表扣。

参考价: RMB 85 000

另提供: 黑色表盘; 鳄鱼皮表带; 玫瑰金表壳。

1948 DATE

参考编号: 2950.41.41.1175

机芯: ETA-2824-2 自动上链机芯; 38小时动力储存; 25颗宝石; 每小时振动频率28 800次; 1件滚珠轴承。

功能: 小时、分钟、秒钟; 日期显示位于6时位置。

表壳: 抛光和磨砂精钢表壳; 直径44毫米、厚度11.7毫米; 抗刮痕防眩光蓝宝石水晶表镜; 表背由5枚螺钉紧固; 蓝宝石水晶透视盖; 50米防水性能。

表盘: 黑色太阳磨砂纹表盘。

表带: 黑色鳄鱼皮表带; 鳄鱼折叠式表扣。

参考价: RMB 27 000

另 提 供: 银色表盘。

TANGAROA THREE HANDS

参考编号: 2948.41.51.1261

机芯: Sellita SW 200-1自动上链机芯; 38小时动力储存; 26颗宝石; 每小时振动频率28 800次; 1件滚珠轴承。

功能: 小时、分钟、秒钟; 时间显示位于3时位置。

表壳: 抛光和磨砂精钢表壳; 直径42毫米、厚度10.8毫米; 抗划痕防眩光蓝宝石水晶表镜; 表背由5颗螺钉锁紧; 蓝宝石水晶透视盖; 50米防水性能。

表盘: 灰色表盘。

表带: 黑色鳄鱼皮表带; 针式表扣。

参考价: RMB 17 000

另 提 供: 黑色表盘; 精钢表链。

TANGAROA MOONPHASE CHRONOGRAPH

参考编号: 2949.41.46.0277

机芯: ETA 7751 自动上链机芯; 48小时动力储存; 25颗宝石; 每小时振动频率28 800次; 1件滚珠轴承。

功能: 小时、分钟、秒钟; 日期、星期、月份显示; 计时码表; 月相显示。

表壳: 抛光和磨砂精钢表壳; 直径42毫米、厚度13.95毫米; 旋紧式表冠; 抗划痕防眩光蓝宝石水晶表镜; 旋紧式表背, 带有KonTiki（太阳神）徽章; 200米防水性能。

表盘: 黑色表盘。

表带: 抛光和磨砂精钢表链; 折叠式表扣。

参考价: RMB 48 000

另 提 供: 白色表盘; 皮质表带。

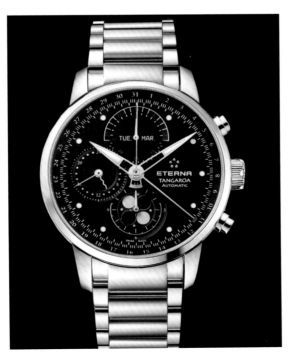

ARTENA LADY

参考编号: 2510.41.66.1252

机芯: ETA 956.412 石英机芯。

功能: 小时、分钟、秒钟; 日期显示位于3时位置。

表壳: 抛光和磨砂精钢表壳; 直径34毫米、厚度8.82毫米; 表冠镶玛瑙宝石; 抗刮痕防眩光蓝宝石水晶表镜; 30米防水性能。

表盘: 白色珍珠母贝表盘; 12枚钻石时标（0.06克拉）。

表带: 白色皮质表带; 针式表扣。

参考价: RMB 10 900

另 提 供: 银色或黑色表盘; 精钢表链。

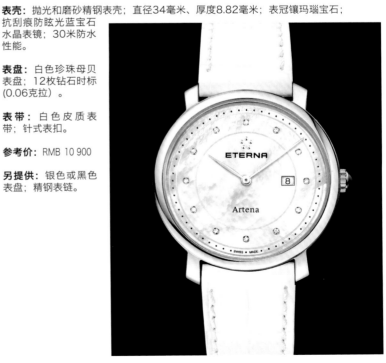

FRANCK MULLER
GENEVE
Master of complications

Thunderbolt陀飞轮腕表结构精巧，以世界最快陀飞轮铿锵有声地展现了FRANCK MULLER®精湛的制表造诣。

IMMUNE
TO IMPOSSIBILITY

突破疆界 创造可能

坐拥瑞士阿尔卑斯山脉的壮丽美景，FRANCK MULLER® 制表工坊继续以独一无二的个性与精密机械结构惊艳世人。

◄ **THUNDERBOLT 陀飞轮机芯**
FM 2025T 机芯经过雕刻，镀铑处理，并有螺旋形花纹打磨
与手工倒角。

◄ **VINTAGE 7 DAYS POWER RESERVE 七天动力储存腕表**
腕表拥有18K金酒桶形表壳设计，表盘11时位置显示剩余
能量，小秒针位于6时位置。

Thunderbolt 陀飞轮腕表彰显了 FRANCK MULLER® 身为复杂功能巨匠的大师魅力，将制表的陈规旧俗远远抛在身后。这枚腕表突破了制表疆界，以世界转速最快陀飞轮惊艳世人。拥有 FRANCK MULLER® 标志性的酒桶型表壳，18K金材质呈现低调睿智的气质。镂空表盘上，精妙的陀飞轮清晰可见、活力四射。由四个发条鼓提供强大的动力支持，陶瓷轴承上的陀飞轮框架每5秒钟转一圈，即每分钟转12圈，比传统陀飞轮快12倍，令人印象深刻。卓越制表技术融合无畏的创新精神，Thunderbolt 陀飞轮腕表完美彰显 FRANCK MULLER® 的顶尖工艺，令传统陀飞轮黯然失色。

腕表表盘的设计复杂精美，经过手工倒角并饰有日内瓦波纹，位于表面的夹板一目了然，FRANCK MULLER® 处处都让佩戴者尽情欣赏大师级制表工艺的美妙。先锋前沿的设计在 Thunderbolt 陀飞轮腕表中一览无余。表冠含有两段位置设定，用于手动上链及调校时间。FM 2025T 机芯经过雕刻，镀铑处理，并有螺旋形花纹打磨与手工倒角。陀飞轮系内装置有品牌专利擒纵系统，包括固定擒纵轮、反向擒纵叉及螺丝微调摆轮，并置有表厂自制"宝玑式游丝"。Thunderbolt 陀飞轮腕表搭配手工缝制鳄鱼皮表带，将强大速度与非凡气质一同尽显。

作为腕表艺术的另一经典之作，Vintage 7 Days Power Reserve 七天动力储存腕表结合美学设计与精致工艺，更具备七天动力储存能力。为此，腕表机芯内部加入了一个发条盒，白色珐琅风格表盘上，剩余能量显示位于11时的视窗，6时位置显示秒数，搭配有精美阿拉伯数字。板桥之间完美结合，锐角与线条巧妙搭配，呈现极

致优雅，铜拱更呈现出精雕细饰的日内瓦波纹。百分之百在日内瓦设计与制造，Vintage 7 Days Power Reserve 七天动力储存腕表同样拥有酒桶形表壳设计，为18K金打造，融合无与伦比的汝拉山谷制表工艺，以复杂制作、细腻精湛的工艺和精确的机芯设计展现了经典复古的风韵。

FRANCK MULLER® 在高级制表界书写无尽传奇，Thunderbolt 陀飞轮腕表与 Vintage 7 Days Power Reserve 七天动力储存腕表诠释了品牌精妙的制表技艺、无畏的创新精神和天才般的美学素养，使这个来自瑞士的后起之秀闻名于世，成为复杂功能钟表巨匠。

FRANCK MULLER

AETERNITAS MEGA 4 参考编号: 8888 GSW T CC R QP S

机芯: FM 3480 QPSE 陀飞轮手动上链机芯; 尺寸34.4x41.4毫米; 厚度13.65毫米; 世界最复杂腕表; 3天动力储存。

功能: 36项功能; 小时、分钟; 万年历在999年内保持精确: 星期, 月份, 飞返日期显示; 问表功能: 西敏寺(Westminster)钟乐问表装置4个音锤和4个音簧; 1分钟陀飞轮; 追针计时码表; 3个时间区域含24小时指示; 月相显示; 三天动力储存显示位于1时。

表壳: 18K白金; 酒桶型; 尺寸42x61毫米, 厚度19.15毫米; 蓝宝石水晶表镜及表背。

表盘: 白色; 太阳放射纹。

表带: 手工缝制鳄鱼皮表带。

参考价: 价格请向品牌查询。

EVOLUTION 3-1 参考编号: 9850 EVOLUTION 3-1

机芯: FM 2040 QP 三轴陀飞轮手动上链机芯; 尺寸32.2x39.5毫米; 厚度10.35毫米; 240小时动力储存。

功能: 小时、分钟; 万年历: 星期, 月份, 飞返日期显示, 24小时显示月相、4年制式连闰年显示; 陀飞轮驾于三轴之上; 10天动力储存显示位于12时。

表壳: 18K白金; 酒桶型; 尺寸41.1x55.4毫米, 厚度16.5毫米; 蓝宝石水晶表镜及表背。

表盘: 白色; 太阳放射纹。

表带: 手工缝制鳄鱼皮表带。

参考价: 价格请向品牌查询。

AETERNITAS SKELETON 2 参考编号: 8888 T PR SQT

机芯: FM 3405 T PR自动上链陀飞轮机芯; 尺寸34.4x41.4毫米, 厚度7.55毫米; 8天动力储存。

功能: 小时、分钟; 飞浮式陀飞轮; 动力储存显示位于12时。

表壳: 18K白金; 尺寸38.2x57.6毫米, 厚度13.49毫米; 蓝宝石水晶表镜及表背。

表盘: 镂空。

表带: 手工缝制鳄鱼皮表带。

参考价: 请向品牌查询。

THUNDERBOLT TOURBILLON 参考编号: 7889 T F SQT BR

机芯: FM2025T 手动上链陀飞轮机芯; 四个发条鼓; 尺寸32.2x38.4毫米; 厚度8.5毫米; 陀飞轮框架安装于陶瓷轴承上, 每5秒钟转一圈, 每分钟转12圈, 世界转速最快陀飞轮腕表; 表厂自制宝玑式游丝; 60小时动力储存。

功能: 小时、分钟。

表壳: 18K白金; 酒桶型; 尺寸55.05x40.65毫米; 厚度13.7毫米; 蓝宝石水晶表镜及表背。

表盘: 镂空。

表带: 手工缝制鳄鱼皮表带。

参考价: 价格请向品牌查询。

GIGA TOURBILLON MATRIX   参考编号: 8889 T G SQT ALC D10 CD

机芯: FM 2100TS 手动上链陀飞轮机芯; 四个发条盒; 尺寸34.4x41.4毫米; 厚度8.5毫米; 世界最大的陀飞轮机制(直径20毫米); 9天动力储存。

功能: 小时、分钟; 9天动力储存显示位于12时。

表壳: 18K玫瑰金; 酒桶型; 尺寸43.7x59.2毫米, 厚度14毫米; 镶嵌797颗钻石(8.49克拉); 蓝宝石水晶表镜及表背。

表盘: 镂空框架; 镶嵌183颗钻石(1.26克拉)。

表带: 手工缝制鳄鱼皮表带。

参考价: 价格请向品牌查询。

GPG CONQUISTADOR CORTEZ   参考编号: 10900 SC DT GPG TT TT

机芯: FM 2800 自动上链机芯; 直径25.6毫米, 厚度3.6毫米; 42小时动力储存。

功能: 小时、分钟、秒钟; 日期显示位于6时。

表壳: 钛金属; 尺寸45x45毫米; 厚度15.25毫米; 蓝宝石水晶表镜。

表盘: 火焰放射纹雕花饰面; 立体数字时标。

表带: 橡胶表带。

参考价: 价格请向品牌查询。

VINTAGE 7 DAYS POWER RESERVE   参考编号: 8880 B S6 PR VIN

机芯: FM 1700 手动上链机芯; 直径31毫米, 厚度5毫米; 双发条盒; 7天动力储存。

功能: 小时、分钟; 秒针显示位于6时; 动力储存显示位于11时。

表壳: 18K玫瑰金; 酒桶型; 尺寸39.6x55.4毫米; 厚度10.3毫米; 蓝宝石水晶表镜及表背。

表盘: 白色珐琅风格; 搭配阿拉伯数字。

表带: 手工缝制鳄鱼皮表带。

参考价: 价格请向品牌查询。

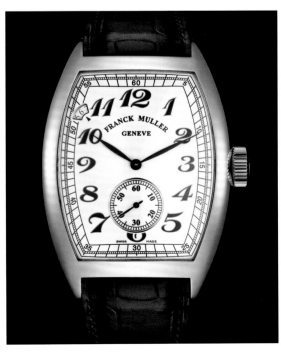

CURVEX 7 DAYS POWER RESERVE   参考编号: 8880 B S6 PR EMA

机芯: FM 1700 手动上链机芯; 直径31毫米, 厚度5毫米; 双发条盒; 7天动力储存。

功能: 小时、分钟; 秒针显示位于6时; 动力储存显示位于11时。

表壳: 18K玫瑰金; 酒桶型; 尺寸39.6x55.4毫米, 厚度10.3毫米; 蓝宝石水晶表镜及表背。

表盘: 黑色珐琅风格; 搭配阿拉伯数字。

表带: 手工缝制鳄鱼皮表带。

参考价: 价格请向品牌查询。

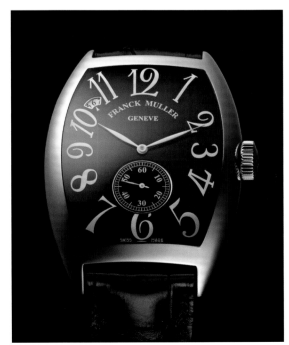

FRANCK MULLER

GOLD CROCO   参考编号: 8880 SC GOLD CROCO

机芯: FM 2800 自动上链机芯; 直径25.6毫米, 厚度3.6毫米; 42小时动力储存。

功能: 小时、分钟、秒钟。

表壳: 18K玫瑰金; 酒桶型; 鳄鱼皮纹修饰; 尺寸39.6x55.4毫米, 厚度11.9毫米; 蓝宝石水晶表镜。

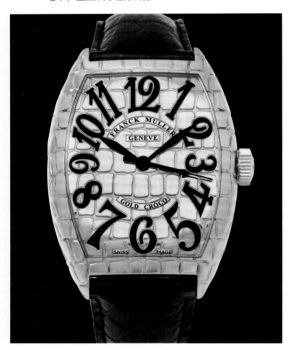

表盘: 表厂自制铸压鳄鱼纹理金表盘。

表带: 手工缝制鳄鱼皮表带。

参考价: 价格请向品牌查询。

IRON CROCO   参考编号: 8880 T IRON CROCO

机芯: FM 2001 手动上链陀飞轮机芯; 尺寸25x30毫米, 厚度7.3毫米; 60小时动力储存。

功能: 小时、分钟、秒钟; 陀飞轮。

表壳: 精钢; 酒桶型; 鳄鱼皮纹修饰; 尺寸39.6x55.4毫米; 厚度11.9毫米; 蓝宝石水晶表镜。

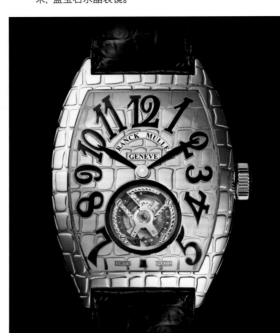

表盘: 表厂自制铸压鳄鱼纹理精钢表盘。

表带: 手工缝制鳄鱼皮表带。

参考价: 价格请向品牌查询。

BLACK CROCO   参考编号: 8880 MB SC DT BLK CRO

机芯: FM 2800 MB SC DT 自动上链机芯; 直径25.6毫米, 厚度5.6毫米; 42小时动力储存。

功能: 小时、分钟、秒钟; 单一表冠操控三地时区的时间显示; 8时位置显示日期。

表壳: 精钢; 鳄鱼皮纹修饰; 酒桶型; 尺寸39.6x55.4毫米, 厚度11.9毫米; 蓝宝石水晶表镜。

表盘: 表厂自制铸压鳄鱼纹理精钢表盘。

表带: 手工缝制鳄鱼皮表带。

参考价: 价格请向品牌查询。

CRAZY HOURS   参考编号: 8880 CH D6 CD

机芯: FM 2800 HF 自动上链机芯; 直径25.6毫米, 厚度3.6毫米; 42小时动力储存。

功能: 跳时指针; 分钟显示。

表壳: 18K白金; 酒桶型; 尺寸39.5x55.3毫米, 厚度11.9毫米; 镶嵌428颗钻石(6.36克拉); 两段式表冠: 第一段上链, 第二段调整时间; 蓝宝石水晶表镜。

表盘: 镶嵌352颗钻石(2.23克拉)。

表带: 手工缝制鳄鱼皮表带。

参考价: 价格请向品牌查询。

LONG ISLAND - MAGIC COLOR   参考编号: 952 QZ MAGIC COL DR

机芯： 石英机芯。

功能： 小时、分钟。

表壳： 18K玫瑰金；尺寸25.9x44.4毫米，厚度8.1毫米；蓝宝石水晶表镜。

表盘： 太阳放射纹；Color Dreams 阿拉伯数字(共镶106颗水晶)。

表带： 手工缝制鳄鱼皮表带。

参考价： 价格请向品牌查询。

LONG ISLAND - RED CARPET   参考编号: 952 QZ RED CARPET

机芯： 石英机芯。

功能： 小时、分钟。

表壳： 18K白金；尺寸25.9x44.4毫米，厚度8.1毫米；蓝宝石水晶表镜。

表盘： 太阳放射纹；鲜红色焗漆表盘。

表带： 手工缝制鳄鱼皮表带。

参考价： 价格请向品牌查询。

QUATRE SAISONS   参考编号: DM 42 QTR SAI BAG CD COL

机芯： FM2892 自动上链机芯。

功能： 小时、分钟；时针分针以双转盘显示。

表壳： 18K玫瑰金；直径42毫米；镶嵌120颗钻石(1.32克拉)及102颗彩色宝石(6.86克拉)；蓝宝石水晶表镜及表背。

表盘： 双转盘，镶嵌218颗钻石(1.36克拉)及14颗彩色宝石(1.49克拉)。

表带： 手工缝制鳄鱼皮表带。

参考价： 价格请向品牌查询。

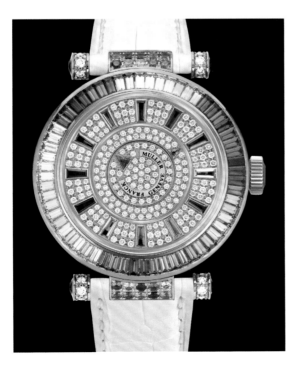

DOUBLE MYSTERY   参考编号: MAST. DBLE MYSTERY D 2R CD 42 SA

机芯： Double Mystery 自动上链机芯。

功能： 小时、分钟；时针分针以双转盘显示。

表壳： 18K白金；直径42毫米；蓝宝石水晶表镜及表背；镶嵌340颗钻石(8.25克拉)。

表盘： 双转盘，镶嵌121颗钻石(2.34克拉)及14颗蓝宝石。

表带： 全镶钻白金表链。

参考价： 价格请向品牌查询。

GP
GIRARD-PERREGAUX
芝柏表

韵响传奇
永恒典藏
A TALE
of TIMELESS SYMPHONY

GP芝柏表（Girard-Perregaux）将传统的卓越工艺注入现代前沿的制表技术，为世人呈现两款大师级腕表作品，带来令人屏息的计时经典。

一个半世纪以来，GP芝柏表（Girard-Perregaux）的至尊传统在三金桥陀飞轮上得以完美诠释。诞生于1860年，由康士坦特·芝勒德（Constant Girard-Perregaux）手工精制的三金桥陀飞轮技术如今又焕发出新的活力——全新登场的GP芝柏表（Girard-Perregaux）三金桥陀飞轮腕表再现了传奇般机械工艺的辉煌，表盘凸显三条平行箭形金桥装置，全球限量发行18枚。腕表41毫米镶钻玫瑰金表壳衬托三金桥元素，更为这一计时技术的经典传奇镀上了奢华光芒。玫瑰金表壳完美圆融，表圈、表壳中央以及表耳部分均铺镶88颗长方钻石，组成具有视觉冲击的几何图样，与三枚精致至极的箭型金桥交相辉映。由72个组件构成的陀飞轮直径仅12毫米，在6时位置一览无余；上方是第三枚手工雕琢的楔形金桥。

表盘之上，小秒针与中置玫瑰金桨形时针和分针精巧排列，GP9600-0018自动上链机芯为腕表提供源源不断的动力支持。不仅如此，在防眩光蓝宝石水晶玻璃表镜下，三条玫瑰金桥桥与表盘的铂金色泽对比鲜明，愈发彰显其高端计时的翘楚风范。

三金桥陀飞轮腕表背后，是GP芝柏表（Girard-Perregaux）屹立不倒的顶尖工艺和堪称典范的悠久历史，腕表通过对这款拥有152年历史的经典之作加以奢华现代诠释，恒久的三金桥联结了过去、现在与未来，跨越时间，闪耀着永恒光辉。

1966 三问腕表的表盘精纯简洁，传达着令人无法抗拒的极简风格与优雅气质，视觉上呈现高贵不俗的设计风范。与此同时，来自GP芝柏表（Girard-Perregaux）的顶尖机械技术，亦使腕表奏响了清婉悦耳的报时音韵。

腕表内部，机芯直径及表壳内部直径的比例经过精密计算，确保打造最理想的共鸣效果。不仅如此，GP芝柏表（Girard-Perregaux）更通过设计构造的巧妙创新将音效加以优化。手工雕琢的弧形表背增加了机芯及表壳之间的空气流动，提升声音传送效果；而表背下方经钻石抛光打磨，令表面更光滑，减少声音干扰。腕表所有细节均为精工巧匠妙手制作，白色珐琅表盘含蓄隽永。从含蓄韵致的外观，到婉转绕梁的妙音，GP芝柏表（Girard-Perregaux）精益求精，处处可见其力臻完美的巧思。腕表搭载自制E09-0001手动上链机芯，由317件组件构成，并有彰显当家顶尖技术的变量惯性摆轮微调自鸣装置；100小时动力储存更可圈可点。42毫米玫瑰金表壳与表盘上三枚钻石抛光叶状指针相得益彰，两枚指针分别指示小时、分钟，小秒针位于6时位置。

GP芝柏表（Girard-Perregaux）1966 三问表依照传统制作，以精妙的小音锤敲击表壳内部两条圆形音簧报时。腕表集优雅风格与顶尖技术与一身，传达了品牌百年的传统工艺与精益求精的制表哲学。

◄ **TOURBILLON WITH THREE GOLD BRIDGES, DIAMOND-SET**
三金桥陀飞轮T钻腕表
腕表表壳铺镶88枚长方钻石，鳄鱼皮表带装置5N 18K
玫瑰金折叠式表扣，镶配18颗钻石。

GP芝柏表（Girard-Perregaux）1966 三问表外观经典隽永，传达了品牌力臻完美、追求性能和计时精准的制表哲学。

▲ **1966 MINUTE REPEATER 三问表**
腕表手动上链机芯精镶27颗宝石，夹板饰有日内瓦波纹，表壳内部能够发出悦耳报时音效。

GIRARD-PERREGAUX 1966 ANNUAL CALENDER AND EQUATION OF TIME

GP 芝柏表 1966 纤薄自动腕表 年历和天文时差

参考编号：49538-52-231-BK6A

机芯： GP03300-0010 自动上链机芯；11½ 法分；46小时动力储存；44颗宝石；每小时振动频率28 800次。

功能： 小时、分钟；小秒针位于9时位置；日期显示位于1时30分位置；月份显示位于7时位置；天文时差位于4时30分位置。

表壳： 18K玫瑰金表壳；直径40毫米、厚度10.72毫米；蓝宝石水晶表底；30米防水性能。

表盘： 镶4枚时标；12时位置为双时标；饰8个涂漆时标。

表带： 黑色长吻鳄鱼皮表带；18K玫瑰金针式表扣。

另提供： 18K白金表壳。

GIRARD-PERREGAUX 1966 LADY MOON PHASES

GP 芝柏表 1966 女表 MOON-PHASES

参考编号：49524D52A751-CK6A

机芯： GP03300-0067 自动上链机芯；11½ 法分；48小时动力储存；32颗宝石；每小时振动频率28 800次。

功能： 小时、分钟；小秒针；月相显示位于6时位置。

表壳： 18K玫瑰金表壳；直径36毫米、厚度10.30毫米，镶嵌54颗钻石（约1.35克拉）；蓝宝石水晶表背；30米防水性能。

表盘： 白色珍珠母贝表盘；12时位置饰罗马数字时标；3时、6时位置饰2枚时标；镶9枚钻石时标。

表带： 黑色长吻鳄鱼皮表带；18K玫瑰金针式表扣。

另提供： 18K白金表壳。

GIRARD-PERREGAUX 1966 JEWELLERY

GP 芝柏表 1966 纤薄自动腕表　　参考编号：49525D53A1B1-BK6A

机芯： GP03300-0033 自动上链机芯；11½ 法分；46小时动力储存；26颗宝石；每小时振动频率28 800次。

功能： 小时、分钟；中置秒针；日期计时位于3时。

表壳： 18K白金表壳；直径38毫米、厚度8.65毫米；蓝宝石水晶表背；30米防水性能。

表盘： 铺镶713颗钻石（约2.97克拉）。

表带： 雾面黑色长吻鳄鱼皮表带；18K白金针式表扣。

另提供： 18K玫瑰金表壳。

GIRARD-PERREGAUX 1966 FULL CALENDAR

GP 芝柏表 1966 纤薄自动腕表全历　　参考编号：49535-53-152-BK6A

机芯： GP033M0 自动上链机芯；11½ 法分；46小时动力储存；27颗宝石；每小时振动频率28 800次。

功能： 小时、分钟、中置秒针；全历显示：月份和星期显示于12时位置，日期和月相显示与6时位置。

表壳： 18K白金表壳；直径40毫米，厚度10.70毫米；蓝宝石水晶表背；30米防水性能。

表盘： 蛋白银色表盘；镶4枚镀铑时标；12时位置镶镀铑双时标；饰8个涂漆时标。

表带： 黑色长吻鳄鱼皮表带；针式表扣。

另提供： 18K玫瑰金表壳。

VINTAGE 1945 LARGE DATE MOON-PHASES

VINTAGE 1945 大日历月相腕表　参考编号：25882-11-121-BB6B

机芯： GP03300-0062 自动上链机芯；11½ 法分；46小时动力储存；32颗宝石；每小时振动频率28 800次。

功能： 小时、分钟；小秒针；大日期显示位于12时位置；月相显示位于6时位置。

表壳： 精钢表壳；尺寸36.10 x 35.25毫米、厚度11.74毫米；蓝宝石水晶表镜，由4颗螺钉固定；30米防水性能。

表盘： 蛋白银色表盘；亚光磨砂；镶11枚"宝玑"阿拉伯数字。

表带： 黑色长吻鳄鱼皮表带；折叠表扣。

另提供： 18K玫瑰金款。

另提供： 银色表盘。

VINTAGE 1945 XXL SMALL SECOND

VINTAGE 1945 XXL 小秒针腕表　参考编号：25880-52-721-BB6A

机芯： GP3300-0052 自动上链机芯；11½ 法分；46小时动力储存；32颗宝石；每小时振动频率28 800次。

功能： 小时、分钟；小秒针。

表壳： 18K玫瑰金表壳；尺寸36.20 x 35.25毫米、厚度10.83毫米；蓝宝石水晶表镜，由4枚螺钉固定；30米防水性能。

表盘： 蛋白银色表盘；涂漆表带：黑色长吻鳄鱼皮表带；折叠表扣。

另提供： 精钢款。

CAT'S EYE BI-RETRO

CAT'S EYE 双逆跳腕表　参考编号：80484D52A661-JK6A

机芯： GP033390 自动上链机芯；11½ 法分；46小时动力储存；36颗宝石；每小时振动频率28 800次。

功能： 小时、分钟；逆跳秒针；星期显示位于3时位置、日期显示位于6时位置；月相显示位于12时位置。

表壳： 18K玫瑰金；尺寸35.25 x 30.25毫米、厚度10.45毫米；镶68颗钻石(0.68克拉)；蓝宝石水晶表镜，由4枚螺钉固定；30米防水性能。

表盘： 黑色珍珠母贝表盘；3时和9时位置镶"宝玑"阿拉伯数字；饰8颗金圈钻石。

表带： 雾面黑色亚光缎面表带；折叠表扣。

另提供： 18K白金款。

CAT'S EYE SMALL SECOND

CAT'S EYE 小秒针腕表　参考编号：80484D52A761-BK7B

机芯： GP03300-0044 自动上链机芯；11½ 法分；46小时动力储存；28颗宝石；每小时振动频率28 800次。

功能： 小时、分钟；小秒针；日期显示位于3时位置。

表壳： 18K玫瑰金；尺寸35.25 x 30.25毫米、9.08毫米；镶62颗钻石（约0.85克拉）；蓝宝石水晶表镜，由4枚螺钉固定；30米防水性能。

表盘： 白色珍珠母贝表盘；6时、9时和12时饰"宝玑"阿拉伯数字；镶8颗钻石。

表带： 白色短吻鳄鱼皮表带；折叠表扣。

另提供： 18K白金款。

195

自信简约
绝代风华 CIRCLE OF LIFE

一直以来，简依丽（Guy Ellia）拥有着双重身份：首先是其精妙绝伦、富有冒险精神的珠宝作品，Ellia 先生亦在高级钟表世界掀起波澜，以其先锋前卫的制表技术突破了传统的疆界。

在 Circle 腕表上，简依丽（Guy Ellia）将两种激情合二为一，呈现出一款具有崭新风格和鲜明女性气质的女士腕表。曼妙的 Circle 系列无疑是女装腕表世界的必备之物，也是简依丽（Guy Ellia）作品中的经典杰作。

Circle 系列因其简约大方的美学风范引人瞩目。自信优雅的时标从表圈蔓延至腕表中央，呈现迷人风采，仿佛一枚散发着光芒的太阳就位于表盘之上，令人难以忘怀。这些时标绝非过分低调，而是由镜面抛光玫瑰金制成，或168颗闪烁钻石构成别致图案。表盘中央的太子妃18K玫瑰金指针仿佛唤起了早年女士腕表的怀旧情愫，传递人们对当时温和娴静的腕表和女性的怀念。同样别致的是腕表纤薄的表壳，厚度仅约6毫米。

然而，表盘和表壳的维度却令这略显旧式的女性温柔来了一次华丽转身。简依丽（Guy Ellia）一直以大尺寸的作品而闻名，大方的设计和超过50毫米的腕表即刻显得耀眼不凡。Circle 腕表还拥有多种款式，甚至还有极受欢迎的52毫米表款！这个系列中的"婴儿"，名为"La Petite"，以45毫米直径分外夺目。使得身材娇小的女士亦能展现热情大方的风采。由 Frédéric Piguet 机芯提供动力，遵循着简依丽（Guy Ellia）与机芯行业最富盛名的工坊进行合作的传统。"La Petite"腕表是这个新颖独特的品牌首次使用金质表链的作品，共含103克贵金属材料。

细致精美的钻石环绕在每一枚 Circle 腕表的表圈周围，在一些款式上妆点着表圈，传递出品牌深厚的高级珠宝底蕴，彰显了品牌对女性心思的了如指掌。对于珠宝的了解更使品牌在设计这枚接触皮肤的金质腕表时格外细心。这些美妙的腕表有白金，玫瑰金或黄金款可选，表背更有惊喜之处：一枚钻石妆点在简依丽（Guy Ellia）标识的"i"字母上，在所有简依丽（Guy Ellia）女装腕表上都可见到。一枚更大的钻石镶嵌在表冠上，腕表搭配短吻鳄鱼皮表带和钻石装饰的表扣，无论从哪个角度，都折射出奢华耀眼的光芒。

在各式表盘与表壳的搭配中，如今又增添了小尺寸表款和简依丽（Guy Ellia）第一枚金质表链，Circle 系列完美传递了品牌精神，以优雅自信的风度和随性潇洒风格妆点着每一件作品。

▶ **CIRCLE LA PETITE**
拥有18K玫瑰金表壳，Circle La Petite 是简依丽（Guy Ellia）第一枚搭配金质表链的腕表。

GUY ELLIA　简依丽

CONVEX MIROIR

机芯： 石英；Frédéric Piguet PGE 820 机芯；直径18.8毫米，厚度1.95毫米。

功能： 小时、分钟。

表壳： 18K玫瑰金(56.61克)；尺寸41x41毫米，厚度7.1毫米；表圈镶嵌100颗钻石(直径2.3毫米)；表冠镶嵌1颗钻石(直径2.3毫米)；蓝宝石水晶抗热震标记；抛光镜面表底在ELLIA的"I"上镶嵌有直径0.95毫米的钻石；30米防水性能。

表盘： 实心18K玫瑰金(27.15克)；4枚阿拉伯数字镶嵌204颗钻石(0.79克拉)；18K玫瑰金指针。

表带： 实心18K玫瑰金；针式表扣镶嵌40颗钻石(0.49克拉)，扣针镶嵌一颗直径0.9毫米钻石。

另提供： 白金款；黄金；实心18K白金表盘(25.35克)全镶558颗钻石(2.28克拉)和4枚黄金阿拉伯数字；珍珠母贝表盘和4枚黄金阿拉伯数字或4枚阿拉伯数字轮廓。

备注： 限量款。

CONVEX

机芯： 石英；Frédéric Piguet PGE 820 机芯；直径18.8毫米，厚度1.95毫米。

功能： 小时、分钟。

表壳： 18K玫瑰金(56.61克)；尺寸41x41毫米，厚度7.1毫米；表圈镶嵌100颗钻石(直径1.5毫米)；表冠镶嵌1颗钻石(直径2.3毫米)；蓝宝石水晶抗热震标记；抛光镜面表底在ELLIA的"I"上镶嵌有直径0.95毫米的钻石；30米防水性能。

表盘： 18K金(23.35克)；镶嵌558颗钻石(2.28克拉)；4枚黄金阿拉伯数字；18K金太子妃指针。

表带： 浅棕色短吻鳄鱼皮表带；18K金ardillon阿狄龙表扣镶嵌40颗钻石(直径1.5毫米)，扣针镶嵌一颗直径0.9毫米钻石。

另提供： 白金和黄金款；金制表盘，装饰数字。

备注： 限量款。

CIRCLE "LA PETITE"

机芯： 石英；Frédéric Piguet PGE 820 机芯；直径18.8毫米，厚度1.95毫米。

功能： 小时、分钟。

表壳： 抛光18K玫瑰金(79克)，直径45毫米，厚度6毫米；表圈镶嵌92颗钻石(直径1.3毫米)；表冠镶嵌1颗钻石(直径2.8毫米)；蓝宝石水晶抗热震标记；抛光镜面表底在ELLIA的"I"上镶嵌有直径0.95毫米的钻石；30米防水性能。

表盘： 黑色；玫瑰金镜面抛光时标；18K玫瑰金太子妃指针。

表带： 实心18K玫瑰金(103克)。

另提供： 表壳：亚光玫瑰金；黄金；表盘：亚光黑色；亮黑色；白色；亚光金色；时标：亮黑色；镜面抛光；镶嵌钻石镶嵌或全部镶嵌；表带：短吻鳄鱼皮；18K玫瑰金针式表扣镶嵌86颗钻石(0.384克拉)，扣针镶嵌一颗直径0.9毫米钻石。

CIRCLE

机芯： 石英；Frédéric Piguet PGE 820 机芯；直径18.8毫米，厚度1.95毫米。

功能： 小时、分钟。

表壳： 抛光18K玫瑰金(80.13克)，直径52毫米，厚度7毫米；表圈镶嵌124颗钻石(直径1.15毫米)；表冠镶嵌一颗直径2.8毫米钻石；蓝宝石水晶热抗震标记；抛光镜面表底在ELLIA的"I"上镶嵌有直径0.95毫米的钻石；机械深度印刻；30米防水性能。

表盘： 18K玫瑰金镜面；时标镶嵌168颗明亮式钻石(1克拉)；18K白金太子妃指针。

表带： 短吻鳄鱼皮；实心18K玫瑰金针式表扣镶嵌86颗钻石(0.384克拉)，扣针镶嵌一颗直径0.9毫米钻石。

另提供： 表圈镶嵌钻石，亚光玫瑰金表壳；玫瑰金表圈完全镶嵌钻石；表盘：黑色亚光；亮黑色；银白色；亚光金色。

ELYPSE

机芯： 石英；Frédéric Piguet PGE 820 机芯；直径18.8毫米，厚度1.95毫米。

功能： 小时、分钟。

表壳： 18K玫瑰金(50.14克)；直径52x35毫米，厚度5.6毫米；镶嵌80颗钻石；表冠镶嵌1颗钻石(直径2.3毫米)；蓝宝石水晶热抗震标记；抛光镜面表底在ELLIA的"I"上镶嵌有直径0.95毫米的钻石；机械深度印刻；30米防水性能。

表盘： 18K玫瑰金；亚光巧克力色绘制罗马数字；18K黄金太子妃指针。

表带： 短吻鳄鱼皮表带；18K实心金阿狄龙ardillon表扣镶嵌9颗钻石(1.5毫米直径)；实心金阿狄龙ardillon表扣镶嵌1颗钻石(0.9毫米直径)。

另提供： 白金和黄金；罗马数字：亚光黑色；亚光巧克力色；亮金色；亚光金色；亚光黄褐色；亮波尔多色；亚光波尔多色；亮蓝色；亚光橙色；亚光雪青色；粉色；米色。

ELYPSE

机芯： 石英；Frédéric Piguet PGE 820 机芯；直径18.8毫米，厚度1.95毫米。

功能： 小时、分钟。

表壳： 18K白金(53.38克)；尺寸52x35毫米，厚度5.6毫米；镶嵌80颗钻石；表冠镶嵌1颗钻石(直径2.3毫米)；蓝宝石水晶抗热震标记；抛光镜面表底在ELLIA的"I"上镶嵌有直径0.95毫米的钻石；机械深度印刻；30米防水性能。

表盘： 18K抛光黑色涂漆黄金；亚光金色罗马数字；18K白金太子妃指针。

表带： 短吻鳄鱼皮；18K白金ardillon阿狄龙表扣镶嵌9颗钻石(直径1.5毫米)，扣针镶嵌一颗直径0.9毫米钻石。

另提供： 玫瑰金和黄金款；罗马数字版本：亚光黑色；亚光巧克力色；亮金色；亚光黄褐色；亮波尔多红色；亮蓝色；亚光橘色；亚光雪青色；粉红三文鱼色；亚光米色。

QUEEN

机芯： 石英；Frédéric Piguet PGE 820 机芯；直径18.8毫米，厚度1.95毫米。

功能： 小时、分钟。

表壳： 18K黄金(63.93克)；尺寸52x38.5毫米，厚度7.2毫米；镶嵌96颗钻石；表冠镶嵌1颗直径2.3毫米钻石；蓝宝石水晶热抗震标记；抛光镜面表底在ELLIA的"I"上镶嵌有直径0.95毫米的钻石；机械深度印刻；30米防水性能。

表盘： 18K黄金镜面；时标镶嵌132颗钻石。

表带： 短吻鳄鱼皮；实心18K金表扣，扣针镶嵌81颗钻石。

另提供： 表壳：白金或玫瑰金；表盘：珍珠母贝饰面装饰金制罗马数字；金面表盘全部铺镶钻石，装饰金制罗马数字。

QUEEN

机芯： 石英；Frédéric Piguet PGE 820 机芯；直径18.8毫米，厚度1.95毫米。

功能： 小时、分钟。

表壳： 18K玫瑰金(62.12克)；尺寸52x38.5毫米，厚度7.2毫米；镶嵌96颗钻石；表冠镶嵌1颗直径2.3毫米钻石；蓝宝石水晶热抗震标记；抛光镜面表底在ELLIA的"I"上镶嵌有直径0.95毫米的钻石；机械深度印刻；30米防水性能。

表盘： 珍珠母贝；黄金罗马数字。

表带： 短吻鳄鱼皮；实心18K黄金表扣和针扣镶嵌81颗钻石。

另提供： 白金或黄金表壳；镜面抛光黄金表盘。

GUY ELLIA 简依丽

JUMBO CHRONO

机芯： Frédéric Piguet PGE 1185 自动上链机芯；直径26.2毫米，厚度5.5毫米；45小时动力储存；圆柱齿轮计时码表；日内瓦波纹处理夹板经过黑色镀铑处理；GUY ELLIA标识刻在经过黑色PVD涂层处理的粒面主机板上。

功能： 小时、分钟位于12时位置；小秒针位于6时位置；日期显示位于2时位置；圆柱齿轮计时码表：12小时积算盘位于8时，30分钟积算盘位于4时，中置秒针。

表壳： 18K黑金（90克）；直径50毫米，厚度11.5毫米；蓝宝石水晶表镜抗热震标记；30米防水性能。

表带： 黑色短吻鳄鱼皮；18K黑金折叠式表扣(12.53克)。

另提供： 黑色表圈款；完全黑金款；白金款，带白金表圈；全白金款；玫瑰金款，含玫瑰金表圈；全玫瑰金款。

JUMBO HEURE UNIVERSELLE

机芯： Frédéric Piguet PGE 1150 自动上链机芯；直径36.2毫米，厚度6.24毫米；72小时动力储存；37颗宝石；五方位调校；蓝水晶圆盘；日内瓦波纹处理夹板经过黑色PVD涂层处理；GUY ELLIA标识刻在经过黑色PVD涂层处理的粒面主机板上。

功能： 小时、分钟；24小时时区显示；大日期显示；日夜显示。

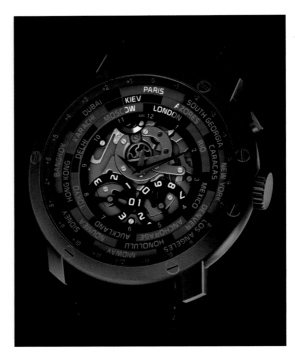

表壳： 18K黑金（82.9克）；直径50毫米，厚度11毫米；蓝宝石水晶表镜；开面表背置有蓝水晶；30米防水性能。

表带： 黑色短吻鳄鱼皮；18K黑金折叠式表扣（12.53克)。

另提供： 白金款；玫瑰金款。

TIME SPACE

机芯： Frédéric Piguet PGE 15 手动上链机芯；直径35.64毫米，厚度1.9毫米；20颗宝石；每小时振动频率21 600次；五方位调校；日内瓦波纹夹板和黑色PVD涂层处理；"GE"刻在经过黑色PVD涂层处理的粒面主机板上。

功能： 小时、分钟。

表壳： 18K白金(33.5g)；直径46.8毫米，厚度4.9毫米；蓝宝石水晶抗热震标记；30米防水性能。

表带： 黑色短吻鳄鱼皮；18K白金针式表扣(4.73克)。

另提供： 白金表圈；全白金款；玫瑰金款，带玫瑰金表圈；全玫瑰金款；黑金款；表圈黑金款；全黑金款。

TIME SPACE QUANTIEME PERPETUEL

机芯： Frédéric Piguet PGE 5615 D 手动上链机芯；直径35.64毫米，厚度4.7毫米；43小时动力储存；20颗宝石；每小时振动频率21 600次；五方位调校；日内瓦波纹处理夹板经过黑色PVD涂层处理；GUY ELLIA标识刻在经过黑色PVD涂层处理的粒面主机板上；腕表表盒内含有一枚特殊的自动上链装置。

功能： 小时、分钟；万年历：日期，星期，月份，闰年；月相显示。

表壳： 18K黑金（32.87毫米）；直径46.8毫米，厚度7.75毫米；蓝宝石中央环；蓝宝石水晶表镜；30米防水性能。

表带： 黑色短吻鳄鱼皮；18K黑金针式表扣(4.37克)。

另提供： 黑金表圈；全黑金款；白金款，含白金表圈；全白金款；玫瑰金款，含玫瑰金表圈；全玫瑰金款。

TOURBILLON ZEPHYR

机芯： Christophe Claret GES 97 手动上链机芯；尺寸37X37毫米，厚度6.21毫米；233个部件；110小时动力储存；17颗宝石；每小时振动频率21 600次；上链环镶嵌36颗长阶梯式切割钻石（1.04克拉）或车工处理；一分钟陀飞轮；完全手工倒角框架；底部主机板和夹板为蓝宝石水晶制成；五方位调校。

功能： 小时、分钟；陀飞轮。

表壳： 18K玫瑰金侧边（42.9克）；尺寸54X45.3毫米，厚度15.4毫米；表冠镶嵌1颗钻石（直径1毫米）；弧面白色蓝宝石水晶表镜热抗震标记；透明表背；热雕刻处理；30米防水性能。

表带： 短吻鳄鱼皮；实心18K玫瑰金折叠式表扣（14.61克）。

备注： 限量发行12枚，具独立编号。

另提供： 表壳：铂金款；底部主机板和夹板：蓝宝石或烟熏宝石。

REPETITION MINUTE ZEPHYR

机芯： Christophe Claret GEC 88 手动上链机芯；尺寸41.2x38.2毫米，厚度9.41毫米；48小时动力储存；720个组件；72颗宝石；每小时振动频率18 000次；扁平游丝；齿轮轮缘由不同电镀；五方位调校。

功能： 小时、分钟；动力储存显示；三问报时；五个时区以日夜显示。

表壳： 蓝水晶方块和钛金；尺寸53.6x43.7毫米，厚度14.8毫米；蓝宝石和18K金表冠镶嵌直径2.2毫米钻石；30米防水性能。

表带： 黑色橡胶；钛金折叠表扣（17.27克）。

备注： 限量发行20枚，具独立编号。

另提供： 玫瑰金和白金；短吻鳄鱼皮表带。

TOURBILLON MAGISTERE

机芯： Christophe Claret TGE 97 手动上链机芯；尺寸37.2X29.9毫米，厚度5.4毫米；110小时动力储存；20颗宝石；每小时振动频率21 600次；扁平游丝；神奇上链；镂空发条盒和棘齿；全手工倒角处理框架；钛金属底部主机板和夹板。

功能： 小时、分钟；陀飞轮。

表壳： 白金（77.9克）；尺寸43.5X36毫米，厚度10.9毫米；蓝水晶抗热震标记；30米防水性能。

表带： 黑色短吻鳄鱼皮；实心18K白金折叠式表扣（18.77克）。

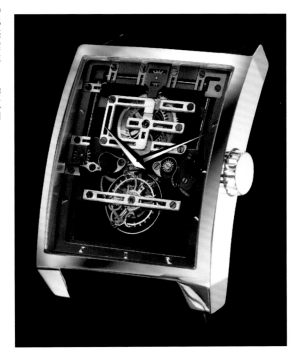

TOURBILLON MAGISTERE II

机芯： Christophe Claret MGE 97 手动上链机芯；尺寸38.4x30.9毫米，厚度5.71毫米；90小时动力储存；266个组件；33颗宝石；每小时振动频率为21 600次；扁平游丝；神奇上链；镂空棘齿和机轮，弧形杆和狼齿链；全手工倒角处理框架；18K金发条盒夹板和齿轮。

功能： 小时、分钟；陀飞轮。

表壳： 5N 18K红金（102克）；尺寸44.2x36.7毫米，厚度15毫米；蓝宝石水晶经过防眩光处理；透明底盖；30米防水性能。

表带： 棕色短吻鳄鱼皮；5N 18K红金折叠式表扣（14.61克）。

备注： 限量发行12枚,具独立编号。

另提供： 白金款。

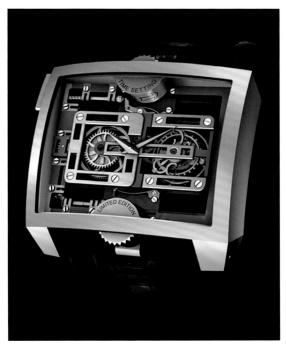

精于心 THE COMPLEXITY WITHIN 简于形

H. Moser & Cie.

在低调优雅又十分瑰丽的外形之下，H. Moser & Cie. 腕表拥有数不清的技术成就。仿佛集日常生活中温文尔雅的真身克拉克·肯特 (Clark Kent) 与临危不惧、无所不能的超人与一身，H. Moser & Cie. 将谦谦风度与历史创新紧密结合。

地心引力羁绊着我们每一个人，也制约着我们功能强大的腕表，从制表艺术产生伊始，便是亘古的难题。大部分的制表工坊都选择纠正受引力影响带来的计时错误，然而，H. Moser & Cie. 却反其道而行之，选择将这些错误一并避免。Moser Perpetual Double Hairspring 腕表运用自制 Straumann 双游丝的补偿式合金，结合一枚 Glucydur 摆轮，摆脱了由于腕表位置变动引起的精确度误差。机芯擒纵装置搭载有一系列这种游丝——恰如其名，腕表拥有不同寻常的双游丝装置——使得它们能够以相反方向振动，避免了摆轮重心的任何变化，使摆轮保持稳定居中。腕表的六方位校准机制进一步加强了其准确性，减少了任何因腕表移动而产生的误差。H. Moser & Cie. 以其标志性的严谨态度取得了这项卓越的技术成就，完美诠释了品牌对极致精确度和机械稳定性的不懈追求，在超凡精美的表壳和表盘之内得以体现。

▲ **MOSER PERPETUAL DOUBLE HAIRSPRING**
工坊创新双游丝擒纵装置稳定机芯的运作，从而提升了腕表的精确度。

真正的鉴赏大师在仔细品味这枚具有实金表盘的同时，会发现一枚可显示月份的小黄金指针就位于中央时针和分针之下，在看似简单的布局之外又彰显出繁复功能的新境界。

当大多数日历腕表堆积着一个个视窗盘，以表盘四处散布的子表盘炫耀着腕表的机械性能，H. Moser & Cie. Perpetual 1 Golden Edition 万年历腕表，却以温润谦逊之风彰显着大师级工艺。一眼望去，3时位置的大日期显示即传达出腕表的日历机械性能。然而，真正的鉴赏大师在仔细品味这枚实金表盘时，会发现一枚小黄金指针就位于中央时针和分针之下，在看似简单的布局之外又彰显出繁复功能的新境界，巧妙地指示月份更迭。蓝宝石水晶表背展现了更令人着迷的复杂结构：包括擒纵叉和擒纵齿轮，几乎全部为18K黄金打造；还有减震器内的世界上唯一一枚功能性钻石轴承。品牌传奇腕表 Perpetual 1 亦深谙韬光养晦之道，将奢华的秘密蕴藏在简约的优雅设计之中。

融合所有 H. Moser & Cie. 腕表的精致工艺与优雅气质，Monard Marrone 表款同样搭载着风格独特、令人印象深刻的机芯装置。除了拥有专利技术的硬化处理实金擒纵叉和擒纵齿轮，Monard Marrone 腕表更装置有世界首枚可互换式擒纵组件。通过运用倒角齿轮和 Moser 轮齿系统实现了最佳效率，H. Moser & Cie. 手动上链 HMC343.505 机芯的双层游丝提供7天动力储存能力。每款腕表表盘底色都是深棕色，由白金或玫瑰金的三件式表壳环绕，Monard Marrone 腕表便是一副精致优雅的图面，分针和秒针优雅的纤长线条延伸至表盘外缘，与太阳放射纹饰面完美呼应，突出了腕表优雅悠然、突破极限的主题。

▲ **MOSER PERPETUAL GOLDEN EDITION**
这款限量发行100枚的腕表以卓越的清晰度展现了无与伦比的机械性能。

▼ **MONARD MARRONE**
腕表拥有7天动力储存能力，从蓝宝石水晶表背清晰可见，三枚精美的中置指针彰显优雅气质。

203

H. MOSER & CIE.

MONARD MARRONE
参考编号: 343.505-018

机芯: HMC 343.505 手动上链机芯; 7天动力储存能力; 倒角齿轮; 双发条盒; 自制 Straumann 宝玑双层游丝; 擒纵叉和擒纵齿轮为硬化金属制成; 可更换式 Moser 擒纵模件。

功能: 小时、分钟; 秒钟及停秒功能; 动力储存显示位于机芯一端。

表壳: 18K玫瑰金; 直径40.8毫米, 厚度10.85毫米; 蓝宝石水晶表背。

表盘: 浅棕色, 带有太阳饰纹。

表带: 棕色短吻鳄鱼皮; 实心玫瑰金表扣。

参考价: RMB 188 000

MONARD MARRONE
参考编号: 343.505-019

机芯: HMC 343.505 手动上链机芯; 7天动力储存能力; 倒角齿轮; 双发条盒; 自制 Straumann 宝玑双层游丝; 擒纵叉和擒纵齿轮为硬化金属制成; 可更换式 Moser 擒纵模件。

功能: 小时、分钟; 秒钟及停秒功能; 动力储存显示位于机芯一端。

表壳: 18K白金; 直径40.8毫米, 厚度10.85毫米; 蓝宝石水晶表背。

表盘: 深棕色, 带有太阳饰纹。

表带: 棕色短吻鳄鱼皮; 实心白金表扣。

参考价: RMB 188 000

MONARD
参考编号: 343.505-017

机芯: HMC 343.505 手动上链机芯; 7天动力储存能力; 倒角齿轮; 双发条盒; 自制 Straumann 宝玑双层游丝; 擒纵叉和擒纵齿轮为硬化金属制成; 可更换式 Moser 擒纵模件。

功能: 小时、分钟; 秒钟及停秒功能; 动力储存显示位于机芯一端。

表壳: 18K玫瑰金; 直径40.8毫米, 厚度10.85毫米; 蓝宝石水晶表背。

表盘: 黑色, 带有太阳饰纹。

表带: 黑色短吻鳄鱼皮; 实心玫瑰金表扣。

参考价: RMB 188 000

MONARD FUME
参考编号: 343.506-016

机芯: HMC 343.505 手动上链机芯; 7天动力储存能力; 倒角齿轮; 双发条盒; 自制 Straumann 双游丝; 擒纵叉和擒纵齿轮为白金制成; 可更换式 Moser 擒纵模件。

功能: 小时、分钟; 秒钟及停秒功能; 动力储存显示位于机芯一端。

表壳: 钯金; 直径40.8毫米, 厚度10.85毫米; 蓝宝石水晶表背。

表盘: 烟熏色, 带有太阳饰纹。

表带: 黑色短吻鳄鱼皮; 实心钯金表扣。

参考价: RMB 238 000

MOSER PERPETUAL 1 DOUBLE HAIRSPRING   参考编号: 341.101-009

机芯: HMC 343.101 手动上链机芯; 7天动力储存能力; 倒角齿轮; 双发条盒; 自制 Straumann 双游丝; 擒纵叉和擒纵齿轮为白金制成; 可更换式 Moser 擒纵模件。

功能: 小时、分钟; 秒钟及停秒功能位于6时; 大日期显示位于3时; 日期显示可于任何时间前后调校; 双拉表冠系统; 动力储存显示位于表盘。

表壳: 钯金; 直径40.8毫米, 厚度11.05毫米; 蓝宝石水晶表背。

表盘: 烟熏色, 带有太阳饰纹。

表带: 黑色短吻鳄鱼皮; 实心钯金折叠式表扣。

参考价: RMB 550 000

MONARD DATE   参考编号: 342.502-003

机芯: HMC 342.502 手动上链机芯; 7天动力储存能力; 倒角齿轮; 双发条盒; 自制 Straumann 宝玑双层游丝; 擒纵叉和擒纵齿轮为硬化金属制成; 可更换式 Moser 擒纵模件。

功能: 小时、分钟; 秒钟及停秒功能; 大日期显示位于6时; 日期显示可于任何时间前后调校; 双拉表冠系统; 动力储存显示位于机芯一端。

表壳: 18K玫瑰金, 直径40.8毫米, 厚度10.85毫米; 蓝宝石水晶表背。

表盘: 银色, 带有太阳饰纹。

表带: 棕色短吻鳄鱼皮; 实心玫瑰金折叠式表扣。

参考价: RMB 238 000

MOSER PERPETUAL 1   参考编号: 341.501-004

机芯: HMC 341.501 手动上链机芯; 7天动力储存能力; 倒角齿轮; 双发条盒; 自制 Straumann 宝玑双层游丝; 擒纵叉和擒纵齿轮为硬化金属制成; 可更换式 Moser 擒纵模件。

功能: 小时、分钟; 秒钟带停秒功能位于6时; 大日期显示位于3时; 日期显示可于任何时间前后调校; 双拉表冠系统; 动力储存显示位于表盘。

表壳: 18K玫瑰金; 直径40.8毫米, 厚度11.05毫米; 蓝宝石水晶表背。

表盘: 银色, 带有太阳饰纹。

表带: 棕色短吻鳄鱼皮; 实心玫瑰金折叠式表扣。

参考价: RMB 450 000

PERPETUAL MOON   参考编号: 348.901-015

机芯: HMC 348.901 手动上链机芯; 7天动力储存能力; 倒角齿轮; 双发条盒; 自制 Straumann 宝玑双层游丝; 擒纵叉和擒纵齿轮为硬化金属制成; 可更换式 Moser 擒纵模件。

功能: 小时、分钟; 秒钟带停秒功能; 位于6时的月相显示在1027年后出现一天时间误差; 中央小指针可显示上、下午时间; 动力储存显示位于机芯一端。

表壳: 18K铂金; 直径40.8毫米, 厚度11.05毫米; 蓝宝石水晶表背。

表盘: 蓝色烟熏色, 带有太阳饰纹。

表带: 黑色短吻鳄鱼皮; 实心铂金折叠式表扣。

参考价: RMB 435 000

HARRY WINSTON
REINVENTING TIME™

神思俊逸天马行空
ABSOLUTE IMAGINATION

OPUS 12 颠覆时间

极致创新与大胆想象一直是 Harry Winston 的主旋律，品牌创制惊艳世人的腕表，在底蕴深厚的制表传统上不断书写着新的篇章：从经典的 Premier 系列到拥有前沿设计的 Ocean Sport™；从优雅有致的 Harry Winston Midnight 到美到令人窒息的高级珠宝腕表，亦有先锋之作 Project Z 系列以及 Histoire de Tourbillon 系列。

在所有系列中一枝独秀、不断刷新世人期待并成为高级制表界年度最吸引眼球的便是 Opus 系列腕表。Opus 系列于2001年发布，由 Harry Winston 与全球最富才华和创造力的制表名匠们通力打造。每一枚 Opus 腕表通过革新设计一改传统计时概念，并结合创新机芯和全新复杂功能呈现令人屏息的腕表作品。

今年，Harry Winston 制表工坊迎来第十二个春秋，从哥白尼革命中汲取了丰富的灵感，以一款 Opus 12 腕表颠覆了人们对于时间的传统观念。Opus 12 腕表是 Harry Winston 与制表大师 Emmanuel Bouchet 联手合作的巨献，通过 Harry Winston, Emmanuel Bouchet 多年以来梦想制作的腕表终于得以实现。

表盘之上，时间再不是以一对中置指针显示，而是通过表盘四周的12对表针呈现。一枚飞返分针与5分钟刻度的主分针同步运行，旋转一周后，飞返分针回到初始位置，而5分钟刻度长针则继续运行。飞返分针轴心下方搭载一枚半透明带刻度恒动小秒针盘，看似悬浮于动力储存指示盘上方。Opus 12 的另一个特点就是摒弃了传统表盘，突出了时间的动态显示，为这件独一无二的创世制作赋予了一层神秘色彩。

对于大多数腕表而言，时间的流转无迹可寻，而 Opus 12 腕表却与之相反，将时间的步进表现为切实可触的机械移动，每5分钟便上演一次真实可感的斗转星移。每一次的小时更替，更是一次机芯操控的复杂演练，指针次第翻转，令人叹为观止。Opus 12 重新诠释了时间概念，是集合大胆创新与非凡成就的制表杰作。

▲ **OPUS 12**
Opus 12 腕表机芯装置620枚组件，打破传统的制表方式，将看似不可能的机械概念付诸实践。

Premier Feathers 系列的腕表表盘采用古老的羽毛工艺为饰面，长久以来曾为贵族装饰所用。

时间、艺术与绮梦

让时间与艺术碰撞出炫目火花，唯有绮丽的梦境才可做到。优雅端庄的 Premier Feathers 系列将两个古老艺术形式完美融合，其中一个扎根于瑞士连绵的群山和人们的心底，另一个则处于遗忘的边缘，却曾因独一无二的轻巧美妙醉人心脾：制表技术和羽毛工艺两种不同的艺术形式都需要细致入微的技巧、严谨的思考、注意力的集中与灵巧的手工技艺。

四款腕表的表盘均经过细工镶嵌，采用传统的羽毛工艺，这种装饰方式曾用来制作头饰以及其他的贵族饰品。Harry Winston 将这项重任交付 Nelly Saunier——世界上少数仍掌握这项技艺的工匠之一。如同制表一样，羽毛工艺也要花费大量时间。工匠更需敏锐的艺术鉴赏力，才能将羽毛这一种仿若有生，却又脆弱的珍贵材料发挥得游刃有余，不仅要体现羽毛光泽动人，更要营造出微妙的折射效果。羽毛饰面表盘与整个腕表的镶嵌装饰完美契合，相得益彰。这块计时更是向 Harry Winston 先生发明的三维立体镶嵌法——Cluster的致敬之作，这种方法结合明亮式切工、梨形和榄尖形切工方法，加强了钻石的明亮度以及闪耀光泽。

科技、独家与卓越

在 Ocean Collection 中，Harry Winston 的现代设计品味与复杂制表工艺得以完美呈现，至繁的机械结构与 Harry Winston 标志性的偏心表盘设计是现代高级钟表界重要的里程碑。

Ocean Collection 系列中，Project Z6 Black Edition 尤为特别。这枚腕表是 Project Z 的旗舰款式，作为 Ocean Collection 的家族成员，Project Z 于2004年推出，为世人展示了由 Harry Winston 打造的 Zalium™ 锆合金，将奢华运动腕表重新定义。Project Z6 腕表设计惊艳并十分实用，搭载的闹表系统，并拥有Zalium™ 锆合金外壳，其上更覆有坚硬无比的类金刚碳。Project Z 系列腕表满足佩戴者的极高需求，融合了超凡技术，运用未来材质与设计理念。

▲ **PREMIER FEATHERS**
Premier Feathers 系列由羽毛工艺镶嵌表盘，开拓了一片纯粹美学的新天地。

▶ **PROJECT Z6 BLACK EDITION**
Project Z6 Black Edition 将粗犷的美学理念与至精至繁的机械结构完美融合，令人惊艳的表壳与复杂机芯共同呈现了一款带来极致体验的运动腕表。

HARRY WINSTON

HARRY WINSTON MIDNIGHT AUTOMATIC 42MM

参考编号: 450.MA42WL.B

机芯: 自动上链机芯; 45小时动力储存; 27颗宝石; 每小时振动频率28 800次。

功能: 小时、分钟; 日期显示位于6时位置。

表壳: 18K白金; 直径42毫米; 蓝宝石水晶表背; 30米防水性能。

表盘: 蓝色; 太阳哑光磨砂纹处理。

表带: 蓝色短吻鳄鱼皮表带; 18K白金表扣。

HARRY WINSTON MIDNIGHT AUTOMATIC 39MM

参考编号: 450.UA39WL.W2.D3.1

机芯: 自动上链机芯; 45小时动力储存; 27颗宝石; 每小时振动频28 800次。

功能: 小时、分钟; 日期显示位于6时。

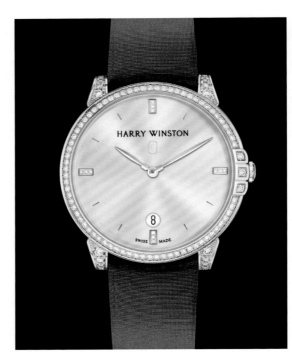

表壳: 18K白金; 直径39毫米; 镶嵌91颗明亮型切工钻石(0.96克拉); 蓝宝石水晶表背; 30米防水性能。

表盘: 银色; 太阳哑光磨砂纹处理; 镶嵌4颗钻石(0.03克拉)。

表带: 哑光; 18K白金针式表扣。

HARRY WINSTON MIDNIGHT BIG DATE 42MM

参考编号: 450.MABD42WL.K

机芯: 自动上链机芯; 70小时动力储存; 35颗宝石; 每小时振动频率28 800次。

功能: 偏心小时、分钟; 大日期双视窗显示位于6时。

表壳: 18K白金; 直径42毫米; 蓝宝石水晶表背; 30米防水性能。

表盘: 黑色; 粗蜗形纹底盘; 太阳哑光磨砂纹和细工蜗形纹圆环; 日期圆盘经过黑色电镀处理; 1颗明亮型切工钻石位于6时(0.034克拉)。

表带: 黑色短吻鳄鱼皮表带; 18K白金表扣。

HARRY WINSTON MIDNIGHT MOONPHASE

参考编号: 450.UQMP39RL.W1.D3.1

机芯: 石英机芯。

功能: 小时、分钟; 日期显示位于6时; 月相显示。

表壳: 18K玫瑰金表壳; 直径39毫米; 镶嵌91颗明亮型切工钻石(0.96克拉); 蓝宝石水晶表背; 30米防水性能。

表盘: 玫瑰香槟色; 太阳哑光磨砂纹; 刻有树形装饰, 内填对比色漆面; 镶嵌4颗钻石(0.014克拉)。

表带: 哑光; 18K玫瑰金针式表扣。

PREMIER EXCENTER TIME ZONE

参考编号: 210.MATZ41WL.W

机芯： 自动上链机芯；45小时动力储存；33颗宝石；每小时振动频率28 800次。

功能： 偏心小时、分钟；大日期显示；24小时飞返秒针区域；家乡时间日/夜显示。

表壳： 18K白金；直径41毫米；蓝宝石水晶表背；30米防水性能。

表盘： 银色；中心喷丸处理；圆形哑光磨砂和钻石尖处理。

表带： 黑色短吻鳄鱼皮；18K白金折叠式表扣。

PREMIER LADIES 36MM AUTOMATIC

参考编号: 210.LA36RL.MPD/D31

机芯： 自动上链机芯；42小时动力储存；29颗宝石；每小时振动频率21 600次；微型摆轮。

功能： 小时、分钟。

表壳： 18K玫瑰金；直径36毫米；镶嵌67颗明亮型切工钻石(1.4克拉)，其中1枚镶嵌于表冠(0.02克拉)，4枚镶嵌于表带相接处(0.08克拉)；30米防水性能。

表盘： 珠状珍珠母贝；马赛克饰面；12颗明亮型切工钻石时标(0.054克拉)。

表带： 哑光；18K玫瑰金针式表扣镶嵌29颗钻石(0.19克拉)。

PREMIER LADIES WITH BRILLIANT-CUT DIAMONDS

参考编号: 210.LQ36WW.D.D3.1.D3.1

机芯： 石英机芯。

功能： 小时、分钟。

表壳： 18K白金；直径36毫米；镶嵌67颗明亮型切工钻石(1.4克拉)，包括1枚镶嵌与表冠的钻石和4枚镶嵌于表链连接处钻石；30米防水性能。

表盘： 完全铺镶374颗明亮型切工钻石(2.9克拉)。

表带： 完全铺镶376颗钻石(5.65克拉)。

PREMIER FEATHERS

参考编号: 210.LQ36WL.PL03.D3.1

机芯： 石英机芯。

功能： 小时、分钟。

表壳： 18K白金；直径36毫米；镶嵌67颗明亮型切工钻石(1.4克拉)，包括1枚镶嵌于表冠的钻石(0.02克拉)和4枚镶嵌于表带连接处钻石(0.08克拉)；30米防水性能。

表盘： 细工镶嵌蓝色孔雀羽毛。

表带： 哑光；18K白金针式表扣，镶嵌29颗明亮型切工钻石(0.19克拉)。

HARRY WINSTON

OCEAN SPORT™ CHRONOGRAPH  参考编号: 411.MCA44ZC.K

机芯： 自动上链机芯；42小时动力储存；58颗宝石；每小时振动频率28 800次，HW镶刻摆陀装饰日内瓦波纹和蜗形纹处理；镂空计时码表模件。

功能： 小时、分钟、秒钟；日期显示位于12时位置；计时码表：12小时积算盘位于6时，30分钟积算盘位于9时。

表壳： Zalium™锆合金；直径44毫米；单向旋转表圈；蓝宝石水晶表背；200米防水性能。

表盘： 三维烟熏蓝宝石；白色分钟子表盘；荧光涂层指针。

表带： 黑色天然橡胶；Zalium™锆合金折叠式表扣。

OCEAN TRIPLE RETROGRADE CHRONOGRAPH
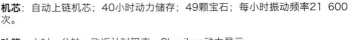 参考编号: 400.MCRA44RC.K

机芯： 自动上链机芯；40小时动力储存；49颗宝石；每小时振动频率21 600次。

功能： 小时、分钟；飞返计时码表；Shuriken动力显示。

表壳： 18K玫瑰金；直径44毫米；蓝宝石水晶表背；100米防水性能。

表盘： 黑色；四种处理方式：喷砂、亚光处理，钻石尖处理，玑镂处理；荧光涂层时标。

表带： 黑色天然橡胶；18K玫瑰金表扣。

OCEAN TOURBILLON BIG DATE 参考编号: 400.MMTBD45WL.K

机芯： 手动上链机芯；110小时动力储存；44颗宝石；每小时振动频率28 800次。

功能： 偏心小时、分钟；小秒针置于陀飞轮框架，位于6时位置；大日期显示；动力储存显示位于表背。

表壳： 18K白金；直径45.6毫米；蓝宝石水晶表背；50米防水性能。

表盘： 深色；钌金经钻石尖处理；日内瓦波纹位于中心；小时和分钟时标。

表带： 黑色短吻鳄鱼皮；18K白金针式表扣。

备注： 限量发行25只。

OCEAN DUAL TIME BLACK EDITION
参考编号: 400.MATZ44ZKC.K2

机芯： 自动上链机芯；45小时动力储存；35颗宝石；每小时振动频率28 800次。

功能： 小时、分钟；日期；日/夜显示；Shuriken 动力显示。

表壳： Zalium™锆合金，经过DLC处理；直径44毫米；蓝宝石水晶表背；100米防水性能。

表盘： 黑色；荧光涂层指针和时标。

表带： 黑色天然橡胶；Zalium™锆合金，经过DLC处理折叠式表扣。

OCEAN DIVER
参考编号：410.MCA44WZBC.KB

机芯： 自动上链机芯；42小时动力储存；63颗宝石；每小时振动频率28 800次。

功能： 小时、分钟、秒钟；日期显示位于6时；计时码表：12小时积算盘位于6时，30分钟积算盘位于9时；Shuriken动力显示。

表壳： 18K白金和 Zalium™锆合金；直径44毫米；200米防水性能。

表盘： 深色；三种处理：日内瓦波纹，蜗形纹处理和抛光处理；三个子表盘分别位于3时、6时和9时；荧光涂层指针和时标。

表带： 蓝色天然橡胶；18K白金针式表扣。

PROJECT Z6 BLACK EDITION
参考编号：400.MMAC44ZKC.K2

机芯： 自动上链机芯；42小时动力储存；45颗宝石；每小时振动频率28 800次。

功能： 小时、分钟；日/夜显示；闹表含日/夜显示；Shuriken动力显示。

表壳： Zalium™锆合金，经过DLC处理；直径44毫米；蓝宝石水晶表背；100米防水性能。

表盘： 黑色亚光处理底盘；小时和分钟时标，中央经过圆形亚光处理，3时和6时之间喷丸处理；闹钟计时表盘饰有日内瓦波纹，烟熏蓝宝石水晶位于闹钟时标之上；2时位置的日/夜显示中央经过圆形黑色喷丸处理；视窗置于闹表锤之上。

表带： 黑色天然橡胶；Zalium™锆合金，经过 DLC处理折叠式表扣。

备注： 限量发行300只。

OCEAN BIRETROGRADE
参考编号：400.UABIX36RL.MD.D3.1

机芯： 自动上链机芯；45小时动力储存；34颗宝石；每小时震动频率28 800次。

功能： 偏心小时、分钟；日期位于6时位置；飞返星期和秒钟。

表壳： 18K玫瑰金；直径36毫米；镶嵌明亮型切工钻石；蓝宝石水晶表背；100米防水性能。

表盘： 白色珍珠母贝镶嵌明亮型切割钻石；玑镂纹子表盘；荧光指针。

表带： 白色鳄鱼皮；18K玫瑰金针式表扣。

备注： 整只腕表共镶嵌186颗明亮型切工钻石(约2.76克拉)。

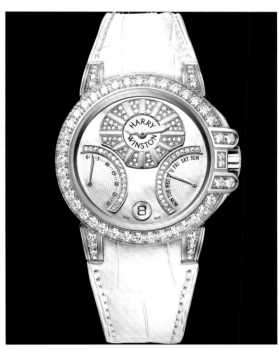

OCEAN MOON PHASE
参考编号：400.UQMP36RL.MD02.D3.1

机芯： 石英机芯。

功能： 小时、分钟；日期显示位于6时；月相显示。

表壳： 18K玫瑰金；直径36毫米；镶嵌明亮型切工钻石；100米防水性能。

表盘： 白色珍珠母贝；镶嵌明亮型切工钻石；太阳磨砂纹处理。

表带： 白色鳄鱼皮；18K玫瑰金针式表扣。

备注： 整只腕表共镶嵌166颗明亮型切工钻石(约2.73克拉)。

HERMÈS
PARIS

百年传统
源远流长 100 YEARS IN WATCHMAKING

爱马仕（Hermès）在两款自制机芯上倾注了品牌一百年的精致工艺与创造力，彰显了这家源于巴黎，制于瑞士的工坊无与伦比的制表工艺与创作激情。

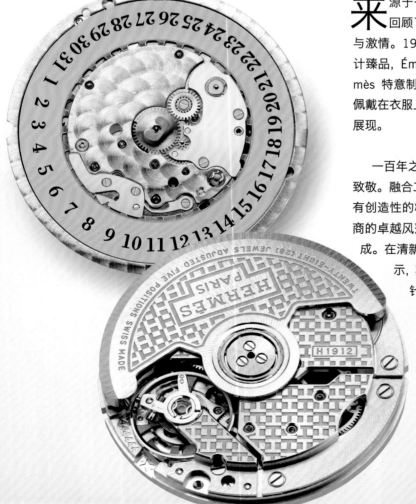

来源于一位充满爱意的慈父独一无二的创造力，爱马仕（Hermès）回顾了辉煌的过去，并为制表工坊的现在与未来赋予了新的生机与激情。1912年，为了让自己女儿 Jacqueline 能够佩戴最为精致的时计臻品，Émile Hermès 为工坊历史掀开了一页崭新篇章。Émile Hermès 特意制作了一个可以系在腕上的怀表配件，解决了女儿无法将怀表佩戴在衣服上或放到口袋里的难题，正是这款配件将工坊的非凡工艺完美展现。

一百年之后，爱马仕（Hermès）特别向品牌第一枚腕表 Porte-Oignon 致敬。融合工坊传统的爱马仕（Hermès）限量款 In The Pocket 怀表富有创造性的将过去与现在紧密联结，将皮革工艺标准缔造者和高端制表商的卓越风范共同诠释。圆形表壳优雅低调，由稀有珍贵的950钯金制成。在清新素雅的粒纹银调表盘上，时间由三枚精致的指挥棒形指针显示，其中两枚围绕纯饰有阿拉伯数字的表盘运行，而第三枚小秒针则位于3时位置简静的凹面子表盘上。小时、分针与小秒针在表盘上优雅呈现，精准运行，要归功于爱马仕（Hermès）独有的 H1837 机芯。1837 正是品牌创立之年，旨在纪念工坊对于至高制表传统的巨大贡献。

◀ **H1837 及 H1912 自动机芯**
这两枚独家爱马仕（Hermès）机芯为品牌与 Vaucher Manufacture Fleurier 合作研发，并以工坊历史上两个重要年份命名，刻有爱马仕（Hermès）闪亮的H标识（"sprinkling of H symbols"）。

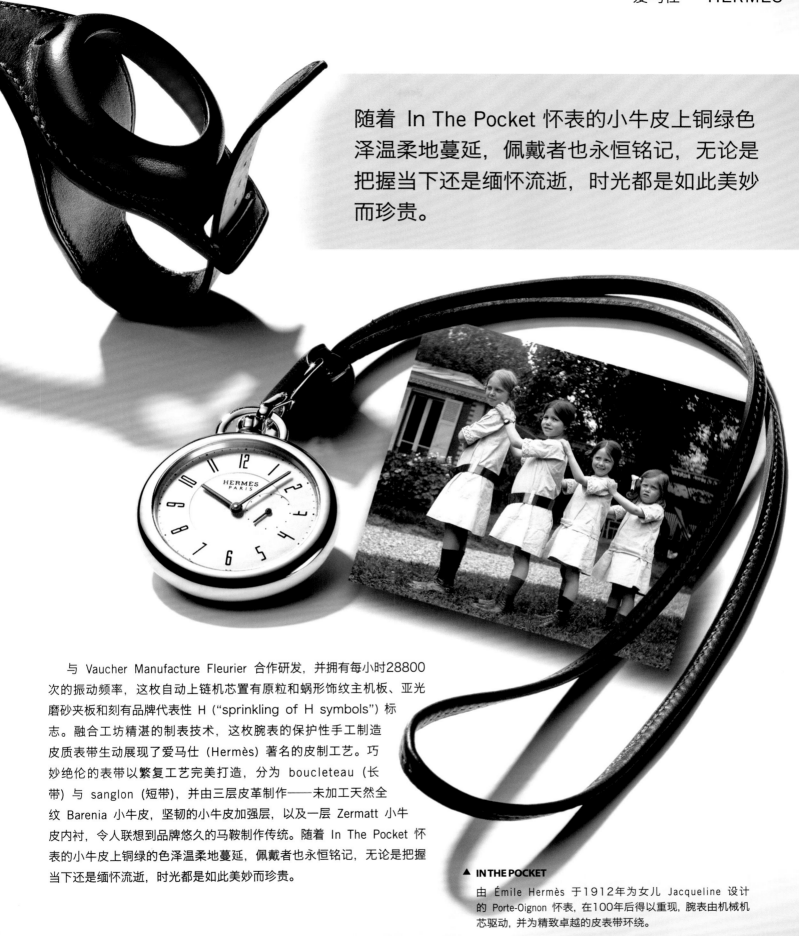

随着 In The Pocket 怀表的小牛皮上铜绿色泽温柔地蔓延，佩戴者也永恒铭记，无论是把握当下还是缅怀流逝，时光都是如此美妙而珍贵。

　　与 Vaucher Manufacture Fleurier 合作研发，并拥有每小时28800次的振动频率，这枚自动上链机芯置有原粒和蜗形饰纹主机板、亚光磨砂夹板和刻有品牌代表性 H（"sprinkling of H symbols"）标志。融合工坊精湛的制表技术，这枚腕表的保护性手工制造皮质表带生动展现了爱马仕（Hermès）著名的皮制工艺。巧妙绝伦的表带以繁复工艺完美打造，分为 boucleteau（长带）与 sanglon（短带），并由三层皮革制作——未加工天然全纹 Barenia 小牛皮，坚韧的小牛皮加强层，以及一层 Zermatt 小牛皮内衬，令人联想到品牌悠久的马鞍制作传统。随着 In The Pocket 怀表的小牛皮上铜绿的色泽温柔地蔓延，佩戴者也永恒铭记，无论是把握当下还是缅怀流逝，时光都是如此美妙而珍贵。

▲ **IN THE POCKET**
由 Émile Hermès 于1912年为女儿 Jacqueline 设计的 Porte-Oignon 怀表，在100年后得以重现，腕表由机械机芯驱动，并为精致卓越的皮表带环绕。

Dressage 腕表最早由爱马仕（Hermès）德高望重的设计师 Henri d'Origny 创制，如今，腕表直径比过去增加了1.5毫米，更凸显了表盘之美，在美妙的运动优雅气质之外，又增添了一丝现代元素。由精钢或玫瑰金打造的酒桶型表壳装置有独特的表耳，赋予表壳斜面以视觉上的延伸效果的同时，为这件自动上链腕表的完美弧度锦上添花。无论是黑色，银白色或是限量款亚光石墨表盘上，由镂空时针、太子妃分钟指针指示，在6时位置，更有小秒针或日历视窗两种选择，后者置有中置大秒针功能。无论是哪种款式，表盘的浮雕效果为腕表赋予生机与深度，纪念了这个系列独具品味的美学素养和现代风范。腕表10款型号均由品牌独家 H1837自动上链机芯驱动，与腕表手工雕刻的装饰及非凡结构相得益彰。除了精美耀目的装饰之外，这款机芯还装置28颗宝石，夹板亦保持了原始造型。集合爱马仕（Hermès）经典设计元素和成熟稳健的自动上链机芯，Dressage 腕表搭配一枚精钢表链或皮质表带，彰显工坊具有历史感的手工技艺，优雅地诠释了蕴藏运动精神的男士气质。

Arceau Ecuyère 的名字本身便传递了腕表优雅结构中流露的马术精神。装置玫瑰金或钻石镶嵌精钢表壳，并呈现巧妙的不对称结构，两枚表耳连接皮革表带与金属表壳，替代了传统鞍头造型，其弧度亦让人联想到马蹬形状。

这枚直径34毫米的女士腕表在夺目的太阳射线纹银色表盘与小秒针子表盘的优雅精致之间达到微妙平衡。机芯驱动三枚指针运行，名字亦纪念了工坊百年制表的辉煌历史。自动上链H1912机芯，是品牌与 Vaucher Manufacture Fleurier 合作研发的结晶，爱马仕（Hermès）拥有后者25%的股份。机芯的名字更是对一张照片的致敬，在这张摄于1912年的照片上，Jacqueline Hermès 佩戴的一枚怀表，正是如今 In The Pocket 怀表的灵感源泉。

这枚手工制造的机芯装饰精美，拥有50小时动力储存能力以及193个组件。Arceau Ecuyère 腕表拥有玫瑰金款、精钢款和表壳镶嵌60枚钻石的玫瑰金款，腕表以线条和层次展现这一系列出众的女性风姿。在每一款型号的腕表上，一枚玫瑰切割钻石均镶嵌在表冠上，展现出爱马仕（Hermès）于细节之处与生俱来的天赋。另有一款型号专为纪念百年历史而创制，限量发行100只，在这枚腕表上，表圈和表耳均镶嵌钻石，佩戴者还可以欣赏由天然珍珠母贝制成的惊艳表盘。搭配衬垫鳄鱼皮表带，以大师级工艺制作而成的机芯为动力，每一款女士 Arceau Ecuyère 腕表均展现了品牌独具创新的精美工艺与手工制作的永恒激情，正如每一件爱马仕（Hermès）都呈现出无尽的专注与美好。

◀ **DRESSAGE**
拥有浮雕式表盘结构，这枚酒桶型自动上链腕表搭配马鞍缝线的衬垫皮质表带，由拥有175年马鞍制作传统的爱马仕（Hermès）倾情打造。

▶ **ARCEAU ECUYÈRE**
不对称表耳令人联想起马蹬式几何形状，工坊自制的H1912机芯为时针、分针和小秒针的精准走时提供动力。

HERMÈS 爱马仕

ARCEAU LE TEMPS SUSPENDU　参考编号: AR8.97A.435MHA

机芯：自动上链机芯。

功能：小时、分钟；返跳日期显示。

表壳：精钢；直径43毫米。

表盘：棕巧克力色；人字形(herringbone)图纹。

表带：雪茄色鳄鱼皮。

参考价：RMB 390 000

另提供：精钢表壳，黑色表盘；玫瑰金表壳，白色表盘；精钢表壳，白色表盘。

ARCEAU MANUFACTURE　参考编号: AR8.67A.220.MHA

机芯：H1928 自动上链机芯，或H1837 爱马仕自制自动上链机芯。

功能：小时、分钟。

表壳：玫瑰金；直径40毫米。

表盘：银白色；人字形(herringbone)图纹。

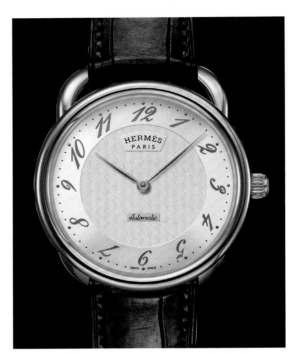

表带：雪茄色鳄鱼皮。

参考价：RMB 221 400

另提供：蓝宝石水晶表背。

ARCEAU SKELETON　参考编号: AR6.77A.232.MHA

机芯：H1928 自动上链机芯。

功能：小时、分钟。

表壳：玫瑰金；直径41毫米。

表盘：镂空。

表带：雪茄色鳄鱼皮。

参考价：RMB 198 300

另提供：精钢表壳。

ARCEAU GRANDE LUNE　参考编号: AR8.870.221.MHA

机芯：自动上链机芯。

功能：小时、分钟、秒钟；星期和月份显示位于12时；月相显示位于6时。

表壳：玫瑰金；直径43毫米。

表盘：银白色；人字形(herringbone)图纹。

表带：雪茄色鳄鱼皮。

参考价：RMB 221 400

另提供：精钢表壳；精钢表壳，黑色表盘。

DRESSAGE QUANTIÈME　　参考编号：DR5.71A.220/MHA

机芯： H1837 自动上链机芯。

功能： 小时、分钟、秒钟。

表壳： 精钢；尺寸40.5x38.4毫米。

表盘： 银白色，饰有垂直图纹。

表带： 鳄鱼皮。

参考价： RMB 74 700

另提供： 玫瑰金表壳，黑色表盘，皮质表带。

ARCEAU ECUYÈRE　　参考编号：AR6.630.220.MM76

机芯： H1912 自动上链机芯。

功能： 小时、分钟；小秒针位于6时位置。

表壳： 精钢，直径34毫米；镶嵌60颗钻石(0.7克拉)；表冠镶嵌1颗玫瑰车工钻石(0.07克拉)。

表盘： 银色太阳放射纹饰面。

表带： 湛蓝色亚光鳄鱼皮。

参考价： RMB 131 800

另提供： 玫瑰金表壳。

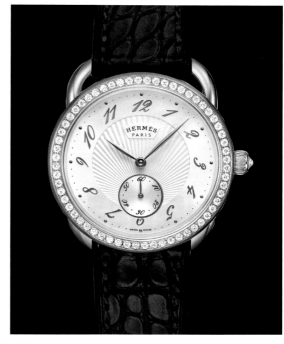

CAPE COD　　参考编号：CC1.771.213.MHA

机芯： 自动上链机芯。

功能： 小时、分钟，秒钟。

表壳： 玫瑰金；镶嵌64颗完全多面型钻石(0.7克拉)。

表盘： 白色天然珍珠母贝。

表带： 亚光哈瓦那鳄鱼皮。

参考价： RMB 230 600

另提供： 无镶钻款；黑色表带。

H HOUR　　参考编号：HH1.871.291.ZN0

机芯： 石英机芯。

功能： 小时、分钟、秒钟。

表壳： 玫瑰金；镶嵌64颗完全多面型钻石(2.25克拉)。

表盘： 白色天然珍珠母贝；镶嵌11颗钻石(0.13克拉)。

表带： 黑色鳄鱼皮。

参考价： RMB 304 400

另提供： 哈瓦那鳄鱼皮；光滑黑色表带。

HUBLOT

宇舶表

携手共攀 速度之巅

THE NEED FOR SPEED

宇舶表（Hublot）将速度控制与非凡技术糅合于钟表之上，带来令人心跳加速的计时杰作。品牌最新推出的两款腕上臻品，不仅勇攀顶级钟表的极速之巅，其高贵气质更令其他珠宝腕表黯然失色。

表如其名，Big Bang 法拉利魔力金限量腕表向人们呈现了宇舶表（Hublot）与法拉利在各自领域的领袖风范，乃两者跨界合作的结晶。此款限量腕表透过一枚蓝宝石表盘将特制自动上链机芯展露无疑，使人不禁联想到法拉利跑车最为强劲的机械动力。45.5毫米表径的表盘绝不浪费丝毫空间，将功能与优雅并举：小时与分钟指示为镀金制作，经过黑色 SuperLumiNova 涂层处理，中置分钟计时亦然；与此同时，位于4时位置的60分钟计时码表与日期显示仿佛一架微型法拉利仪表盘。9时位置，法拉利独有跃马标识奔腾于手腕之上，与表盘的镂空设计相得益彰。Big Bang 法拉利魔力金独有 UNICO 机芯摆陀，振频可达每小时28800次，并拥有72小时的动力储备能力，运行精准，表现不凡。

腕表含330枚零件，表壳采用18K魔力金，为宇舶表（Hublot）专利材质，可抗刮痕。两枚加长按擎位于表壳一侧，如同赛车中的高性能加速踏板。透过光滑表背，佩戴者可清晰看到内部摆轮，其灵感亦来自法拉利的美学理念。

Big Bang 法拉利魔力金集合两大品牌独有风格及至高品质，为腕表收藏家和爱好者带来一件优雅可靠的腕上伙伴；透过表壳，佩戴者能够清晰目睹制表界最为叹为观止的手工技艺。

◀ **魔力金**

宇舶表（Hublot）18K 魔力金为奢侈品行业的革新之作。有史以来，18K黄金首次可抗刮痕，为24K黄金与最新高科技材质融合之后所达成果。魔力金历时近三年，经不断研发创造，终于达到如此令人称奇的效果。

两大行业翘楚跨界合作，共同推出
Big Bang 法拉利魔力金，
将强大功能与极致优雅尽情演绎。

◀ BIG BANG 法拉利魔力金
宇舶表（Hublot）自行研发18K魔力金
制作表壳，体现品牌与合作伙伴的至高
标准与杰出品质。

KING POWER USAIN BOLT　王者至尊尤塞恩•博尔特
King Power Usain Bolt 腕表多角度呈现这位奥林匹克冠军的运动风范，其表带材质来自于博尔特在2008年北京奥运会上打破世界纪录时所穿战靴。

宇舶表大家庭
宇舶表（Hublot）董事会主席让-克劳德•比弗先生与世界第一飞人博尔特在家中庆祝这位奥运冠军的胜利，并为他庆生。

宇舶表（Hublot）最新推出 King Power 王者至尊腕表，着眼世界最快奔跑速度。King Power Usain Bolt（王者至尊 尤塞恩•博尔特）限量版如同这位田径传奇的计时缩影。唯有这款腕表才有资格以世界飞人的名字命名。表壳采用与博尔特战靴相同的金黄材质，同色合成皮表带更渲染赛场气氛。在亚光黑色表盘的9时位置，清晰可见博尔特标志性的弯弓动作——以灰色剪影的方式在小秒针盘中心呈现。6时位置的12小时计时表盘装饰牙买加国旗的绿色，与表盘黑色与金色主题鲜明对比。通过中置秒针与3时位置的30分钟计时表盘，体现 King Power Usain Bolt 作为一款计时码表的实用功能。独具匠心的时针与分针均为亚光黑色镍金涂层制成，经过黑色 Super-LumiNova 涂层处理，夜间也可清晰读时。

这款48毫米表镜的腕表由微细加工黑色陶瓷打造，蓝宝石水晶表背上饰有博尔特剪影。腕表内部共有252件零件，搭载 HUB 4100 自动上链机芯，为佩戴者提供强大计时动力。

King Power Usain Bolt 腕表为宇舶表与形象大使尤塞恩•博尔特的跨界力作，这位世界第一飞人曾被让-克劳德•比弗先生（Jean-Claude Biver）盛赞为 Big Bang 宇宙大爆炸以来的最快速度。博尔特的个性元素多层面地再现于这款计时之上，其强大的机械内核使得佩戴者将时间变为赛场，共同见证胜利时刻。

宇舶表（Hublot）位于新加坡滨海湾金沙的精品店中，一款价值500万美元的腕表为世人瞩目，腕表制作极尽奢华，为高级珠宝融合顶级腕表的旷世臻品。

这枚腕表历经14个月精心雕琢，表壳上所铺镶的1282颗钻石，均拥有最高品质，从世界各处收集而来，并经过精挑细选，以满足腕表极为严格的设计标准。表链上饰有6颗祖母绿型切割钻石，每颗都超过3克拉，其他珍贵宝石被巧妙地镶嵌于腕表之上，展现了至精至繁的装饰技艺。宇舶表（Hublot）摒弃传统的铺镶技巧，通过隐形镶嵌将总重量超过140克拉的钻石嵌入，腕表上丝毫不见宝石的镶嵌痕迹，仿佛一片奇珍异宝的海洋，耀眼无边，如梦如幻。此款奢华之作为宇舶表（Hublot）与日内瓦 Atelier Bunter 合作推出，极尽宝石雕刻之所能，呈现业内至高的制作标准。从先前不惜血本在世界各处寻找优质宝石，到集合拥有顶尖技艺的工匠进行打磨、制作和镶嵌，这枚价值500万美元的腕表传递了宇舶表（Hublot）无可比拟的完美诉求。

腕表表盘为18克拉白金和150钯金制成，镶嵌179颗长阶梯形切割钻石，三枚抛光钻石镀铑镂空指针，随时间流逝而动。44毫米表盘为18克拉白金制成，镶嵌302颗梯形切割钻石，内部搭载宇舶表（Hublot）自制 HUB 1100 自动上链机芯，拥有42小时动力储备能力，振频达每小时28800次。18克拉白金表背刻有 Hublot 标识，表冠亦为18克拉白金，装饰0.67克拉长阶梯形切割钻石与1.06克拉古典玫瑰车工钻石。这枚500万美元的腕上臻品为高级奢华钟表史上绝无仅有的旷世杰作。

自里卡多·瓜达鲁普（Ricardo Guadalupe）于2012年1月担任全球首席执行官以来，宇舶表（Hublot）继续创造设计大胆，风格独特的腕表作品，并致力于在全球开展多种项目。在首席执行官里卡多·瓜达鲁普（Ricardo Guadalupe）与公司董事会主席让-克劳德·比弗（Jean-Claude Biver）的带领下，发布了令人惊艳的限量款腕表，并在新加坡开设首家快闪专卖店。与此同时，宇舶表（Hublot）成为世鹏邮轮（Seabourn）公司官方计时腕表。品牌推出革命性"Atelier Watch"替代表，提供给需要检查、维修腕表的客人。宇舶表（Hublot）因与世界高速运动项目的跨界合作而闻名，先后成为 FIFA 世界杯，F1方程式赛车，著名摩纳哥游艇俱乐部、摩纳哥海洋博物馆和 NBA 迈阿密热火队的官方计时腕表。腕表背后，集合了世界顶尖水准的制作工艺，腕表之上，其性能令人动容。对于宇舶表（Hublot）来说，未来一年注定更加辉煌。

▲ **RICARDO GUADALUPE 里卡多·瓜达鲁普**
里卡多·瓜达鲁普曾任宇舶表常务董事，与前首席执行官让-克劳德·比弗共事超过20年。2012年1月，里卡多·瓜达鲁普接任全球首席执行官，让-克劳德·比弗出任公司董事会主席。

▶ **US\$ 5 MILLION WATCH 500万美元腕表**
1282颗钻石之下，宇舶表自制 HUB 1100 机芯振频达4赫兹，带动指针在耀眼表盘上运行。

HUBLOT　宇舶表

CLASSIC FUSION EXTRA-THIN SKELETON

参考编号: 515.OX.0180.LR

机芯: HUB1300 手动上链镂空机芯; 90小时动力储备; 123块部件; 23颗宝石; 每小时振动频率21 600次。

功能: 小时、分钟; 小秒针位于7时位置; 陀飞轮。

表壳: Classic Fusion 表壳; 抛光和亚光18K King Gold; 直径45毫米; 垂直亚光18K King Gold表盘, 饰6枚H形沉孔抛光钛金螺钉; 黑色合成树脂表耳; 抛光18K King Gold 表冠, 饰 Hublot 标志; 防眩光蓝宝石水晶表镜; 亚光18K King Gold表背; 50米防水性能。

表盘: 蓝宝石表盘, 反转印18K红金Hublot标志; 双面防眩光涂层; 抛光18K红金涂层时标和指针。

表带: 缝制黑色短吻鳄鱼皮包裹黑色橡胶; 18K红金褶表扣。

参考价: RMB 236 800

另提供: 钛金属款 (参考编号: 515.NX.0170.LR)。

CLASSIC FUSION SKELETON TOURBILLON

参考编号: 505.NX.0170.LR

机芯: MHUB6010.H1.1 自动上链机芯; 120小时动力储存; 155块部件; 19颗宝石; 每小时振动频率21 600; 宇舶自制机芯。

功能: 小时、分钟; 镂空陀飞轮。

表壳: Classic Fusion 表壳; 钛金属; 直径45毫米; 抛光和亚光钛金表圈, 饰6枚形沉孔抛光钛金螺钉; 黑色合成树脂表耳; 抛光钛表冠, 饰Hublot标志; 防眩光蓝宝石水晶表镜; 亚光钛金表背; 50米防水性能。

表盘: 蓝宝石表盘; 双面防眩光涂层; 抛光和镀铑时标及指针。

表带: 缝制黑色短吻鳄鱼皮包裹黑色橡胶; 精钢覆褶表扣。

备注: 每款材质限量发售50枚。

参考价: RMB 646 600

另提供: 18K King Gold款(参考编号: 505.OX.0180.LR)。

KING POWER COSTA SMERALDA

参考编号: 710.OE.2123.GR.PCM12

机芯: HUB4214 自动上链机芯; 42小时动力储备; 257块部件; 27块宝石; 每小时振动频率28 800; 黑色电化涂料摆陀, 含钨钢部分。

功能: 小时、分钟; 小秒针位于9时位置; 日期显示4时30分位置; 镂空计时码表: 12小时计时位于6时, 30分钟计时位于3时, 中置秒针。

表壳: King Power; 亚光18K King Gold; 直径48毫米; 亚光18K King Gold 表圈, 饰白色橡胶装饰板条及6枚形沉孔抛光钛金螺钉; 白色合成树脂表耳; 白色合成树脂侧壁; 18K King Gold表冠; 18K King Gold按擎; 双面防眩光蓝宝石表镜, 黑底白色Hublot标志; 18K King Gold表背, 环形亚光处理; 印刻Porto Cervo Marina标识; 100米防水性能。

表盘: 白色开面镂空表盘; 亚光时标, 经镀红金和白色SuperLumiNova处理; Porto Cervo Marina标识; 蓝水晶日期视窗。

表带: 可调节白色橡胶和白色鳄鱼皮表带, 白色缝线; King Power 18K King Gold 覆褶式表扣。

备注: 限量发行100只。

参考价: RMB 322 500

KING POWER 48 MM OCEANOGRAPHIC 4000

参考编号: 731.OE.21.80.RW

机芯: HUB1401 自动上链机芯; 42小时动力储备; 180件部件; 23颗宝石; 亚光、刻面抛光夹板; 加强型发条盒; 铍青铜游丝擒纵系统。

功能: 小时、分钟, 秒钟; 日期显示于3时位置。

表壳: King Power; 18K King Gold; 直径48毫米; 18K King Gold表圈, 饰6枚H型钛金螺丝; 白色合成树脂表耳; 白色合成树脂表侧夹层; 防眩光蓝宝石水晶表镜; 微喷砂处理亚光钛金属表背, 饰钛金螺钉; 防水性能4000米 (NIHS标准下5000米)。

表盘: 白色亚光表盘, SuperLumiNova处理; 亚光微喷砂处理指针, SuperLumiNova处理。

表带: 两款可选, 白色橡胶表带或白色Nomex表带; 18K King Gold表带舌和表扣。

备注: 限量发行100只。

参考价: RMB 306 400

F1 KING POWER AUSTIN

参考编号: 703.NQ.8512.HR.FTX12

机芯: HUB4100 自动上链机芯; 42小时动力储备; 234块部件; 27颗宝石; 镀铑、抛光和亚光夹板; 黑色PVD螺丝; 摆陀表面经黑色PVD处理, 钨金螺钉; 微喷砂和镀铑主机板; 加强型发条盒; 铍青铜游丝擒纵系统。

功能: 小时、分钟; 小秒针位于6时; 日期显示位于4时30分; 计时码表: 30分钟计时位于3时, 中置秒钟计时。

表壳: King Power钛金;碳纤维和黑色陶瓷F1制动盘形表圈, 饰6枚H形黑色PVD钛金螺钉; 黑色合成树脂表耳和侧边; 钛表冠和黑色橡胶侧边; 黑色PVD钛金螺钉; 两枚按擎: 黑色开始指示位于2时、红色橡胶侧边, 红色重置指示位于4时, 黑色橡胶制成; 蓝宝石水晶; 钛和水晶表背; 100米防水性能。

表盘: 亚光黑色和黄色; 钛金时标、黑色SuperLumiNova处理; 灰色F1标识移印位于12时;亚光指针黑色SuperLumiNova处理。

表带: 可调节黑色橡胶和Hornback鳄鱼皮缝制; King Power 微喷砂黑色PVD钛金覆褶表扣, 黑色抛光PVD螺丝。

备注: 限量发售250只编号款。

参考价: RMB 177 100

KING POWER UNICO KING GOLD CARBON

参考编号: 701.OQ.0180.RX

机芯: HUB1240 UNICO 自动上链机芯; 72小时动力储备; 微喷砂夹板经黑色电化处理; 抛光精钢螺丝; 整体重金摆陀、陶瓷滚珠轴承, 黑色电化处理; 加强发条盒; 瑞士擒纵装置, 硅制擒纵叉和擒纵齿轮; 宇舶自制机芯。

功能: 小时、分钟; 小秒针位于3时; 日期显示位于4时30分; 飞返圆柱齿轮计时表盘: 30分钟计时位于9时, 中置秒针计时。

表壳: King Power; 18K King Gold;直径48毫米; 碳纤维表圈, 饰6枚黑色PVD H形钛金螺钉; 黑色合成树脂表耳和侧边; 防眩光蓝宝石水晶表镜; 18K King Gold; 18K King Gold; 按擎内填黑色橡胶; 100米防水性能。

表盘: 多层蓝宝石表镜; 镀金黑色SuperLumiNova时标; 亚光镀金指针经SuperLumiNova处理。

表带: 可调节铰接式黑色橡胶; 18K King Gold和钛制黑色PVD覆褶表扣。

参考价: RMB 306 400

KING POWER MIAMI 305

参考编号: 710.OE.2189.HR.1704.MIA12

机芯: HUB4212 自动上链机芯; 42小时动力储存; 257块零部件; 27颗珠宝; 黑色电镀摆陀, 碳化钨金属部件; 每小时振荡频率23 300次。

功能: 小时、分钟、秒钟; 4时30分显示日期; 镂空计时码表。

表壳: King Power; King Gold; 直径48毫米; 镶248颗钻石 (2.05克拉); King Gold 表圈, 饰6枚H形钛金螺钉,镶126颗白钻(1.29克拉); 白色合成树脂表耳和侧边; King Gold表冠; 防眩光蓝宝石水晶表镜, 饰Hublot标识和黑色条纹; King Gold表背, 刻迈阿密景色及"305";100米防水性能。

表盘: 开面白色主机板,蓝色轮缘; 白色分钟刻度盘, 金色数字; 亚光5N镀金时标及时针, 经蓝色SuperLumiNova处理; 蓝宝石日期显示盘。

表带: 可调节白色橡胶和Hornback鳄鱼皮;白色缝针;King Power摺扣, PVD钛涂层, 覆亚光King Gold 装饰板为亚光 King Gold黑墨刻印, 5N金螺丝。

备注: 限量发行10只。

参考价: RMB 480 100

另提供: King Gold无钻石款, 限量50只(参考编号: 710.OE.2189.HR.MIA12)。

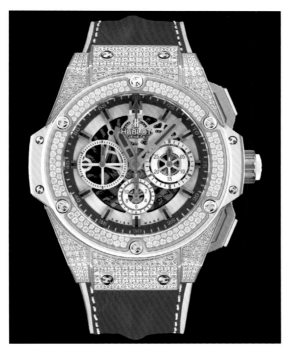

KING POWER UNICO GMT

参考编号: 771.CI.1170.RX

机芯: HUB1220 UNICO Base 自动上链机芯; 72小时动力储存; 摆陀经PVD处理, 钨制部件; 宇舶自制。

功能: 小时、分钟; GMT。

表壳: King Power; 微喷砂处理黑色陶瓷, 直径48毫米; 环形亚光黑色陶瓷表盘, 黑色橡胶装饰纹条, 刻城市名称; 黑色合成树脂表耳; 黑色PVD钛表冠; 黑色PVD钛金螺钉; 黑色PVD钛按擎位于2时; 防眩光蓝宝石水晶表冠; 微喷砂处理黑色陶瓷表背; 100米防水性能。

表盘: 亚光黑色镂空表盘指示城市; 4个旋转铝制圆盘, 装置小时标识; 亚光指针经SuperLumiNova处理。

表带: 可调节铰接式黑色橡胶; King Power微喷砂处理黑色PVD钛覆褶表扣; 覆盖黑色PVD钛; 微喷砂处理黑色陶瓷装饰板。

参考价: RMB 217 500

另提供: 18K King Gold款 (参考编号: 771.OM.1170.RX)。

223

KING POWER MARADONA

参考编号: 716.OM.1129.RX.DMA12

机芯: HUB4245 自动上链机芯; 42小时动力储存; 249件部件; 28颗宝石; 每小时振动频率28 600次; 黑色电镀摆陀, 含碳化钨重金部件。

功能: 小时、分钟、秒钟; 时间显示于4时; 镂空计时码表: 中置45分钟计时。

表壳: King Power; 18K King Gold; 直径48毫米; 黑色陶瓷和黑色橡胶装饰表圈, 饰6枚H形黑色PVD钛金螺钉; 黑色合成橡胶表耳; 18K King Gold表冠; 黑色PVD按擎, 饰白色和天蓝色橡胶装饰板条; 防眩光蓝宝石水晶表镜; 天蓝色分钟刻度盘; 微喷砂处理黑色陶瓷表背, Maradona标识; 100米防水性能。

表盘: 蓝宝石; 天蓝色小时标示经白色SuperLumiNova处理; 亚光镀金指针经白色SuperLumiNova处理; Diego Maradona签名移印。

备注: 限量发行200只。

参考价: RMB 298 300

KING POWER MIAMI HEAT

参考编号: 748.OM.1123.RX

机芯: HUB4248 自动上链机芯; 42小时动力储备; 249个配件; 28颗宝石; 每小时振动频率28 600次; King Power黑色电化摆陀, 含碳化钨重金部件。

功能: 小时、分钟; 小秒针位于9时; 梯形时间显示位于4时30分; 计时码表: 中置48分钟计时。

表壳: King Power; 垂直亚光18K King Gold; 直径48毫米; 黑色微喷砂处理陶瓷和微喷砂处理钛表圈, 饰6枚黑色PVD H形钛金螺钉; 黑色合成树脂表耳和侧边; 黑色PVD钛金表冠, 饰Hublot标识; 抛光精钢和黑色PVD钛2H矩形按擎; 钛金亚光4H按擎刻"reset"; 防眩光蓝宝石水晶表镜; 亚光18K King Gold表背, Miami Heat 标识反转印; 100米防水性能。

表盘: 蓝宝石; 4个12分钟黑白区域; 亚光5N红金时标, 黑色Super-LumiNova处理; Miami Heat特别篮球形象移印; 亚光4N镀红金指针, 黑色SuperLumiNova处理。

表带: 可调节黑色橡胶, 球形纹理; 微喷砂处理黑色PVD钛金及微喷砂处理黑色陶瓷电化表扣。

备注: 限量发行300只, 编号从01/200到200/200。

参考价: RMB 298 300

KING POWER DWYANE WADE

参考编号: 703.CI.1123.VR.DWD11

机芯: HUB4100 自动上链机芯; 42小时动力储存; 252个配件; 27颗宝石; 微喷砂处理斜面抛光夹板; 黑色PVD螺丝; 黑色PVD摆陀, 含碳化物重金部件; 镀铑环形主机板; 加强发条盒; 铍青铜游丝发条。

功能: 小时、分钟、秒钟; 日期显示4时30分位置; 计时码表。

表壳: King Power; 微喷砂处理黑色陶瓷; 直径48毫米; 微喷砂处理黑色陶瓷和红色合成树脂元素表圈, 饰6枚黑色PVD H型钛金螺钉; 黑色合成树脂表耳; 黑色PVD精钢表冠; 黑色PVD精钢按擎; 防眩光蓝宝石水晶表镜; 微喷砂处理黑色陶瓷表背刻Dwyane Wade标识; 100米防水性能。

表盘: 篮球纹样; 亚光黑色镍时标, 红色SuperLumixNova处理; 亚光微喷砂黑色镍指针, 红色SuperLumixNova处理。

表带: 可调节黑色橡胶表带, 灰色和红色缝针模拟篮网; King Power 摺扣, 黑色PVD钛金涂层。

备注: 限量发行500只。

参考价: RMB 169 000

KING POWER USAIN BOLT

参考编号: 703.CI.1129.NR.USB12

机芯: HUB4100 自动上链机芯; 42小时动力储存; 252个部件; 27颗宝石。

功能: 小时、分钟; 小秒针位于9时位置; 日期显示于4时30分; 计时码表: 12小时计时位于6时, 30分钟计时位于3时, 中置秒针计时。

表壳: King Power; 微喷砂处理黑色陶瓷; 直径48毫米; 黑色陶瓷表圈, 饰6枚黑色PVD H形钛金螺钉; 黑色合成树脂表耳和侧边; 黑色PVD钛金表冠; 黑色PVD钛按擎; 防眩光蓝宝石水晶表镜; 灰色分钟刻度反转印; 微细加工黑色陶瓷表背刻Usain轮廓; 100米防水性能。

表盘: 亚光黑色; 亚光和黑色镍时标和时针; 环形亚光轮缘, 2N金涂层; 反转印灰色 Usain Bolt 轮廓, 位于9时, 2N Gold Power Hublot标识。

表带: 可调节黑色橡胶, 与 Usain Bolt 鞋履同样材质金色合成皮; King Power摺扣, 黑色微喷砂处理PVD钛金涂层, 微喷砂处理黑色陶瓷装饰板。

备注: 限量250只编号款。

参考价: RMB 169 000

BIG BANG TUTTI FRUTTI LEMON CAVIAR

参考编号: 346.CD.1800.LR.1915

机芯: HUB1112 手动机芯; 42小时动力储备; 62件部件; 21颗宝石; 每小时振动频率28 600次。

功能: 小时、分钟、秒钟; 提醒日期显示位于3时。

表壳: Big Bang Caviar; 抛光黑色陶瓷; 直径41毫米; 黑色PVD 18K白金表圈, 饰48颗长阶梯型切割黄水晶和6枚H形抛光钛沉孔螺丝; 黑色合成树脂表耳; 抛光黑色陶瓷表冠, 饰Hublot标识; 防眩光蓝宝石水晶, Hublot标识移印位于12时位置; 抛光黑色陶瓷表背饰蓝宝石水晶; 100米防水性能。

表盘: 抛光黑色陶瓷; 抛光和镀铑指针。

表带: 缝制黄色短吻鳄鱼皮包裹黑色橡胶。

参考价: RMB 169 000

另提供: Tutti Frutti Dark Blue Caviar款 (参考编号: 346.CD.1800.LR.1901); Tutti Frutti Purple Caviar款 (参考编号: 346.CD.1800.LR.1905); Tutti Frutti Red Caviar款 (参考编号: 346.CD.1800.LR.1913); Tutti Frutti Apple Caviar款 (参考编号: 346.CD.1800.LR.1922)。

BIG BANG BOA BANG

参考编号: 341.PX.7918.PR.1979

机芯: HUB4300 自动上链机芯; 42小时动力储备; 黑色PVD涂层摆陀, 含钨金配件。

功能: 小时、分钟; 小秒针位于3时; 提醒日期显示位于4时30分; 计时码表: 12小时计时位于6时, 30分钟计时位于9时, 中置秒针计时。

表壳: Big Bang; 18K红金; 直径41毫米; 18K红金表圈, 镶48颗长阶梯形切割红柱石, 深色烟熏石英、烟熏石英和透明烟熏石英; 黑色合成树脂表耳; 18K红金表冠和按擎; 防眩光蓝宝石水晶表冠; 18K红金表背; 100米防水性能。

表盘: 棕色蛇纹表盘; 时标镶8颗钻石 (0.14克拉); 抛光、镀金指针。

表带: 缝制蛇皮表带包裹黑色橡胶; 18K红金覆褶表扣。

备注: 每款限量发行250只。

参考价: RMB 314 500

另提供: 金色/绿色款 (参考编号: 341.PX.7818.PR.1978); 精钢/绿色款 (参考编号: 341.SX.7817.PR.1978); 精钢/绿色款 (参考编号: 341.SX.7917.PR.1979)。

BIG BANG TUTTI FRUTTI TOURBILLON PAVE

参考编号: 345.PL.5190.LR.1704

机芯: HUB6004 手动上链机芯; 120小时动力储备; 153个配件; 19颗宝石; 陀飞轮在主机板上方2.8毫米; 框架直径13毫米。

功能: 小时、分钟; 框架飞行陀飞轮位于6时位置。

表壳: Big Bang 18K 红金镶198颗钻石 (0.96克拉); 直径41毫米; 18K红金表圈, 饰6枚H形钛金螺钉;深蓝合成树脂表耳; 18K红金表冠; 防眩光蓝宝石表镜; 抛光18K红金表背; 30米防水性能。

表盘: 深蓝色亚光镶50颗钻石 (0.26克拉); 亚光镀金时标; 抛光镀金指针。

表带: 缝制蓝色短吻鳄鱼表带包裹同色橡胶; 18K红金覆褶表扣。

备注: 每颜色限量发行18只。

参考价: RMB 1 131 500

另提供: 金白款 (参考编号: 345.PE.9010.LR.1704); 白色款 (参考编号: 345.PE.2010.LR.1704); 棕色款 (参考编号: 345.PC.5490.LR.0916); 驼色款 (参考编号: 345.PA.5390.LR.0918); 苹果绿款 (参考编号: 345.PG.2010.LR.0922); 橙色款 (参考编号: 345.PO.2010.LR.0906); 粉色款 (参考编号: 345.PP.2010.LR.0933)。

BIG BANG FERRARI MAGIC GOLD

参考编号: 401.MX.0123.GR

机芯: HUB241 自动上链机芯; 72小时动力储备; 亚光、微喷砂处理摆陀黑色涂层, 模仿轮缘形状; 宇舶自制机芯。

功能: 小时、分钟、秒钟; 日期显示3时位置; 飞返计时圆柱齿轮计时码表。

表壳: 抛光Magic Gold; 直径45毫米; 抛光Magic Gold表圈, 镶6枚H形抛光Magic Gold螺钉; 黑色合成树脂表耳; 微喷砂处理抛光黑色PVD钛金按擎; 微喷砂处理抛光黑色PVD钛金表冠, 饰黑色橡胶Hublot标识; 防眩光蓝宝石水晶表镜; 微喷砂处理抛光黑色PVD钛金表背; 100米防水性能。

表盘: 蓝宝石, 饰Hublot标志反印; 亚光2N镀金刻度; 2N镀金黑色SuperLumiNova指针; 分钟计时器镀法拉利红; 镀铑法拉利跃马标识。

表带: 黑色橡胶, 阿尔卡塔拉皮底搭配同色系缝线; 亚光钛金覆褶表扣。

备注: 限量发行500只。

参考价: RMB 257 900

另提供: 钛金款, 限量发行1000只 (参考编号: 401.NX.0123.GR); 黑色橡胶表带款; Scedoni皮底搭配同色系缝线。

IWC
INTERNATIONAL WATCH CO. SCHAFFHAUSEN
SWITZERLAND, SINCE 1868

翱翔天空
难忘旅程

AN UNFORGETTABLE JOURNEY
THROUGH THE SKIES

这件来自瑞士的飞行员表革新之作纪念了令人难以忘怀的峥嵘岁月。

作为向这位飞行传奇兼作家致敬的第六款作品，Pilot's Watch Chronograph Edition Antoine de Saint-Exupéry 纪念了安东尼·德·圣艾修伯里（Antoine de Saint-Exupéry）首航100周年。

安东尼·德·圣艾修伯里（Antoine de Saint-Exupéry）的伟大经历中充满着惊心动魄的飞行故事和不羁想象，他的一生都致力于人道主义，并拥有不懈追求的先驱精神和高尚勇气。自12岁时第一次翱翔天空以来，这位法国天才将从自己航空邮政职业汲取的灵感倾注于文学作品中。他的飞行生涯中曾两次紧急摔机迫降，却又奇迹般地生还，打破了航空界的记录，亦证明了人类无限的潜力和令人振奋的精神力量。

Pilot's Watch Chronograph Edition Antoine de Saint-Exupéry 纪念了这位受人尊敬的诗人、飞行员和人道主义者的飞行旅程。

沙夫豪森IWC万国表（IWC Schaffhausen），同飞行员安东尼·德·圣艾修伯里（Antoine de Saint-Exupéry）一样，不断展示着自己融合艺术性与科技创新的大师级工艺。Pilot's Watch Chronograph Edition Antoine de Saint-Exupéry 限量发行500只，这家瑞士制表工坊不仅纪念了其灵感源泉曾展翅高飞的激情，更纪念了他无私无畏的探险精神和令人痛心的过早离世。

以精美的镌刻手法装饰表背，一架 Lightning P-38的图样正是描绘了圣艾修伯里于二战期间，1944年7月31日在被占领的法国上空执行侦查任务时的飞机。他只身踏上了这次悲壮英勇的侦查之途，却再未返航。沙夫豪森IWC万国表（IWC Schaffhausen）与圣艾修伯里-达加叶遗产管理委员会（Succession Antoine de Saint-Exupéry – d'Agay）合作的项目之一，便是让这架飞机残骸在巴黎附近的布林歇（Le Bourget）法国航空博物馆（Musée de l'Air et de l'Espace）展出；两者的合作旨在以工坊善举支持世界闻名的飞行员青少年基金会。

在美学设计中体现果敢冷静的"圣埃修"（Saint Ex）精神，这枚43毫米直径、以18K红金制成的腕表作品以其深雪茄色表盘和太阳纹精美饰面俘获了佩戴者的心。以万国表（IWC）独家89361自动上链机芯为动力，这枚高科技腕表杰作在12时位置装置一枚累加器，上面12小时和60分钟积算盘共同呈现清晰的长时间计时。腕表更搭载飞返功能，对于像安东尼·德·圣艾修伯里（Antoine de Saint-Exupéry）一样的飞行员来说必不可少，这枚腕表的第二子表盘位于6时位置，搭载极其精准的停秒秒针以及巧妙布局的日期视窗。一枚蓝宝石水晶表镜与精美夺目的表盘紧密贴合，避免了气压下的移位风险。配奶油色缝线的小牛皮表带与万国表（IWC）圣埃修传统的视觉元素相得益彰。

Pilot's Watch Chronograph Edition Antoine de Saint-Exupéry 腕表表背的特殊装饰便是这位勇敢无畏的法国人驾驶的最后一架飞机的永恒影像，腕表纪念了这位受人尊敬的诗人、飞行员和永留人心的人道主义者的飞翔历程。

◀ **PILOT'S WATCH CHRONOGRAPH EDITION ANTOINE DE SAINT-EXUPÉRY**
搭载飞返计时功能，并以每小时28800次的频率震动，这件向不朽飞行员致敬的腕表拥有68小时的动力储存能力。腕表限量发行500枚，在18K玫瑰金表背上精细镌刻了与圣艾修伯里在1944年最后一次英勇的侦查任务中一同湮灭的飞机。

SPITFIRE PERPETUAL CALENDAR DIGITAL DATE-MONTH

参考编号: IW379103

机芯: 89800　自动上链机芯; 68小时动力储存; 52颗宝石; 每小时振动频率28 800次; Spitfire 摆轮。

功能: 小时、分钟、秒钟; 飞返/暂停功能: 累加器位于12时位置; 万年历: 月份位于3时, 日期位于9时, 闰年显示位于6时。

表壳: 18K红金; 直径46毫米, 厚度17.5毫米; 旋入式表冠; 双面防眩光蓝宝石水晶表镜; 防护抗压效能; 60米防水性能。

表盘: 浅橄榄灰色。

表带: 棕色鳄鱼皮; 18K红金折叠式表扣。

参考价: RMB 400 000

BIG PILOT'S WATCH PERPETUAL CALENDAR TOP GUN

参考编号: IW502902

机芯: Pellaton 51614　自动上链机芯; 168小时动力储存; 62颗宝石; Glucydur 铍青铜合金摆轮; 宝玑游丝。

功能: 小时、分钟; 小停秒位于9时位置; 动力储存显示位于3时; 恒动月相, 含双月相显示分别显示北半球与南半球, 位于12时位置; 4位数年份显示位于7时; 万年历: 星期、日期、月份、年份。

表壳: 陶瓷; 直径48毫米; 旋紧式表冠; 双面防眩光弧面蓝宝石水晶表镜; 防护抗压效能; 60米防水性能。

表盘: 黑色。

表带: 黑色; 喷砂精钢折叠式表扣。

参考价: RMB 288 000

SPITFIRE CHRONOGRAPH

参考编号: IW387803

机芯: 89365　自动上链机芯; 68小时动力储存; 35颗宝石; 每小时振动频率28 800次。

功能: 小时、分钟、秒钟; 日期显示位于3时; 飞返计时码表。

表壳: 陶瓷; 直径43毫米, 厚度15.5毫米; 旋入式表冠; 双面防眩光弧面蓝宝石水晶表镜; 防护抗压效能; 60米防水性能。

表盘: 浅橄榄灰色。

表带: 棕色鳄鱼皮; 精钢针式表扣。

参考价: RMB 198 000

BIG PILOT'S WATCH TOP GUN

参考编号: IW501901

机芯: Pellaton 51111　自动上链机芯; 168小时动力储存; 42颗宝石; 每小时振动频率21 600次; Glucydur 铍青铜合金摆轮; 宝玑游丝。

功能: 小时、分钟、秒钟; 日期显示位于6时; 动力储存显示位于3时。

表壳: 陶瓷; 直径38毫米, 厚度15毫米; 旋紧式表冠; 双面防眩光蓝宝石水晶表镜; 防护抗压效能; 60米防水性能。

表盘: 黑色。

表带: 黑色; 喷砂精钢折叠式表扣。

参考价: RMB 138 000

BIG PILOT'S WATCH TOP GUN MIRAMAR
参考编号: IW501902

机芯: Pellaton 51111 自动上链机芯; 168小时动力储存; 42颗宝石; 每小时振动频率21 600次; Glucydur 铍青铜合金摆轮; 宝玑游丝。

功能: 小时、分钟、秒钟; 日期显示位于6时; 动力储存显示位于3时。

表壳: 陶瓷; 直径48毫米, 厚度15毫米; 旋入式表冠; 双面防眩光蓝宝石水晶表镜; 防护抗压效能; 60米防水性能。

表盘: 碳灰色。

表带: 绿色织物; 喷砂精钢针式表扣。

参考价: RMB 138 000

BIG PILOT'S WATCH
参考编号: IW500901

机芯: Pellaton 51111 自动上链机芯; 168小时动力储存; 42颗宝石; 每小时振动频率21 600次; Glucydur 铍青铜合金摆轮; 宝玑游丝。

功能: 小时、分钟、秒钟。

表壳: 精钢; 直径46毫米, 厚度16毫米; 旋紧式表冠; 防磁场软铁内壳双面防眩光蓝宝石水晶表镜; 防护抗压效能; 60米防水性能。

表盘: 黑色。

表带: 黑色鳄鱼皮; 精钢折叠式表扣。

参考价: RMB 118 000

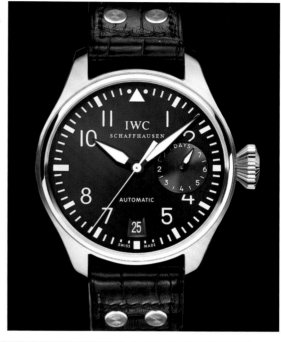

PILOT'S WATCH CHRONOGRAPH TOP GUN MIRAMAR
参考编号: IW388002

机芯: 89365 自动上链机芯; 68小时动力储存; 35颗宝石。

功能: 小时、分钟, 小停秒位于6时; 日期位于3时; 飞返计时码表: 小分针位于12时, 中置秒针。

表壳: 陶瓷; 直径46毫米, 厚度16.5毫米; 旋入式表冠; 双面防眩光蓝宝石水晶表镜; 防护抗压效能; 60米防水性能。

表盘: 碳灰色。

表带: 绿色织物; 喷砂精钢针式表扣。

参考价: RMB 96 600

PILOT'S WATCH CHRONOGRAPH TOP GUN
参考编号: IW388001

机芯: 89365 自动上链机芯; 68小时动力储存; 35颗宝石。

功能: 小时、分钟; 小停秒针位于6时; 日期位于3时; 飞返计时码表; 小分针位于12时位置; 中置秒针。

表壳: 陶瓷; 直径46毫米, 厚度16.5毫米; 旋紧式表冠; 双面防眩光蓝宝石水晶表镜; 防护抗压效能; 60米防水性能。

表盘: 黑色。

表带: 黑色; 喷砂精钢折叠式表扣。

参考价: RMB 96 600

SPITFIRE CHRONOGRAPH

参考编号: IW387802

机芯: 89365 自动上链机芯; 68小时动力储存; 35颗宝石; 每小时振动频率28 800次。

功能: 小时、分钟、秒钟; 日期显示位于3时; 飞返计时码表。

表壳: 陶瓷; 直径43毫米, 厚度15.5毫米; 旋入式表冠; 双面防眩光弧面蓝宝石水晶表镜; 防护抗压效能; 60米防水性能。

表盘: 浅橄榄灰色。

表带: 棕色鳄鱼皮; 精钢针式表扣。

参考价: RMB 80 500

PILOT'S WATCH CHRONOGRAPH

参考编号: IW377701

机芯: 79320 自动上链机芯; 44小时动力储存; 25颗宝石; 每小时振动频率28 800次。

功能: 小时、分钟; 小停秒位于9时位置; 日期位于3时位置; 计时码表: 12小时积算盘位于6时, 30分钟积算盘位于12时, 双追计时秒针位于中央。

表壳: 精钢; 直径43毫米, 厚度15毫米; 旋紧式表冠; 防磁场软铁内壳; 双面防眩光蓝宝石水晶表镜; 防护抗压效能; 60米防水性能。

表盘: 黑色。

表带: 黑色短吻鳄鱼皮。

参考价: RMB 45 500

另提供: 精钢表链。

PILOT'S WATCH WORLDTIMER

参考编号: IW326201

机芯: 30750 自动上链机芯; 42小时动力储存; 31颗宝石; 每小时振动频率28 800次。

功能: 小时、分钟、秒钟; 日期显示位于3时; 世界时间功能含24小时显示。

表壳: 精钢; 直径45毫米, 厚度13.5毫米; 旋紧式表冠; 防磁场软铁内壳; 双面防眩光蓝宝石水晶表镜; 防护抗压效能; 60米防水性能。

表盘: 黑色。

表带: 黑色鳄鱼皮; 精钢折叠式表扣。

参考价: RMB 72 500

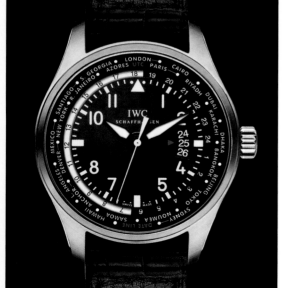

PILOT'S WATCH DOUBLE CHRONOGRAPH

参考编号: IW377801

机芯: 79420 自动上链机芯; 44小时动力储存; 29颗宝石; 每小时振动频率28 800次。

功能: 小时、分钟; 小停秒位于9时位置; 星期和日期显示位于3时; 计时码表: 12小时积算盘位于6时, 30分钟积算盘位于12时。

表壳: 精钢; 直径46毫米, 厚度17.5毫米; 旋紧式表冠; 防磁场软铁内壳; 双面防眩光蓝宝石水晶表镜; 防护抗压效能; 60米防水性能。

表盘: 黑色。

表带: 黑色鳄鱼皮; 精钢折叠式表扣。

参考价: RMB 92 800

PORTUGUESE GRANDE COMPLICATION

参考编号：**IW377401**

机芯： 79091 自动上链机芯；21K黄金摆陀。

功能： 小时、分钟；小秒针；计时码表；停表功能；万年历：四位数字年份，月份，星期和日期显示；问表；月相显示。

表壳： 铂金；直径45毫米；拱形边缘；双面防眩光蓝宝石水晶表镜。

表盘： 白色。

表带： 黑色短吻鳄鱼皮；铂金表扣。

参考价： RMB 2 100 000

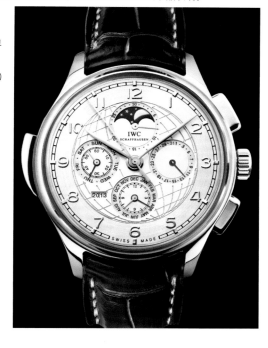

PORTUGUESE TOURBILLON MYSTERE RETROGRADE

参考编号：**IW504401**

机芯： Pellaton 自动上链51900 机芯；Glucydur 铜铍合金摆轮，轮臂置有高精度调校凸轮；宝玑游丝；摆陀刻有18K黄金圆章。

功能： 小时、分钟；飞返分钟陀飞轮；返跳日期；动力储存显示。

表壳： 铂金；直径44.2毫米；双面防眩光蓝宝石水晶表镜。

表盘： 灰色。

表带： 黑色短吻鳄鱼皮。

参考价： RMB 1 010 000

另提供： 黑色短吻鳄鱼皮；铂金折叠式表扣和针式表扣。

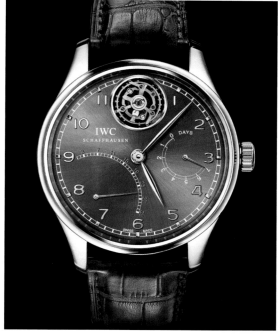

PORTUGUESE PERPETUAL CALENDAR

参考编号：**IW503203**

机芯： Pellaton 自动上链 51614 机芯；Glucydur 铜铍合金摆轮，轮臂置有高精度调校凸轮；宝玑游丝；摆陀刻有18K黄金圆章。

功能： 小时、分钟；小秒针；万年历：四位数字年份，月份，星期和日期显示；月相显示：双月相分别显示南北半球，倒计时显示下一满月之前的月相；动力储存显示。

表壳： 18K白金；直径44.2毫米；双面防眩光蓝宝石水晶表镜。

表盘： 蓝色。

表带： 黑色短吻鳄鱼皮；18K白金折叠式表扣和针式表扣。

参考价： RMB 316 000

PORTUGUESE PERPETUAL CALENDAR

参考编号：**IW502307**

机芯： Pellaton 自动上链 51613 机芯；Glucydur 铜铍合金摆轮，轮臂置有高精度调校凸轮；宝玑游丝；摆陀刻有18K黄金圆章。

功能： 小时、分钟；小秒针；万年历：四位数字年份，月份，星期和日期显示；月相显示；动力储存显示。

表壳： 18K白金；直径44.2毫米；双面防眩光蓝宝石水晶表镜。

表盘： 灰色。

表带： 棕色短吻鳄鱼皮；18K白金折叠式表扣和针式表扣。

参考价： RMB 308 000

JD
JAQUET DROZ

型为世范
CLASSIC

历久弥新
INNOVATION

雅克德罗（Jaquet Droz）推出三款全新腕表，每一枚皆独具匠心，分别讲述了引人入胜的故事。品牌延续自1738年以来的传统——用先进工艺制造呈现无与伦比的计时艺术。

为了向皮埃尔·雅克·德罗（Pierre Jaquet-Droz）的故乡——瑞士汝拉（Jura）山谷的生灵们致敬，令人惊艳的 Bird Repeater 小鸟三问腕表以惟妙惟肖的造型工艺惊艳世人，用出神入化的技艺和奇妙绝伦的想象奏响了一曲甜美诗意的乐章。这款腕表由508个组件构成，向世人展示了令人啧啧称奇的至高技艺，每一处细节皆与众不同、独一无二。

表盘上鸟语萦绕，其繁其美令人瞠目屏息：雅克德罗(Jaquet Droz)的雕刻大师与微绘大师匠心独具，描绘了蓝雀一家栖居新巢，其乐融融的动人场景。两只小雀羽翼初丰，仰望双亲，第三只正待破卵而出。动人场面由最后精雕细琢的珐琅工艺赋予点睛一笔。

画面如此生机盎然，背后的秘密是腕表上8个同时进行的动作机制，以精密机械呈现了胜似自然的生动画面。表盘之上，一只蓝雀上下摆动，将满啄食物喂给雏鸟，另一只伸展翅膀，仿佛护雏心切。巢中的一枚雏鸟即将破壳而出，背景则是溪流似小瀑布般缓缓落到湖中。

这枚腕表已然一派欢歌笑语，雅克德罗（Jaquet Droz）还添加了高级制表中最具挑战性的功能——问表报时。大教堂圆润的钟声和共鸣随按擎启动时奏响，报时时间精准无误，更为这枚现代作品赋予了18世纪的复古情怀。Bird Repeater 小鸟三问表共发行两个版本，每个版本仅制造8枚。

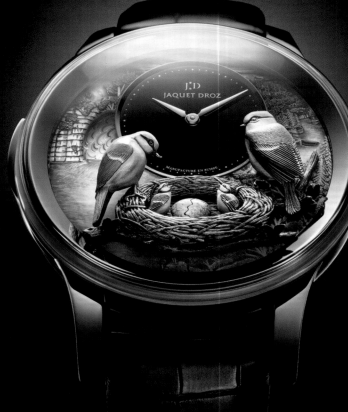

▲ **THE BIRD REPEATER**
腕表含8个动作机制，融合精美艺术工艺和精密的三问表报时系统，每时每刻，展现美妙绝伦、至精至繁的制表技艺；不仅如此，三问表内部奥秘从表背也可一览无余。

优雅韵致、现代先锋的设计，象牙白色表盘和红金表壳光泽动人，隽永低调，已经成为制表巨匠雅克德罗 (Jaquet Droz) 独树一帜的制表风格。

数字"8"是雅克德罗 (Jaquet Droz) 的魔力数字，其地位不仅从 Bird Repeater 小鸟三问表中得到体现，从品牌经典腕表表盘的创新图形中，更可见一斑。

Grande Seconde Off-Centered Ivory Enamel 腕表的表盘上呈现两个交错的小表盘，优雅简洁、错落有致，"8"字造型尤为引人瞩目。小表盘指示小时和分钟，与大表盘部分重叠。表盘的尺寸设计与醒目秒针时刻提醒着佩戴者时间流逝、光阴可贵。腕表的图形"8"意为齿轮个数，呈对角放置，为经典复古的表款赋予更为现代的视觉印象。

Grande Seconde Off-Centered Ivory Enamel 腕表虽然拥有现代摩登的美学韵味，却依然延续了雅克德罗 (Jaquet Droz) 引以为傲的制表传统，将经典材料与工艺注入其中。象牙白大明火珐琅表盘经过能工巧匠的手工雕琢，采用质量最为上乘的珐琅粉和明火烧制，只为雅克德罗 (Jaquet Droz) 所知所有。红金表盘光润致雅，同样是该制表工坊的经典特色，两者相得益彰、奇妙融合，为这件拥有巧妙图绘的精美作品镀上了一层18世纪的怀旧风韵。

Eclipse Ivory Enamel 腕表同样以品牌经典的象牙白大明火珐琅表盘和红金表壳惊艳世人。腕表的大尺寸圆形表盘简洁明朗，使各项功能一目了然。星期和月份显示位于12时位置，伴随一弯新月，四周由星辰点缀，在6时位置指示日期。波浪指针围绕表盘而动，为佩戴者带来玲珑秀美、错落有致的视觉印象。这款腕表纤秀精美，却又卓尔不群——实为雅克德罗 (Jaquet Droz) 用心创制的奢华之作。

▲ **GRANDE SECONDE OFF-CENTERED IVORY ENAMEL**

数字"8"自18世纪以来便成为雅克德罗 (Jaquet Droz) 的经典元素，在这款腕表上被巧妙地倾斜呈现，添加了一抹奇妙的现代感。

▲ **THE ECLIPSE IVORY ENAMEL**

腕表由最为上乘的材料制作，经能工巧匠之手，造就了这一枚精妙绝伦的经典作品。

GRANDE SECONDE OFF-CENTERED IVORY ENAMEL

参考编号：J006033200

机芯： Jaquet Droz 2663A 自动上链机芯；68小时动力储存；30颗宝石；每小时振动频率28 800次；双发条盒；22K白金摆陀。

功能： 偏心时针；大秒针子表盘。

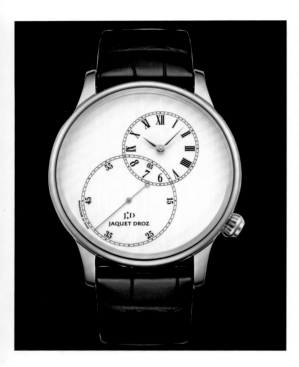

表壳： 18K红金；直径43毫米；表背刻有独立编号；30米防水性能。

表盘： 手工象牙白珐琅；18K白金指针。

表带： 黑色卷边鳄鱼皮；手工制造；18K红金阿狄龙ardillon表扣。

参考价： 价格请向品牌查询。

GRANDE SECONDE QUANTIEME

参考编号：J007030242

机芯： Jaquet Droz 2660Q2 自动上链机芯；68小时动力储存；30颗宝石；每小时振动频率28 800次；双发条盒；重金摆陀。

功能： 偏心时钟和分钟；大秒针和指针日期位于6时。

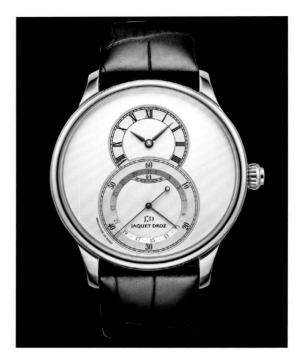

表壳： 精钢；直径43毫米，厚度11.63毫米；表背刻有独立编号；30米防水性能。

表盘： 银色；饰圆环；蓝色精钢时针，分针、秒针和日期指针；日期指针尖头镀红色。

表带： 黑色卷边鳄鱼皮；精钢折叠式表扣。

参考价： 价格请向品牌查询。

GRANDE SECONDE METEORITE

参考编号：J003033339

机芯： Jaquet Droz 2663 自动上链机芯；68小时动力储存；30颗宝石；每小时振动频率28 800次；双发条盒；22K白金摆陀。

功能： 偏心时针和分针；大秒针子表盘位于6时位置。

表壳： 18K红金；直径43毫米，厚度11.48毫米；表背刻有独立编号；30米防水性能。

表盘： 陨石色和白色珍珠母贝中央；18K红金圆环，刻面，由蓝色螺钉紧固；蓝色精钢指针。

表带： 黑色卷边鳄鱼皮；18K红金阿狄龙ardillon表扣。

参考价： 价格请向品牌查询。

GRANDE SECONDE CIRCLED

参考编号：J014013227

机芯： Jaquet Droz 2663 自动上链机芯；68小时动力储存；30颗宝石；每小时振动频率28 800次；双发条盒；22K白金摆陀。

功能： 偏心时针和分针；大秒针子表盘显示位于6时位置。

表壳： 18K红金，直径39毫米、厚度15.52毫米；镶嵌248颗钻石(1.846克拉)；表背刻有独立编号；30米防水性能。

表盘： 白色珍珠母贝；18K红金圆环镶嵌88颗钻(0.191克拉)；蓝色精钢指针。

表带： 白色卷边手工亚光；18K红金阿狄龙ardillon表扣镶嵌24颗钻石(0.149克拉)。

参考价： 价格请向品牌查询。

GRANDE SECONDE SW STEEL-CERAMIC　参考编号: J029030440

机芯: Jaquet Droz 2663A-S 自动上链机芯；68小时动力储存；30颗宝石；每小时振动频率28 800次；钌金处理；双发条盒；18K白金摆陀。

功能: 偏心时钟和分钟；大秒针子盘位于6时。

表壳: 精钢；直径45毫米，厚度11.93毫米；陶瓷表圈；天然橡胶表冠；表背刻有独立编号；50米防水性能。

表盘: 黑色，明亮处理；钌金圆环和子盘；时标和数字5、6和7经过Super-LumiNova处理；时针、分针和秒针经过钌金处理，经过蓝色SuperLumiNova处理。

表带: 黑色天然橡胶；精钢折叠式表扣。

参考价: 价格请向品牌查询。

GRANDE SECONDE SW STEEL-RUBBER　参考编号: J029030140

机芯: Jaquet Droz 2663A-S 自动上链机芯，钌金处理；68小时动力储存；30颗宝石；每小时振动频率28 800次；双发条盒；18K白金摆陀，PVD涂层处理。

功能: 小时、分钟；大秒针显示6时位置。

表壳: 精钢；直径45毫米；表圈和表冠裹天然橡胶；表背刻有独立编号；50米防水性能。

表盘: 全黑高科技；精细磨砂红色SuperLumiNova时标；镀硌时针、分针和秒针，针头经SuperLumiNova处理。

表带: 精钢和天然橡胶；内嵌精钢折叠式表扣。

参考价: 价格请向品牌查询。

TOURBILLON　参考编号: J030033240

机芯: Jaquet Droz 25JD-S 自动上链机芯；7天动力储存；31颗宝石；每小时振动频率21 600次；单发条盒；18K白金摆陀经过PVD涂层处理。

功能: 小时和分钟位于6时位置；陀飞轮位于12时位置。

表壳: 18K红金；直径45毫米；表背刻有独立编号；50米防水性能。

表盘: 黑色表盘经过天然橡胶处理；18K红金镀金圆环和表盘；18K红金时针和分针，针头经过白色SuperLumiNova处理；陀飞轮框架和秒针夹板经过白色SuperLumiNova处理。

表带: 卷边黑色鳄鱼皮表带，黑色缝线；手工制造；18K红金折叠式表扣经过黑色PVD涂层处理。

参考价: 价格请向品牌查询。

TOURBILLON　参考编号: J013033200

机芯: Jaquet Droz 25JD 自动上链机芯；7天动力储存；31颗宝石；每小时振动频率21 600次；单发条盒；18K红金摆陀。

功能: 小时、分钟位于6时位置；秒钟和陀飞轮位于12时位置。

表壳: 18K红金；直径43毫米，厚度13.1毫米；表背刻有独立编号；30米防水性能。

表盘: 象牙白珐琅；18K红金时针和分针；蓝色精钢秒针。

表带: 黑色卷边手工鳄鱼皮表带；18K红金折叠式表扣。

参考价: 价格请向品牌查询。

JAQUET DROZ 雅克德罗

GRANDE DATE IVORY ENAMEL
参考编号：J016933200

机芯： Jaquet Droz 2653G 自动上链机芯；65小时动力储备；35颗宝石；每小时振动频率28 800次；双发条盒；22K白金摆陀。

功能： 偏心小时和分钟；大日期显示位于6时位置。

表壳： 18K红金；直径43毫米；表背刻有独立编号；30米防水性能。

表盘： 手工象牙白珐琅；18K红金指针。

表带： 卷边黑色鳄鱼皮表带；手工制造；18K红金阿狄龙ardillon表扣。

参考价： 价格请向品牌查询。

THE ECLIPSE IVORY ENAMEL
参考编号：J012633203

机芯： Jaquet Droz 6553L2 自动上链机芯；68小时动力储存；28颗宝石；每小时振动频率28 800次；双发条盒；22K白金摆陀。

功能： 小时、分钟；日期以中心指针显示；日期和月份显示于12时位置；月相显示于6时位置。

表壳： 18K红金；直径43毫米；表背刻有独立编号；30米防水性能。

表盘： 手工象牙白珐琅；8个18K红金星辰和1个月亮；18K红金时针、分针和日期指针；象牙白玛瑙月相。

表带： 卷边黑色鳄鱼皮表带；手工18K红金阿狄龙ardillon表扣。

参考价： 价格请向品牌查询。

GRANDE HEURE ONYX
参考编号：J025030270

机芯： Jaquet Droz 24JD53 自动上链机芯；68小时动力储存；28颗宝石；每小时振动频率28 800次；双发条盒；重金摆陀。

功能： 小时。

表壳： 精钢；直径43毫米；表背刻有独立编号；30米防水性能。

表盘： 黑色玛瑙；镀铑指针。

表带： 卷边黑色鳄鱼皮；手工制造；精钢阿狄龙ardillon表扣。

参考价： 价格请向品牌查询。

THE ECLIPSE ONYX
参考编号：012630270

机芯： Jaquet Droz 6553L2 自动上链机芯；68小时动力储存；28颗宝石；每小时振动频率28 800次；双发条盒；重金摆陀；月相。

功能： 小时、分钟；日期显示；星期和月份显示位于12时；月相显示位于6时。

表壳： 精钢；直径43毫米；表背刻有独立编号；30米防水性能。

表盘： 黑色玛瑙；8个星辰1枚月亮；镀铑时针、分针和日期指针；黑色玛瑙月相。

表带： 卷边黑色鳄鱼皮；手工制造；精钢阿狄龙ardillon表扣。

参考价： 价格请向品牌查询。

PETITE HEURE MINUTE RELIEF DRAGON　参考编号: J005023271

机芯: Jaquet Droz 2653 自动上链机芯; 68小时动力储存; 28颗宝石; 双发条盒; 22K 黄金和黑色珍珠母贝摆陀, 手工雕刻龙形。

功能: 偏心小时和分钟。

表壳: 18K红金; 直径41毫米; 表背刻有独立编号。

表盘: 黑色珍珠母贝; 22K专利手工雕刻黄金祥龙, 镶红宝石。

表带: 卷边黑色鳄鱼皮; 手工制造; 18K红金阿狄龙ardillon表扣。

备注: 限量发行88只。

参考价: 价格请向品牌查询。

PETITE HEURE MINUTE DRAGON　参考编号: J005033217

机芯: Jaquet Droz 2563 自动上链机芯; 68小时动力储存; 28颗宝石; 每小时振动频率28 800次; 双发条盒; 22K白金摆陀。

功能: 偏心时针、分针。

表壳: 18K红金; 直径43毫米, 厚度11.48毫米; 表背刻有独立编号; 30米防水性能。

表盘: 象牙白珐琅表盘装饰祥龙彩绘; 18K红金指针。

表带: 棕色卷边手工鳄鱼皮表带; 18K红金阿狄龙ardillon表扣。

备注: 限量发行88只。

参考价: 价格请向品牌查询。

PETITE HEURE MINUTE 35MM　参考编号: J005000570

机芯: Jaquet Droz 2653 自动上链机芯; 68小时动力储存; 28颗宝石; 每小时振动频率28 800次; 双发条盒; 重金摆陀。

功能: 偏心小时、分钟。

表壳: 精钢; 直径35毫米, 厚度10.4毫米; 表背刻有独立编号; 30米防水性能。

表盘: 沙金石; 镀铑圆环和指针。

表带: 蓝色卷边手工鳄鱼皮表带; 精钢阿狄龙ardillon表扣。

参考价: 价格请向品牌查询。

PETITE HEURE MINUTE 35MM　参考编号: J005004570

机芯: Jaquet Droz 2653 自动上链机芯; 68小时动力储存; 28颗宝石; 每小时振动频率28 800次; 双发条盒; 22K白金摆陀。

功能: 偏心小时、分钟。

表壳: 18K白金; 直径35毫米, 厚度10.4毫米; 镶嵌232颗钻石(1.28克拉); 表背刻有独立编号; 30米防水性能。

表盘: 白色珍珠母贝, 太阳放射纹; 镀铑圆环; 蓝色精钢指针。

表带: 白色卷边手工亚光; 镶嵌2颗钻石(0.06克拉); 18K白金阿狄龙ardillon表扣。

参考价: 价格请向品牌查询。

浪琴表博物馆

THE LONGINES MUSEUM

浪琴表 (Longines) 的历史应追溯到1832年，那一年奥古斯特·阿加西 (Auguste Agassiz) 在 St.Imier (索伊米亚) 成立了一家贸易公司。采用由国内表坊技艺超群的制表匠制作的零件，阿加西负责装配和销售腕表成品。浪琴表 (Longines) 的名气此时已传遍多国，然而，中国依然是这家公司的主要市场之一。

司 (Longines Watch Co. Francillon Ltd.) 总部、公司制表工坊，以及浪琴表博物馆 (Longines Museum) 所在地，是人们追溯品牌悠久历史的朝圣之所。

浪琴表博物馆于2012年夏季经重新装修和布置，收集了一系列涵盖品牌历史方方面面的展品。参观者能够欣赏主要钟表表款、导航仪器和计时设备，以及各种独具价值的文件档案，例如老照片、海报、影片、奖章和档案材料。

风格优雅，悠久传统，技术创新，运动风度以及冒险精神：这些皆是品牌一直努力追寻和传承的财富。浪琴博物馆的结构完美体现了品牌的这一决心。

奥古斯特·阿加西 (Auguste Agassiz) 的外甥欧尼斯·法兰西昂 (Ernest Francillon) 于1854年来到索伊米亚。他很快继承了这项家族产业，并以自己前瞻性的才华和能力使得这家已经大获成功的公司成为制表行业的先驱之一。正是欧尼斯·法兰西昂 (Ernest Francillon) 在1867年开设了品牌首家一条龙完成全部制表工序的工厂。也正是他决定使用双翼沙漏作为品牌标志，并在之后将它镌刻在表厂生产的每只腕表上。最后，法兰西昂决定将工厂所在地的名称为腕表命名—— Longines，意为长草甸 ("long meadows")，浪琴一名，由此诞生。

浪琴表 (Longines) 工厂位于索伊米亚镇中心的河边，并随着公司的发展而扩大。今天，这家工厂是浪琴表法兰西昂公

作，为此，品牌致力于技术发展，以不断提高的精确度完成计时任务。19世纪后期，公司创制了第一枚计时码表，并在多项运动比赛中发挥计时功能。之后，许多针对于大众或专业领域的计时码表相继问世，在全世界各个领域均有出色表现。

"优雅态度，真我个性"（"Elegance is an attitude"）是浪琴表 (Longines) 自1999年起便使用的标语，它完美诠释了品牌的制表哲学。优雅，绝不仅仅停留于表面，而是一举一动，个性内心的真情流露。为此，浪琴表博物馆中专门设置了一个区域，展示精美绝伦的设计。其中的一些因其独特设计或因珍贵材料的使用而赢得大奖。

正是这些故事、这些理念以及太多人们可以在浪琴表博物馆收获的心动一刻，才是瑞士制表史中最引人入胜的片段，组成了一项产业、一个地区丰富而又令人迷醉的文化遗产。

得益于品牌可靠、精确、坚固和最为前沿的技术，这些镌刻有双翼沙漏标识的腕表始终是勇敢探索的成功保证。它们协助人们发现不为人知的新大陆，在极端环境下依然表现优异，见证了新航线的开拓，飞行记录的打破，以及对最艰难严酷海域的挑战。

浪琴表 (Longines) 在周一到周五提供法语、德语、英语、西班牙语和意大利语的免费导游服务，时间从早上9点到12点，下午2点到5点 (公共假期除外)。

我们建议您提早预约，电话：+41 (0) 32 942 54 25
或电子邮件：museum@longines.com

康铂系列
CONQUEST CLASSIC

赛马领域
永恒经典

A TIMELESS COLLECTION
FOR THE WORLD
OF HORSE-RACING

作为世界最负盛名无障碍赛的合作伙伴，浪琴表（Longines）曾发布一系列腕表，并在尚蒂伊（Chantilly），香港，英国皇家赛马会（Royal Ascot）或迪拜跑马场上精彩亮相。为了向1881年起为纽约的赛马迷和骑师创制的计时码表致敬，这家声名显赫的瑞士制表工坊如今发布康铂系列（Conquest Classic）。忠于品牌气质优雅、尊崇传统和注重性能的理念，这一全新系列全部内置自动上链机芯，极具现代设计感的同时又尽显经典隽永。

"Conquest" 品牌于1954年5月25日通过世界知识产权组织（WIPO）获得专利。从那时起，这个名字就闪耀在浪琴表（Longines）创制的众多成功表款上。时至今日，康铂（Conquest Classic）成为品牌其他经典优雅系列中的一员，为浪琴表（Longines）赢得了世界范围的喝彩和荣耀。这一崭新系列专为赛马爱好者创制，从尚蒂伊（Chantilly）到香港，从迪拜，到英国皇家赛马会（Royal Ascot）陪伴左右，与他们分享观赏顶级赛事的兴奋时刻。

康铂系列（Conquest Classic）共有三种尺寸。女士腕表拥有29.5毫米直径，表盘上显示小时、分钟、秒钟以及日期；更有精钢、玫瑰金或精钢与玫瑰金结合材质可供选择。黑色或银色表盘在12时、6时和9时位置镶嵌有数字时标，为这款腕表赋予纯粹的运动风范。各式组合搭配亦有40毫米直径表款。珍珠母贝表盘镶嵌12枚钻石，令女士腕表平添一份精致迷人，一些型号的表圈亦镶嵌有30枚钻石。这些腕表搭配黑色短吻鳄鱼皮表带，或者精钢、精钢与玫瑰金表链，皆与表盘完美搭配。所有表带与表链均置有一枚折叠式安全表扣。

拥有41毫米直径，计时码表装置有 L688 圆柱齿轮机芯，均为 ETA 为浪琴表（Longines）独家研发制造。表壳有精钢、精钢与玫瑰金、全玫瑰金的不同选择。银色或黑色表盘置有时针与分针，在9时位置有一枚小秒针，日期与计时码表功能30分钟积算盘位于3时位置，6时位置显示12小时积算盘。这些计时码表搭配黑色短吻鳄鱼皮表带，或精钢、精钢和玫瑰金表链，并置有一枚折叠式安全表扣。

LONGINES 浪琴表

LONGINES DOLCEVITA

浪琴表黛绰维纳系列　　　参考编号: L5.155.5.19.7

机芯: L178.2 石英机芯。

功能: 小时、分钟; 小秒针位于6时位置。

表壳: 精钢和玫瑰金; 尺寸19.8x24.5毫米; 镶嵌32颗顶级维塞尔顿钻石你 (Top Wesselton VVS) 钻石(0.269克拉); 蓝宝石水晶表镜; 30米防水性能。

表盘: 白色; 10枚时标和一枚玫瑰金阿拉伯数字时标; 玫瑰金指针。

表带: 精钢和玫瑰金表链; 折叠式安全表扣和按钮。

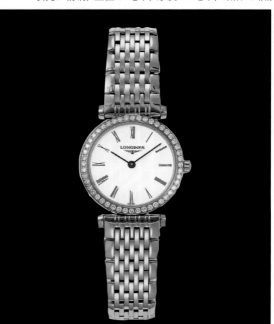

LONGINES PRIMALUNA

浪琴表心月系列　　　参考编号: L8 .110.5.79.6

机芯: L250.2 石英机芯。

功能: 小时、分钟、秒钟; 日期显示位于3时位置。

表壳: 精钢和玫瑰金; 直径26.5毫米; 镶嵌44颗顶级维塞尔顿(Top Wesselton VVS) 钻石(0.299克拉); 防眩光蓝宝石水晶表镜; 30米防水性能。

表盘: 银色 flinque 饰面; 11枚蓝色罗马时标; 蓝钢指针。

表带: 精钢和玫瑰金表链; 折叠式安全表扣和按钮。

LA GRANDE CLASSIQUE DE LONGINES

浪琴表嘉岚系列　　　参考编号: L4.241.0.11.6

机芯: L209 石英机芯。

功能: 小时、分钟。

表壳: 精钢; 直径24毫米; 厚度4.4毫米; 镶嵌48颗顶级维塞尔顿(Top Wesselton VVS)钻石(0.403克拉); 蓝宝石水晶表镜; 30米防水性能。

表盘: 白色; 12枚黑色罗马数字; 黑化精钢指针。

表带: 精钢表链; 三重折叠式安全表扣和按钮。

LA GRANDE CLASSIQUE DE LONGINES "TONNEAU"

浪琴表嘉岚系列　　　参考编号: L4.205.4.11.6

机芯: L209 石英机芯。

功能: 小时、分钟。

表壳: 精钢; 超薄; 尺寸22.2x24.5毫米; 蓝宝石水晶表镜; 30米防水性能。

表盘: 白色; 黑色罗马数字; 黑化精钢指针。

表带: 精钢表链; 三重折叠式安全表扣和按钮。

THE LONGINES MASTER COLLECTION

浪琴表名匠系列　　　　　参考编号: L2.673.4.78.3

机芯： L678 自动上链机芯；13¼法分；48小时动力储存；25颗宝石；每小时振动频率28 800次。

功能： 小时、分钟；小秒钟和24小时显示位于9时位置；日期显示；星期和月份位于12时位置；月相显示位于6时；计时码表：12小时积算盘位于6时，30分钟积算盘位于12时，中置秒针。

表壳： 精钢；直径40毫米；防眩光蓝宝石水晶表镜；蓝宝石水晶表背；30米防水性能。

表盘： 银色处理"barleycorn"印纹；9枚阿拉伯数字；蓝钢指针；蓝色绘制分钟刻度圈；31天日历。

表带： 深棕色短吻鳄鱼皮；三重折叠式安全表扣。

THE LONGINES SAINT-IMIER COLLECTION CHRONOGRAPH

浪琴表索伊米亚系列　　　　参考编号: L2.753.5.72.7

机芯： L688 自动上链机芯；圆柱齿轮计时码表；13¼法分；54小时动力储存；27颗宝石；每小时振动频率28 800次。

功能： 小时、分钟；小秒针位于9时位置；日期显示位于4时30分；12小时积算盘位于6时位置，30分钟积算盘位于3时，中置秒针。

表壳： 精钢和玫瑰金；直径39毫米；防眩光蓝宝石水晶表镜；蓝宝石水晶表背；30米防水性能。

表盘： 银色；镶嵌8枚时标；阿拉伯数字位于12时位置，经过SuperLumiNova涂层处理；玫瑰金时针和分针，经过SuperLumiNova涂层处理。

表带： 精钢和玫瑰金表链；折叠式安全表扣。

LONGINES EVIDENZA

浪琴表典藏系列　　　　　参考编号: L2.643.4.73.4

机芯： L650 自动上链机芯；12½法分；42小时动力储存；37颗宝石；每小时振动频率28 800次。

功能： 小时、分钟；小秒针位于3时；日期显示位于6时；计时码表：12小时积算盘位于6时，30分钟积算盘位于9时，中置秒针。

表壳： 精钢；尺寸34.9x40毫米；防眩光蓝宝石水晶表镜；30米防水性能。

表盘： 银色 flinque 饰纹；10个蓝色绘制阿拉伯数字；蓝钢指针。

表带： 深棕色短吻鳄鱼皮；三重折叠式表扣。

THE LONGINES COLUMN-WHEEL CHRONOGRAPH

浪琴表导柱轮计时秒表系列　　参考编号: L2.749.8.72.2

机芯： L688.2 自动上链机芯；圆柱齿轮计时码表；13¼法分；54小时动力储存；27颗宝石；每小时振动频率28 800次。

功能： 小时、分钟；小秒针位于9时；日期显示位于4时30分；计时码表：12小时积算盘位于6时，30分钟积算盘位于3时，中置秒针。

表壳： 玫瑰金；直径40毫米；防眩光蓝宝石水晶表镜；蓝宝石水晶表背；30米防水性能。

表盘： 银色；13个玫瑰金镀金时标，经过SuperLumiNova涂层处理；玫瑰金太子妃指针，经过SuperLumiNova涂层处理。

表带： 深棕色短吻鳄鱼皮；带表扣。

LONGINES　浪琴表

CONQUEST CLASSIC "LADY"

康铂系列女表　　　　　　　参考编号: **L2.285.5.88.7**

机芯: L595.2 自动上链机芯; 8¾法分; 40小时动力储存; 20颗宝石; 每小时振动频率28 800次。

功能: 小时、分钟、秒钟; 日期显示位于3时位置。

表壳: 精钢和玫瑰金; 直径29.5毫米; 镶嵌30颗顶级维塞尔顿(Top Wesselton VVS)钻石(0.501克拉); 抗刮痕蓝宝石水晶表镜,带多层防眩光涂层; 旋入式蓝宝石水晶表背; 50米防水性能。

表盘: 白色珍珠母贝; 12枚钻石时标; 玫瑰金抛光指针,经过SuperLumiNova处理。

表带: 精钢和玫瑰金表链; 三重折叠式安全表扣和按钮。

CONQUEST CLASSIC "CHRONOGRAPH"

康铂系列计时秒表　　　　　参考编号: **L2.786.5.56.7**

机芯: L688.2 自动上链机芯; 圆柱齿轮计时码表; 13¼法分; 54小时动力储存; 27颗宝石; 每小时振动频率28 800次。

功能: 小时、分钟; 小秒钟位于9时位置; 日期显示位于4时30分位置; 计时码表: 12小时积算盘位于6时; 30分钟积算盘位于3时; 中置秒针。

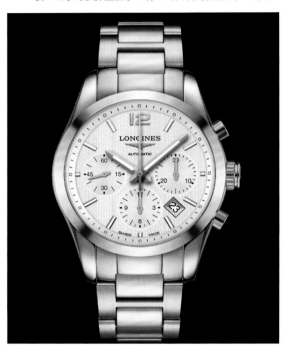

表壳: 精钢和玫瑰金; 直径41毫米; 抗刮痕蓝宝石水晶表镜,含多层防眩光涂层; 旋入式蓝宝石水晶表背; 50米防水性能。

表盘: 银色; 1枚阿拉伯数字; 11个时标,经过SuperLumiNova涂层处理; 玫瑰金抛光指针,经过SuperLumiNova处理。

表带: 精钢和玫瑰金表链; 三重折叠式安全表扣和按钮。

CONQUEST

康卡斯系列　　　　　　　　参考编号: **L2.744.4.56.7**

机芯: L688.2 自动上链机芯; 圆柱齿轮计时码表; 13¼法分; 54小时动力储存能力; 27颗宝石; 每小时振动频率28 800次。

功能: 小时、分钟; 小秒针位于9时; 日期显示位于4时30分; 计时码表: 12小时积算盘位于6时; 30分钟积算盘位于3时; 中置秒针。

表壳: 精钢和黑色陶瓷; 直径41毫米; 表圈和表冠为黑色陶瓷装饰; 表圈刻有测速仪; 防眩光蓝宝石水晶表镜; 蓝宝石水晶旋入式表背; 50米防水性能。

表盘: 黑色; 银色阿拉伯数字位于12时; 11枚镀铑时标经过SuperLumoNova处理; 镀铑和抛光指针,经过SuperLumiNova涂层处理。

表带: 精钢表链; 中心表链粒为黑色陶瓷制成。

HYDROCONQUEST

康卡斯潜水系列　　　　　　参考编号: **L3.690.4.53.6**

机芯: L541.2 石英机芯。

功能: 小时、分钟; 小秒针位于6时; 日期显示位于4时; 计时码表: 12小时积算盘位于10时; 中置秒针和分针; 1/10秒积算盘位于2时。

表壳: 精钢; 直径41毫米; 抗刮痕蓝宝石水晶表镜,含一层防反射涂层; 旋入式表背和旋紧式表冠含表冠防护; 单向旋转表圈; 300米防水性能。

表盘: 黑色; 8枚阿拉伯数字时标,经过SuperLumiNova涂层处理; 黑色表圈; 镀铑指针经过SuperLumiNova处理。

表带: 一体式精钢表链; 双折叠式安全表扣; 一体式潜水表带延伸功能。

FLAGSHIP HERITAGE

军旗系列复刻　　　　　参考编号: L4.795.4.78.2

机芯: L615.2 自动上链机芯; 11½法分; 42小时动力储存; 27颗宝石; 每小时振动频率28 800次。

功能: 小时、分钟; 小秒针和日期位于6时位置。

表壳: 精钢; 直径38.5毫米; 防眩光蓝宝石水晶表镜; 30米防水性能。

表盘: 精钢; 11枚黄金时标; 黄金太子妃指针, 经过SuperLumiNova处理。

表带: 棕色短吻鳄鱼皮; 带表扣。

THE LONGINES LEGEND DIVER WATCH

浪琴表潜水系列　　　　参考编号: L3.674.4.50.0

机芯: L633 自动上链机芯; 11½法分; 38小时动力储存; 25颗宝石; 每小时振动频率28 800次。

功能: 小时、分钟、秒钟; 日期显示位于3时位置。

表壳: 精钢; 直径42毫米; 内部旋转潜水表圈; 2枚旋入式表冠; 防眩光蓝宝石水晶表镜; 旋入式表背刻有潜水员标识; 300米防水性能。

表盘: 黑色漆面, 经过SuperLumiNova涂层处理; 镀铑指针, 经过SuperLumiNova涂层处理。

表带: 黑色化纤; 带表扣。

THE LONGINES TELEMETER CHRONOGRAPH

浪琴表测距计时秒表　　　参考编号: L2.780.4.18.2

机芯: L688.2 自动上链机芯; 圆柱齿轮计时码表; 13¼法分; 54小时动力储存; 27颗宝石; 每小时振动频率28 800次。

功能: 小时、分钟; 小秒钟位于9时位置; 日期显示; 测距仪; 测速仪; 计时码表: 12小时积算盘位于6时, 30分钟积算盘位于3时, 中置秒针。

表壳: 精钢; 直径41毫米; 蓝宝石水晶表背, 内部含有防眩光涂层; 透明蓝宝石水晶表背; 30米防水性能。

表盘: 白色漆面; 9枚黑色阿拉伯数字; 蓝钢垂重梨形秒针; 精钢宝玑式指针; 测距仪刻度为红色; 螺旋测速仪刻度为红色。

表带: 黑色短吻鳄鱼皮; 带表扣。

THE LONGINES AVIGATION WATCH TYPE A-7

浪琴表 A-7 空中导航表　　参考编号: L2.779.4.53.0

机芯: L788.2 自动上链机芯; 圆柱齿轮计时码表; 13¼法分; 54小时动力储存; 27颗宝石; 每小时振动频率28 800次。

功能: 小时、分钟; 小秒钟和日期显示位于6时位置; 测距仪; 计时码表: 30分钟积算盘位于12时, 中置秒针。

表壳: 精钢; 直径49毫米; 一体式按擎装置于表冠; 铰链连接雕刻表背; 30米防水性能。

表盘: 黑色; 右倾50度; 10枚白色阿拉伯数字; 白色分钟刻度圈; 白色测距仪刻度; 镀铑宝玑指针; 300米防水性能。

表带: 黑色短吻鳄鱼皮表带; 带表扣。

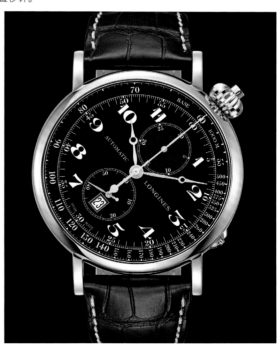

帕 玛 强 尼
PARMIGIANI
FLEURIER

细节传韵
EVERY LAST DETAIL 成就不凡

追求至高机械工艺和纯粹设计，帕玛强尼（Parmigiani）为世人呈现三款独具匠心、结构精密的腕表，将品牌全面综合的制造工艺与对细节永不停息的追求展露无遗。

Tonda 1950 腕表依据最高标准设计打造，集舒适度、精准性与易读性于一身，代表了瑞士高级制表的非凡成就，呈现出经典优雅的动人气质。拥有39毫米直径和玫瑰金表壳的Tonda 1950腕表低调瑰丽，其内置机芯为帕玛强尼（Parmigiani）自制，轻薄出众，带给腕表纤秀轻盈的外形。新款PF 701自动上链机芯厚度仅为2.6毫米，作为品牌制造的12枚机芯中的一员，以精密结构和独特加工展现了复杂雅致的机械工艺。主机板为喷砂、圆晶粒和镀铑处理，手工倒角夹板饰有日内瓦波纹，并置有下沉式圆晶粒处理斜面摆轮，这枚超薄机芯将细节之精巧极致展现，在同样尺寸的机芯中堪称称鼎之作。在这枚厚度仅为7.8毫米腕表的白色粒面腕表上，时间在优雅且简洁明晰的表盘上悄然划过。与时针和分针完美呼应，一个微凹面的子表盘愈加彰显了腕表的出众个性。加之腕表拥有帕玛强尼（Parmigiani）为人熟知的圆形表耳，不仅符合人体工程学原理，更与表壳的贵金属相得益彰，纤薄精致的Tonda 1950腕表将优雅醉人的气质尽情挥洒。

◀ **TONDA 1950**

Tonda 1950 的超薄精致表壳之下，藏有一枚铂金偏心微型摆陀。

时间无边无垠，悄然流转，Tonda Hemispheres 两地时间腕表使佩戴者永享家的温暖。

在瑞士 Fleurier 经制表大师手工打造，Tonda Hemispheres 两地时间腕表描述的是无边无垠的旅途和行者的宽广胸怀。这枚复杂的精钢腕表传递着果感现代的先锋感，将第二时区以巧妙新颖的方式展现。考虑到世界上有着半个小时甚至15分钟时差的非整点时区，譬如尼泊尔，Tonda Hemispheres 两地时间腕表可将目的地时间精确到分钟。全新的帕玛强尼（Parmigiani）Fleurier 337 机芯及其复杂的离合轮系统，为世界旅行者提供最为准确的时间信息，双时间区域均置有自己的日/夜显示功能。第二时区显示位于12时位置，一枚精巧的"日中时间"显示盘置于数字刻度盘边缘；多重纹理的表盘中央显示当地时间，6时位置的小秒针表盘采用与第二时区的相似设计。在果感现代的表盘上，还装置有一轮大方的日期显示，表盘分别使用三种材质制作，分别是银，石墨和"蓝金属"，每一款皆独具个性。时间无边无垠，却能为 Tonda Hemispheres 两地时间腕表精确捕捉，无论距离多少时区，这款腕表使佩戴者永享家的温暖。

为了体现品牌的核心理念——优质的机械工艺和精致的腕表系列——帕玛强尼（Parmigiani）以最新佳作抒发对女性魅力的赞美。

Kalparisma Nova 腕表首先以18K玫瑰金的酒桶形表壳（表圈和表耳镶嵌46颗闪耀的明亮型切割钻石）先声夺人，又以材质的奢华烘托其优雅设计中无法抵挡的内敛柔媚。在象牙白表盘上，太阳纹玑镂图案增加了视觉的层次感，每一缕光线的折射均跳跃出动人光芒。时间显示流露经典隽永的意味，一如初见；6时位置的一枚金星为流逝的秒钟赋予了令人讶异的美妙节奏。搭配夺目的玫瑰金表链，Kalparisma Nova 腕表以 PF 331自动上链机芯提供动力，将时间的激情之美永恒点缀于玉腕之上。

▲ **TONDA HEMISPHERES**
将全球一些非整点时区考虑在内，这枚世界腕表可将第二时区的时间精确到分钟。

▶ **KALPARISMA NOVA**
通过6时位置的一枚18K玫瑰金星精妙地显示秒钟，这只充满女性温柔气质的腕表尽显优雅个性与奢华风范，更显品味不凡。

PARMIGIANI 帕玛强尼

TONDA QUATOR RG CASE, BLACK DIAL

参考编号: PFC272-1000200

机芯: PF 339 自动上链机芯; 12法分; 直径27.1毫米、厚度5.5毫米; 50小时动力储存; 380个组件; 32颗宝石; 每小时振动频率28 800次; 双发条盒系统; 手工倒角夹板饰日内瓦波纹; 22K黄金摆陀。

功能: 小时、分钟、秒钟; 自动和返跳年历: 月份位于3时位置, 星期位于9时位置, 日期显示盘, 精确月相显示位于6时位置, 每120年校准一次。

表壳: 18K玫瑰金; 直径40毫米、厚度11.2毫米; 抛光处理; 表冠直径6毫米; 防眩光蓝宝石水晶表镜; 蓝宝石水晶表背刻有独立编号; 30米防水性能。

表盘: 外圈黑色; 纺锤型时标; 三角指针, 覆夜光涂层。

表带: 黑色爱马仕鳄鱼皮表带; 18K玫瑰金阿狄龙ardillon表扣。

参考价: 价格请向品牌查询。

另提供: 银色表盘 (参考编号: PFC272-1002400); 白金表盘 (参考编号: PFC272-1200200)。

PERSHING CBF TITANIUM CASE, WHITE GOLD BEZEL

参考编号: PFC528-3402500-HA3142

机芯: PF 334 自动上链机芯; 13¼法分; 直径30毫米、厚度6.81毫米; 50小时动力储存; 303个组件; 68颗宝石; 每小时振动频率28 800次; 双发条盒系统; 手工倒角夹板, 饰日内瓦波纹。

功能: 小时、分钟; 小秒针位于3时位置; 日期位于6时位置; 1/4秒计时码表: 12小时积算盘位于6时, 30分钟积算盘位于9时, 中置秒针。

表壳: 钛金; 直径45毫米, 厚度14.2毫米; 抛光处理; 白金单向表圈; 表冠直径8毫米; 防眩光蓝宝石水晶表镜; 表背刻有CFB标识和独立编号; 30米防水性能。

表盘: 计时盘轮缘饰有日内瓦波纹; 圆形蜗形纹计时表盘; 镶嵌时标; 三角形指针覆荧光涂层。

表带: 湛蓝色; 防水鳄鱼皮表带; 钛金折叠式表扣, 抛光处理。

参考价: 价格请向品牌查询。

另提供: 玫瑰金表圈 (参考编号: PFC528-3102500-HA3142)。

TRANSFORMA STEEL

参考编号: PFC228-0000100

机芯: PF 334 自动上链机芯; 13¼法分; 直径30毫米、厚度6.81毫米; 50小时动力储存; 303块组件; 68个宝石; 每小时振动频率28 800次; 双发条盒系统; 手工倒角夹板, 饰日内瓦波纹。

功能: 小时、分钟; 小秒针位于3时位置; 日期位于6时位置; 1/4秒计时码表: 12小时积算盘位于6时, 30分钟积算盘位于9时, 中置秒针。

表壳: 精钢; 直径43毫米、厚度12.8毫米; 表袋和短表链抛光处理; 表冠直径7毫米; 防眩光蓝宝石水晶表镜; 表背刻有独立编号。

表盘: 白色外圈; 中央饰日内瓦波纹; 钻石抛光镀铑轮缘; 蜗形计时表盘; 镀铑时标; 三角指针, 覆荧光涂层。

表带: 黑色防水鳄鱼皮表带; 折叠式表扣。

备注: 可被用作自动上链台式钟表或怀表。

参考价: 价格请向品牌查询。

KALPAGRAPHE RG CASE, SILVER DIAL

参考编号: PFC128-1000100

机芯: PF 334 自动上链机芯; 13¼法分; 直径30毫米、厚度6.81毫米; 50小时动力储存; 303块组件; 68颗宝石; 每小时震动频率28 800次; 双发条盒系统; 手工倒角夹板, 饰日内瓦波纹; 22K黄金摆陀。

功能: 小时、分钟; 小秒针位于3时; 日期位于12时; 1/4秒计时码表: 12小时积算盘位于6时, 30分钟积算盘位于9时, 中置秒针。

表壳: 18K玫瑰金; 尺寸44.5x39.2毫米, 厚度12.8毫米; 抛光处理; 表冠直径7毫米; 防眩光蓝宝石水晶表镜; 蓝宝石水晶表背刻有独立编号; 30米防水性能。

表盘: 银色; 太阳放射纹亚光外环; 中央丝绒质感处理; 蜗形纹计时盘。

表带: 黑色爱马仕鳄鱼皮表带; 18K玫瑰金阿狄龙ardillon表扣。

参考价: 价格请向品牌查询。

另提供: 精钢; 黄金表链。

TONDA HEMISPHERES RG CASE, GRAINED WHITE DIAL

参考编号: PFC231-1002400

机芯: PF 337 自动上链机芯; 15¾法分; 直径35.6毫米、厚度5.1毫米; 50小时动力储备; 316块组件; 38颗宝石; 每小时振动频率28 800次; 双发条盒系统; 手工倒角夹板; 饰日内瓦波纹; 22K黄金摆陀。

功能: 小时、分钟; 小秒针和日/夜显示位于6时位置; 日期位于9时位置; 第二时区小时和分钟位于12时位置; 第二时区日/夜显示位于1时30分位置。

表壳: 18K玫瑰金, 直径42毫米,厚度11.15毫米; 抛光处理; 表冠直径分别是7毫米和5.5毫米;防眩光蓝宝石水晶表镜;蓝宝石水晶表背刻有独立编号; 30米防水性能。

表盘: 白色; 中央和计时盘中央为丝绒质处理; 钻石抛光刻面完全; 凹形内圈夜光涂层; 钻石抛光第二时区显示。

表带: 黑色爱马仕鳄鱼皮表带; 18K玫瑰金阿狄龙 ardillon表扣。

参考价: 价格请向品牌查询。

另提供: 精钢表壳, 开面表盘(参考编号: PFC231-0001800); 黄金表壳, 中央表盘为丝绒质处理, 外圈饰日内瓦波纹(参考编号: PFC231-1001200); 精钢表壳, 中央表盘为丝绒质处理, 外圈饰日内瓦波纹(参考编号: PFC231-1200100); 精钢表壳, 表盘饰日内瓦波纹(参考编号: PFC231-1200300)。

TONDA CENTUM WG CASE, OPENWORKED GRAPHITE DIAL

参考编号: PFC232-1200300

机芯: PF 333 自动上链机芯; 11½法分; 直径35.6毫米、厚度3.5毫米; 55小时动力储存; 220块组件; 32颗宝石; 每小时振动频率28 800次; 双发条盒系统; 手工夹板和主机板; 22K黄金摆陀。

功能: 小时、分钟、秒钟; 精准月相(122年); 万年历: 闰年, 月份和星期视窗; 返跳日期显示。

表壳: 18K白金; 直径42毫米、厚度11.15毫米; 表冠直径7毫米;防眩光蓝宝;蓝宝石水晶表背刻有独立编号; 30米防水性能。

表盘: 开面, 蓝宝石; 石墨日期圆环; 镶嵌时标; 三角指针, 覆荧光涂层。

表带: 黑色爱马仕鳄鱼皮表带; 18K白金安全折叠式表扣。

参考价: 价格请向品牌查询。

PERSHING ASTERIA WHITE GOLD CASE, BAGUETTE SET

参考编号: PFC528-1263501

机芯: PF 334 自动上链机芯; 13¼法分; 直径30毫米、厚度6.81毫米; 50小时动力储备; 303块组件; 68颗宝石; 每小时振动频率28 800次; 双发条盒系统; 手工倒角夹板, 饰日内瓦波纹; 22K黄金摆陀。

功能: 小时、分钟; 小秒针位于3时; 日期位于6时; 1/4秒驾驶码表: 12小时积算盘位于6时, 30分钟积算盘位于9时, 中央秒针。

表壳: 18K白金; 直径42毫米, 厚度13.1毫米; 抛光和亚光处理; 单向表圈镶嵌42颗明亮型切割钻石(1.2克拉)和14颗明亮型切割蓝宝石(0.7克拉); 表冠直径7毫米; 表背刻有博星(Pershing)游艇和独立编号; 100米防水性能。

表盘: 蓝色珍珠母贝; 轮缘覆盖与圆形蜗形纹计时表盘边缘; 镀铑时针和分针, 覆荧光涂层; 抛光海星形秒针; 章鱼形中置秒针。

表带: 白色爱马仕小牛皮表带; 18K白金安全折叠式表扣。

参考价: 价格请向品牌查询。

KALPARISMA NOVA RG CASE, DIAMOND SET, IVORY DIAL

参考编号: PFC125-1020700

机芯: PF 332 自动上链机芯; 11½法分; 直径25.6毫米、厚度3.5毫米; 55小时动力储备; 220块组件; 32颗宝石; 每小时振动频率28 800次; 双发条盒系统; 手刻斜面夹板, 饰日内瓦波纹; 22K黄金摆陀。

功能: 小时、分钟; 星形小秒针计时盘位于6时。

表壳: 18K玫瑰金; 尺寸37.5x31.2毫米, 厚度8.4毫米; 抛光处理; 边缘双排镶嵌46颗明亮型切割钻石(0.88克拉); 表冠直径5.5毫米; 防眩光蓝宝石水晶表镜; 蓝宝石水晶表背刻有独立编号; 30米防水性能。

表盘: 象牙白; 太阳纹玑镂图案; 三角指针覆荧光涂层; 镶嵌时标。

表带: 白色爱马仕小牛皮表带; 18K白金安全折叠式表扣。

参考价: 价格请向品牌查询。

另提供: 黑色表盘, 黑色蜥蜴皮表带(参考编号:PFC125-1001400); 玫瑰金表链(参考编号: PFC125-1000700); 玫瑰金表链镶嵌钻石, 黑色表盘(参考编号: PFC125-1021400)。

251

PATEK PHILIPPE
GENEVE

星光璀璨
精美如一

百达翡丽 (Patek Philippe) 为男士和女士呈上两款拥有极高水准的腕表作品，将独一无二的美学韵致与优秀精湛的机械工艺融合其中，令绅士淑女均能享受百达翡丽 (Patek Philippe) 带来的顶级作品。

UNIVERSAL
REFINEMENT

黑色珍珠母贝制成的表盘散发神秘诱惑的光芒，百达翡丽 (Patek Philippe) Ref. 4968G 女士腕表以珍稀材料制成螺旋形装饰图案，作为对传统女士月相腕表及天际冰轮致敬之作。在位于日内瓦的制表工坊精准无误的操作下，273颗钻石以渐进尺寸螺旋式镶嵌方法，装点着直径33.3毫米的表壳。9种不同重量的钻石营造华丽闪烁的氛围，传递出微妙的层次变化，更凸显腕表超尘脱俗的华贵气质。白金款表盘上，黑色珍珠母贝以螺旋形镶刻，延续了整个表壳的主题。由最新研发的 215 PS LU 机芯提供不竭动力，位于6时位置的月相显示将女士的玉腕妆点得熠熠生辉，同时展现着制表界最为精繁的功能之一。表盘上，则以空灵飘渺的星云巧妙营造苍穹之魅。在月相视窗之上，小秒针指示伴随着黄金中置时针和分针运动，装置 Gyromax 平衡摆轮的手动上链机芯则是美景背后的动力来源。11枚镀金数字时标清晰地置于表盘，呈现光影迷离的完美对比。搭配大方格纹鳄鱼皮表带和镶嵌32颗美钻的针式表扣，腕表尽显柔媚奢华。腕表每小时28 800次的振动频率，令技术的精密稳定丝毫不为外形的风华遮掩，透过蓝宝石水晶表背，装置18颗宝石的机芯一览无余。

▲ **REF. 4968G**

呈现精美的螺旋效果并镶嵌300多颗钻石，这枚月相腕表为女士玉腕妆点了天空般的绚烂主题。

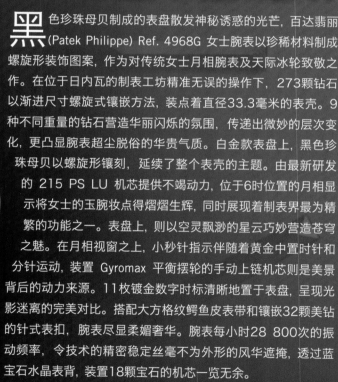

主题宏大、风格简约，百达翡丽 (Patek Philippe) 为男士和女士呈现不同款式的全新腕表作品。

百达翡丽 (Patek Philippe) 擅长简约风格与宏大主题，经典 Calatrave 男款腕表系列再添新作，将冷静果断的风格与优雅内敛的气质完美呈现。Ref. 5123R 腕表拥有18K 玫瑰金表壳，从制表坊20世纪50年代末的作品中汲取了灵感。光滑的表圈与38毫米圆形表壳相得益彰，以传统高贵的造型烘托了富有阳刚气概却不失优雅的品格。万般精致的蛋白银色表盘上，玫瑰金指针和罗马数字为腕表增添了别样的风情。6时位置小秒针计时盘上没有任何数字刻度，体现腕表的极简主义个性。每一枚腕表都拥有百达翡丽 (Patek Philippe) 印记，215 PS 手动上链机芯提供了无与伦比的精确度，透过腕表表背的蓝宝石水晶，其中复杂的机械结构令人一饱眼福。机芯内的专利 Gyromax 平衡摆轮拥有凹槽转盘摆重，赋予机芯更大的惯性动力，并可减少空气阻力。百达翡丽 (Patek Philippe) 将独一无二的典范造型与至繁的机械工艺完美结合，共同为腕表增添令人屏息凝神的独特魅力。

这枚男士腕表以旧时光的传统造型烘托出别样的内敛优雅，同时，女士腕表又以换喻的巧妙笔触将广袤宇宙令人无法抗拒的魅力收于腕上乾坤，百达翡丽 (Patek Philippe) 愈加巩固了在高级制表界无可撼动的皇家地位。

▲ REF. 5123R
搭配深棕色大方格纹鳄鱼皮表带，这枚低调的腕表作品将名表世家的高贵精妙展现得淋漓尽致。

PATEK PHILIPPE 百达翡丽

LADIES GRAND COMPLICATIONS
参考编号: 7140R

机芯: 240 Q 自动上链机芯; 直径27.5毫米、厚度3.88毫米; 48小时动力储存; 275块部件; 27颗宝石; 每小时振动频率21 600次; 基隆麦克斯 (Gyromax)摆轮; 8个夹板; 22K金偏心迷你摆陀; Patek Philippe标识。

功能: 小时、分钟; 万年历: 星期, 日期, 月, 闰年; 月相显示。

表壳: 玫瑰金; 直径35.1毫米; 表圈镶嵌68颗钻石; 表背可换蓝宝石水晶; 30米防水性能。

表盘: 蛋白色; 镀金时标。

表带: 水貂灰色, 手工缝制; 大方格亮丽吻鳄鱼皮; 针式表扣镶嵌27颗钻石(0.2克拉)。

参考价: 价格请向品牌查询。

另提供: 皇家紫色表带。

MEN'S GRAND COMPLICATIONS
参考编号: 5940

机芯: 240 Q 自动上链机芯; 直径27.5毫米、厚度3.88毫米; 48小时动力储存; 275块部件; 27颗宝石; 每小时振动频率21 600次; 基隆麦克斯 (Gyromax)摆轮; 8个夹板; 22K金偏心迷你摆陀; Patek Philippe标识。

功能: 小时、分钟; 万年历: 星期, 日期, 月, 闰年; 月相显示。

表壳: 黄金; 尺寸37X44.6毫米; 表背可换蓝宝石水晶; 30米防水性能。

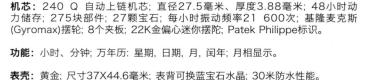

表盘: 奶油色粒质质地; 镀金数字。

表带: 巧克力棕色, 手工缝制, 大方格亚光鳄鱼皮; 针式表扣。

参考价: 价格请向品牌查询。

MEN'S PLATINUM GRAND COMPLICATIONS
参考编号: 5204P

机芯: CHR 29-535 PS Q 手动上链机芯; 直径32毫米, 厚度8.7毫米; 65小时动力储存; 496块部件; 34颗宝石; 每小时振动频率28 800次; 基隆麦克斯 (Gyromax)摆轮; 12个夹板; Patek Philippe标识。

功能: 小时、分钟; 小秒针位于9时; 双追针计时码表: 30分钟积算盘位于3时; 中置秒针; 万年历: 星期, 日期, 月, 闰年和日/夜显示; 月相显示。

表壳: 铂金; 直径40毫米; 表背可换蓝宝石水晶; 30米防水性能。

表盘: 浅银色; 镀金时标。

表带: 亚光黑色, 手工缝制大方格鳄鱼皮; 折叠式表扣。

参考价: 价格请向品牌查询。

CELESTIAL WITH DATE
参考编号: 6102P

机芯: 240 LU CL C 自动上链机芯; 直径38毫米, 厚度6.81毫米; 48小时动力储存; 315块部件; 45颗宝石; 每小时振动频率21 600次; 基隆麦克斯 (Gyromax)摆轮; 12个夹板; 22K金偏心迷你摆陀; Patek Philippe标识。

功能: 小时、分钟; 星空显示和月亮轨道显示; 中置日期指针; 小天狼星和月亮的中日时间。

表壳: 铂金; 直径44毫米; 蓝宝石水晶表背; 30米防水性能。

表盘: 三个金属处理蓝宝石水晶圆盘; 天空椭圆框架可见。

表带: 亮海军蓝色; 手工缝制鳄鱼皮; 折叠式表扣。

参考价: 价格请向品牌查询。

LADIES FIRST CHRONOGRAPH　　参考编号: 7071G

机芯: CH 29-535 PS 手动上链机芯; 直径29.6毫米, 厚度5.35毫米; 65小时动力储存; 269块部件; 33颗宝石; 每小时振动频率28 800次; 基隆麦克斯(Gyromax)摆轮; 11个夹板; Patek Philippe标识。

功能: 小时、分钟; 小秒针位于9时位置; 计时码表: 30分钟积算盘位于3时, 中置计时码表指针。

表壳: 白金; 尺寸35x39毫米; 蓝宝石水晶表背; 30米防水性能。

表盘: 蓝色; 轮缘镶嵌116颗钻石(0.55克拉); 沙质处理时标。

表带: 深蓝色, 手工缝制大方格亮鳄鱼皮; 针式表扣。

参考价: 价格请向品牌查询。

MEN'S COMPLICATION　　参考编号: 5130/1G

机芯: 240 HU 自动上链机芯; 直径32毫米, 厚度3.88毫米; 48小时动力储存; 239块部件; 33颗宝石; 每小时振动频率28 800次; 基隆麦克斯(Gyromax)摆轮; 8个夹板; 22K金偏心迷你摆陀; Patek Philippe标识。

功能: 小时、分钟; 24小时和24世界时区日/夜显示; 世界时间。

表壳: 白金; 直径39.5毫米; 蓝宝石水晶表背; 30米防水性能。

表盘: 金色; 灰色中心饰扭索太阳放射纹; 镀金时标。

表带: 白金; 折叠式表扣。

参考价: 价格请向品牌查询。

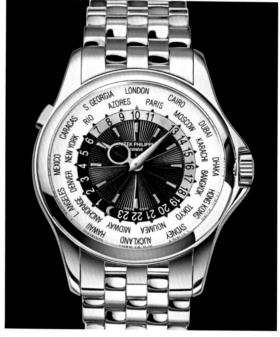

MEN'S NAUTILUS　　参考编号: 5726/1A

机芯: 324 S QA LU 24H 自动上链机芯; 45小时动力储存; 直径32.6毫米, 厚度5.78毫米; 347块部件; 34块宝石; 每小时振动频率28 800次; 基隆麦克斯(Gyromax)摆轮; 10个夹板; Patek Philippe标识。

功能: 小时、分钟、秒钟; 年历; 月相; 24小时显示; AM/PM功能。

表壳: 精钢; 直径40.5毫米; 旋紧式表背; 蓝宝石水晶表背; 120米防水性能。

表盘: 黑色; 镀金时标, 覆夜光涂层。

表带: 精钢; Nauti-lus折叠式表扣。

表盘: 蓝色珍珠母贝; 轮缘覆盖与圆形蜗形纹计时表盘边缘; 镀铑时针和分针, 覆荧光涂层; 抛光海星形秒针, 刻触手; 章鱼形中置秒针。

表带: 白色爱马仕(Hermès)小牛皮表带; 18K白金安全折叠式表扣。

参考价: 价格请向品牌查询。

MEN'S ANNUAL CALENDAR　　参考编号: 5396/1R

机芯: 324 S QA LU 24H 自动上链机芯; 直径32.6毫米, 厚度5.78毫米; 45小时动力储存; 347块部件; 34颗宝石; 每小时振动频率28 800次; 基隆麦克斯(Gyromax)摆轮; 10个夹板; Patek Philippe标识。

功能: 小时、分钟、秒钟; 年历; 月相; 24小时指示。

表壳: 玫瑰金; 直径38毫米; 蓝宝石水晶表背; 30米防水性能。

表盘: 棕色太阳放射纹; 镀金时标。

表带: 玫瑰金; 折叠式表扣。

参考价: 价格请向品牌查询。

PATEK PHILIPPE　百达翡丽

MEN'S GRAND COMPLICATIONS　参考编号: 5101J

机芯: TO 28-20 REC 10J PS IRM 手动上链机芯; 尺寸28x20毫米, 厚度6.3毫米; 240小时动力储存; 231块部件; 29颗宝石; 每小时振动频率21 600次; 基隆麦克斯(Gyromax)摆轮; 11个夹板; 2个主游丝发条盒; Patek Philippe标识。

功能: 小时、分钟; 小秒针和10日陀飞轮显示于6时位置; 10日动力储存显示位于12时位置。

表壳: 黄金; 尺寸29.6x51.7毫米; 蓝宝石水晶表背; 30米防水性能。

表盘: 奶油色; 镀金数字。

表带: 亚光深棕色手工缝制大方格鳄鱼皮; 针式表扣。

参考价: 价格请向品牌查询。

MEN'S GRAND COMPLICATIONS　参考编号: 5207R

机芯: RTO 27 PS QI 手动上链机芯; 直径32毫米, 厚度9.33毫米; 48小时动力储存; 549块部件; 35颗宝石; 每小时振动频率21 600次; 基隆麦克斯(Gyromax)摆轮; 飞轮; 黄金第三摆轮; 宝玑游丝; Patek Philippe标识。

功能: 小时、分钟; 瞬时万年历: 月份显示位于1时30分, 星期显示位于10时30分, 日期显示位于12时; 小秒针, 月相有日/夜显示, 及陀飞轮位于6时位置; 问表功能, 以滑擎两个音簧启动。

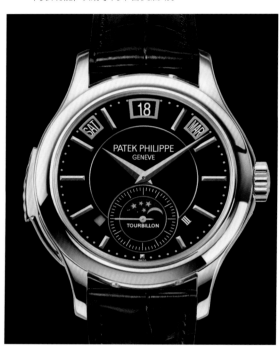

表壳: 玫瑰金; 直径41毫米; 表背可换蓝宝石水晶; 防潮防尘功能。

表盘: 黑色; 镀金时标。

表带: 亚光黑色手工缝制大方格鳄鱼皮; 针式表扣。

参考价: 价格请向品牌查询。

LADIES COMPLICATIONS　参考编号: 4968R

机芯: 215 PS LU 手动上链机芯; 直径21.9毫米, 厚度3毫米; 44小时动力储存; 157块部件; 18颗宝石; 每小时振动频率28 800次; 基隆麦克斯(Gyromax)摆轮。

功能: 小时、分钟; 小秒针和月相显示位于6时位置。

表壳: 玫瑰金; 直径33.3毫米; 表圈和表壳以螺旋状镶嵌273颗钻石(2.12克拉)蓝宝石水晶表背; 30米防水性能。

表盘: 白色珍珠母贝; 镶刻螺旋状饰纹; 镀金数字。

表带: 亮灰褐色大方格手工缝制鳄鱼皮; 针式表扣镶嵌32颗钻石(0.25克拉)。

参考价: 价格请向品牌查询。

MEN'S COMPLICATIONS　参考编号: 5960R

机芯: CH 28-520 IRM QA 24H 自动上链机芯; 直径33毫米, 厚度7.68毫米; 55小时动力储存; 456块部件; 40颗宝石; 每小时振动频率28 800次; 基隆麦克斯(Gyromax)摆轮; 14个夹板; 宝玑游丝; Patek Philippe标识。

功能: 小时、分钟、秒钟; 年历: 月份位于1时30分, 星期位于10时30分; 日期位于12时; 计时码表: 12小时和60分钟单积算盘位于6时; 动力储存含日/夜指示功能。

表壳: 玫瑰金; 直径40.5毫米; 蓝宝石水晶表背; 30米防水性能。

表盘: 灰色; 镀金时标。

表带: 亚光棕色手工缝制大方格鳄鱼皮。

参考价: 价格请向品牌查询。

LADIES FIRST MINUTE REPEATER　参考编号: 7000R

机芯: R 27 PS 自动上链机芯; 直径28毫米, 厚度5.05毫米; 48小时动力储存; 342个部件; 39颗宝石; 每小时振动频率21 600次; 22K金单向微型上链转子; 基隆麦克斯(Gyromax)摆轮; 平摆轮游丝; 可调节游丝外圈; Patek Philippe标识。

功能: 小时、分钟; 小秒针位于6时; 问表。

表壳: 4N 18K 玫瑰金; 直径33.7毫米, 厚度9.5毫米; 双位置表冠(拉开: 设定时间; 按进: 给腕表上链); 滑擎位于表壳左侧启动问表功能; 蓝宝石水晶表镜; 18K玫瑰金可换, 蓝宝石水晶表背, 镶蓝宝石水晶视窗。

表盘: 奶油色; 反转印复古玫瑰金; 9枚18K玫瑰金宝玑数字; Poire Stuart 18K玫瑰金时针和分针; 18K玫瑰金小秒针。

表带: 手工缝制大方格亚光珍珠母贝色泽鳄鱼皮; 18K玫瑰金针式表扣。

参考价: 价格请向品牌查询。

LADIES COMPLICATIONS　参考编号: 7180/1G

机芯: 177 SQU 手动上链机芯; 直径20.8毫米, 厚度1.77毫米; 43小时动力储存; 110块部件; 18颗宝石; 每小时振动频率21 600次; 基隆麦克斯(Gyromax)摆轮; 超薄; 镂空; 手工饰刻。

功能: 小时、分钟。

表壳: 白金; 直径31.4毫米; 蓝宝石水晶表背; 30米防水性能。

表盘: 镂空。

表带: 白金; 短链。

参考价: 价格请向品牌查询。

MEN'S GRAND COMPLICATIONS　参考编号: 5213G

机芯: R 27 PS QR 自动上链机芯; 直径28毫米, 厚度7.23毫米; 48小时动力储存; 515块部件; 41颗宝石; 每小时振动频率21 600次; 基隆麦克斯(Gyromax)摆轮; 12个夹板; Patek Philippe标识。

功能: 小时、分钟; 万年历: 闰年位于12时位置, 月份位于3时, 星期位于9时, 返跳日期指针; 月相和小秒针位于6时; 问表以滑擎启动。

表壳: 白金; 直径40.6毫米; 蓝宝石水晶表背; 防潮防尘。

表盘: 银色; 镀金数字。

表带: 亚光黑色手工缝制方格鳄鱼皮; 折叠式表扣。

参考价: 价格请向品牌查询。

MEN'S COMPLICATIONS　参考编号: 5170J

机芯: CH 29-535-PS 手动上链机芯; 直径29.6毫米, 厚度5.35毫米; 65小时动力储存; 269件部件; 33颗宝石; 每小时振动频率28 800次; 基隆麦克斯(Gyromax)摆轮; Patek Philippe标识。

功能: 小时、分钟; 小秒针位于9时; 导柱轮计时码表: 30分钟积算盘位于3时, 中置秒针。

表壳: 黄金; 直径39毫米; 蓝宝石水晶表背; 30米防水性能。

表盘: 蛋白色; 镀金时标。

表带: 亚光巧克力棕色手工缝制鳄鱼皮; 折叠式表扣。

参考价: 价格请向品牌查询。

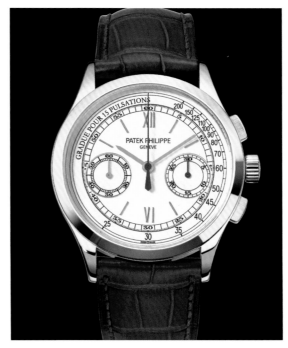

PORSCHE DESIGN
TIMEPIECES

经典再现 DRIVE AND PURPOSE
风驰电掣

Porsche Design 纵横高级表坛四十年。作为闻名于世的德国品牌，一直以来，Porsche Design 忠于自己大胆创新的DNA，不断推陈出新，唤起了对光辉历史的无限回忆。

1962年，创始人费迪南德·亚历山大·保时捷 (Ferdinand Alexander Porsche) 因其传奇性的保时捷911赛车而闻名，之后他于1972年创办斯图加特 (Stuttgart) 设计工作室，标志了一个全新的开始。这位自幼便极富创造性的德国设计师很快在制表界一举成名。作为第一个作品，Porsche Design 为世界呈现的首枚腕表通体纯黑，黑色PVD涂层外观使腕表拥有无可比拟的易读性，令如今的制表业纷纷效仿。利用白色指针和全黑色表盘鲜明对比的设计，最早便是从 Porsche Design 而来。除了首次将铝合金、钛合金和航空钉应用于制表，1978年，品牌还推出了世界首枚罗盘腕表。

为了纪念40年间品牌革命性的创新精神，Porsche Design 特别推出周年纪念套装，内含三款品牌经典腕表，功能得以加强的同时，设计也极具现代感，分别为P'6520 罗盘腕表 (P'6520 Compass Watch)，P'6530 钛金属计时码表 (P'6530 Titanium Chronograph) 和 P'6510 全黑计时码表 (P'6510 Black Chronograph)。纪念套装的推出仿佛提醒人们，过去的杰出造就了未来的辉煌，现代制表业应当满怀对传统工艺的敬意继续前行。

◀ **P'6500 HERITAGE BOX 和**
P'6510 BLACK CHRONOGRAPH

这款纪念套装包括三只重新诠释的经典腕表：世界首枚全黑计时码表，经PVD涂层处理 (1972)，世界首枚罗盘腕表 (1978)，世界首枚钛金属计时码表 (1980)，均为费迪南德·亚历山大·保时捷教授亲自研发设计。

这款腕表设计硬朗果断，对速度与力量的诠释鲜明而不张扬。

Porsche Design Flat Six 系列推出三款全新腕表，依然遵循了费迪南德·亚历山大·保时捷教授的设计哲学，将美学素养与实用功能紧密相连。P'6350 和 P'6351 的设计灵感源自保时捷911跑车引擎水平对卧式的六汽缸设计，在男士和女士腕表上实现了无可比拟的易读性。两只腕表分别拥有44毫米和40毫米表径，搭载 Sellita SW200 自动上链机芯，并装置 Porsche Design 转子系统。每款腕表均有10个不同款式可供选择，并且全部使用三指针概念，将大指针与时标镀以荧光材料，不仅保持了其鲜明的设计特点，更保证了时间的易读性。

系列中第三位成员 P'6360 Flat Six 自动计时码表专为速度与计时特别打造。表径宽44毫米，采用精钢或黑色PVD涂层精钢材质，重要信息在表盘一览无余。在6时、9时和12时位置，三个小表盘分别提供小秒针、30分钟计时码表和12小时计时码表显示。而在3时位置，星期和日期视窗为表盘带来生动的对称美。这款腕表设计硬朗果断，对速度与力量的诠释鲜明而不张扬。表盘仿佛一架微型赛车仪表盘，匠心独具的镌刻转速计设计正与创始人的设计初衷相符，通过装饰腕表边缘既达到了计时目的，同时配合每小时振动频率28,800次的机芯及中置计时码表指针，使之用有测量最高330千米/时速度的能力。

▲ **P'6350 FLAT SIX 和 P'6351 FLAT SIX**

男款腕表(P'6350) 和女款腕表(P'6351) 的三指针设计，旨在为佩戴者提供最优的易读性。腕表拥有38小时动力储存能力，每小时振动频率28800次。

▶ **P'6360 FLAT SIX AUTOMATIC CHRONOGRAPH**

腕表作为 Flat Six 系列中的新作，共有9款表盘，表壳和表带的不同搭配，共同

PORSCHE DESIGN

P'6350 FLAT SIX AUTOMATIC

参考编号: 6350.42.44.0276

机芯: Sellita SW200 自动上链机芯, Porsche Design 转子; 38小时动力储存。

功能: 小时、分钟、秒钟; 日期显示位于3时位置。

表壳: 喷砂, 抛光, 圆形磨砂精钢; 直径44毫米; 抛光黑色PVD精钢涂层表圈; 旋入式表冠; 蓝宝石水晶表镜; 透明表背; 100米防水性能。

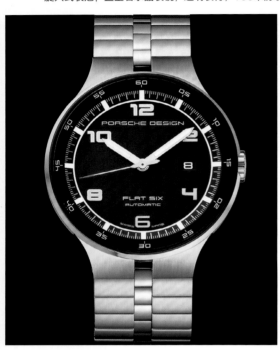

表盘: 黑色表盘; 夜光阿拉伯数字。

表带: 垂直磨砂, 抛光精钢表链; 折叠式表扣。

参考价: RMB 31 000

另提供: 白色、灰色或红色表盘; 橡胶表带, 黑色PVD涂层处理。

P'6351 FLAT SIX AUTOMATIC

参考编号: 6351.47.64.1256

机芯: Sellita SW200自动上链机芯, Porsche Design 转子; 38小时动力储存。

功能: 小时、分钟、秒钟; 日期显示位于3时位置。

表壳: 喷砂, 抛光, 圆形磨砂精钢; 直径40毫米; 抛光精钢表圈; 旋入式18K玫瑰金4N表冠; 蓝宝石水晶表镜; 透明表背; 100米防水性能。

表盘: 白色, 阿拉伯数字; 轮缘镶嵌12颗钻石。

表带: 白色橡胶表带; 针式表扣。

参考价: RMB 82 000

另提供: 黑色、灰色或黄色表盘; 精钢表链, 黑色PVD涂层处理。

P'6360 FLAT SIX AUTOMATIC CHRONOGRAPH

参考编号: 6360.43.04.0275

机芯: ETA Valjoux 7750 自动上链机芯, Porsche Design 转子; 48小时动力储存。

功能: 小时、分钟、秒钟; 日期、星期显示位于3时; 计时码表。

表壳: 喷砂, 抛光, 圆形磨砂精钢; 直径44毫米; 抛光精钢黑色PVD涂层处理表圈; 蓝宝石水晶表镜; 透明表背; 100米防水性能。

表盘: 碳黑色表盘; 荧光阿拉伯数字。

表带: 垂直磨砂, 抛光黑色PVD涂层处理精钢表链; 折叠式表扣。

参考价: RMB 49 000

另提供: 18K玫瑰金, 红色或白色表盘; 橡胶表带或精钢及PVD涂层处理链带。

P'6510 HERITAGE BLACK CHRONOGRAPH

参考编号: 6510.43.41.0272

机芯: ETA Valjoux 7750 自动上链机芯, Porsche Design 转子; 48小时动力储存。

功能: 小时、分钟、秒钟; 日期、星期显示位于3时位置; 计时码表。

表壳: 喷砂黑色PVD涂层处理精钢; 直径44毫米; 旋紧式表冠; 蓝宝石水晶表镜; 100米防水性能。

表盘: 黑色表盘; 荧光时标。

表带: 喷砂黑色PVD涂层处理精钢表链。

备注: 限量发行911只, 具独立编号。

参考价: RMB 57 000

P'6620 DASHBOARD CHRONOGRAPH

参考编号：6620.13.46.0269

机芯： ETA Valjoux 7753自动上链机芯，Porsche Design 转子；48小时动力储备。

功能： 小时、分钟、秒钟；日期显示；计时码表。

表壳： 喷砂黑色PVD涂层处理精钢表壳；直径44毫米；蓝宝石表镜；100米防水性能。

表盘： 黑色表盘；夜光时标。

表带： 喷砂黑色PVD涂层处理精钢。

参考价： RMB 54 000

另提供： 白色、棕色、蓝色表盘，橡胶表带及精钢链带；玫瑰金表壳。

P'6750 WORLDTIMER

参考编号：6750.13.44.1180

机芯： Eterna 6037自动上链机芯，Porsche Design 转子；48小时动力储存。

功能： 小时、分钟、秒钟；世界时间24小时区域。

表壳： 黑色PVD钛金表壳；直径45毫米；黑色PVD钛金表圈；蓝宝石水晶表镜；100米防水性能。

表盘： 黑色表盘；夜光阿拉伯数字时标。

表带： 黑色橡胶表带；折叠式表扣。

参考价： RMB 129 000

另提供： 钛金表盘；钛金表壳。

P'6780 DIVER

参考编号：6780.44.53.1218

机芯： ETA 2892-A2自动上链机芯，Porsche Design 转子；42小时动力储存。

功能： 小时、分钟、秒钟；日期显示。

表壳： 磨砂精钢，直径46.8毫米；磨砂钛金表耳；磨砂精钢按擎；磨砂钛金表背；喷丸钛金夹板；1000米防水性能。

表盘： 黑色表盘；荧光时标。

表带： 黑色橡胶表带；折叠式表扣,附潜水加长链。

参考价： RMB 89 000

另提供： 黑色表盘；黑色PVD涂层处理表壳。

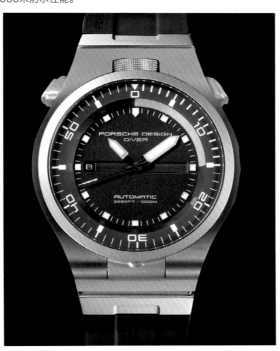

P'6910 INDICATOR

参考编号：6910.69.44.1149

机芯： Eterna 6036自动上链机芯；46小时动力储存。

功能： 小时、分钟、秒钟；计时码表；数位显示计时读书。

表壳： 雾面、亚光，抛光玫瑰金；直径49毫米；黑色PVD涂层处理钛金表圈；蓝宝石水晶表镜；透明表背；50米防水性能。

表盘： 黑色表盘；荧光阿拉伯数字和时标。

表带： 黑色橡胶表带；玫瑰金针式表扣。

参考价： RMB 2 425 000

另提供： 亚光或黑色PVD涂层处理钛金表圈。

RALPH LAUREN
WATCH AND JEWELRY CO.

探索之旅 优雅计时
ADVENTUROUS ELEGANCE

拉尔夫·劳伦（Ralph Lauren）将马术传统浓缩于精致腕表之中，仿佛为非洲原野探险特别打造。精妙的制表技艺糅合了拉尔夫·劳伦（Ralph Lauren）对马术的喜爱，以及对探险永无止境的追求。

拉尔夫·劳伦（Ralph Lauren）Stirrup 系列融合优雅高贵的马术风格，其中两款经典腕表造型典雅，亦个性鲜明。

搭载精准无误的RL430机械机芯，Stirrup Gold Link 腕表气质出众。拥有18克拉玫瑰金表壳、凸状蓝宝石水晶表镜，玫瑰金表冠镶有RL标志，展现了拉尔夫·劳伦（Ralph Lauren）作为时尚大师的不凡审美。一枚精美表链如画龙点睛；表带粒连接流畅，柔软灵便，配于玉腕之上轻若无物。白色漆光表盘之上，剑型时针、分针与黑色罗马数字呈现低调优雅的女性韵味。Stirrup Gold Link 作为内外兼修的一款腕表，折射出女性耀眼美好的形象，以自信精致的设计吸引众人目光。

▲ **STIRRUP GOLD LINK 腕表**
Stirrup Gold Link 腕表表链经过独特的手工制造，美丽典雅。表带粒的设计确保佩戴者舒适无缝地佩戴这款手动上链腕表。

拉尔夫·劳伦（Ralph Lauren）Stirrup 系列包含男款与女款腕表，既展现了勇猛阳刚的男性气概，又将女性温柔感性展露无遗。

Stirrup Large Rose Gold Chronograph 腕表将男性运动气质与坚定优雅的贵族风度一展无余。白色表盘简洁大方，俊美隽永，仿佛为精妙机械提供了创作的画布，与黑色鳄鱼皮表带鲜明对比的同时，完美映衬着18K镶漆玫瑰金表壳。亮黑色剑型指针经氧化涂层处理，在腕表标志性的马蹄形表盘内转动。表盘饰有罗马数字和铁轨造型的分标设计，匠心独具。腕表搭载 RL750 自动上链机芯，三个清晰简洁的小表盘巧妙置于表盘上，将变形罗马数字时标分隔开来，完美映衬着腕表中央指挥棒式的长指针。腕表的导柱轮控制机芯每小时振动频率达28800次。

▲ **STIRRUP LARGE ROSE GOLD CHRONOGRAPH 腕表**
这款马术主题的腕表上，玫瑰金表壳的温暖光芒与黑色鳄鱼皮表带完美相映。

RALPH LAUREN　拉尔夫·劳伦

▼ **SAFARI RL67**
拉尔夫·劳伦 (Ralph Lauren) 将用于传统炮铜的制作工艺
带入高级制表界，为世人呈上粗狂与优雅并存的经典腕表。

拉尔夫·劳伦（Ralph Lauren）于1984年推出经典之作 Safari 系列腕表；近二十年之后，这个著名设计品牌将非洲探险般的粗犷个性淋漓尽致地铺洒于腕表之上，大无畏的探险精神与魅惑之美一览无余。

Safari RL67 腕表得益于先进的制作工艺，每只皆传递出独一无二的手工技艺与至高水准。在腕表制作上，拉尔夫·劳伦（Ralph Lauren）更别出心裁，采用非传统的化学及热处理技术，加入令人啧啧称奇的枪械制作工艺。金属做旧处理唤起腕表粗犷野性的男性气质，科技感炮铜色加工赋予每只腕表多层效果和细密色泽。通过极为精细的加工方式，腕表配件经喷砂、微喷砂、磨砂、抛光和斜切等多种工艺打造，金属表面折射出精心设计的光泽，与烟熏黑色一同诠释了经典 Sporting Safari 系列的设计哲学。蕴含深厚美学涵养之外，精湛的炮铜处理工艺将精钢表壳变得愈加坚固可靠，与普通表壳相比，更持久耐用。

Safari RL67 腕表拥有39毫米和45毫米两款可供选择。RL750 机芯饰有垂直日内瓦波纹以及鱼鳞纹，搭载261件组件，振频达4赫兹。白色荧光罗马数字与时针分针，和磨砂黑色表盘鲜明对比。计时器与小秒针表盘与亮白涂漆时标和谐相映；位于中心的橙色涂漆指针为指挥棒形状，随着时间流逝而旋转。同时，6时位置的时间显示视窗巧妙地置于小秒针表盘内。

Safari RL67 腕表饰有橄榄绿做旧帆布表带，与粗犷硬朗外的观极为相称，能够舒适扣戴在使用者的手腕上，视觉效果更使人联想到探险者身上的背包。大胆展露粗犷气概的同时，Safari RL67 传递出非洲探险般的核心风格。拉尔夫·劳伦（Ralph Lauren）坚持精良制作，对设计更有独到见解，为世人展现一款极具高原探险想象的腕上杰作。

拉尔夫·劳伦（Ralph Lauren）的设计哲学赋予 Stirrup 系列贵族式的马术传统，唤醒亘古以来人与马的紧密联系。Safari RL67 体现运动精神的同时，也奠定了品牌在高级制表界饶勇豪迈的形象。狂野、入世、感性，拉尔夫·劳伦（Ralph Lauren）赋予腕表与众不同的大胆创意和令人无法抵抗的高贵气质，带来优雅精致、充满探险精神的经典计时。

RICHARD MILLE

突破极限
PUSHING PAST
ALL LIMITS
勇攀巅峰

"我的所有腕表都传达了两个主题：对生活无与伦比的激情以及对机械工艺的热爱。就是这两件事，别无其他，让整个腕表家族不断进步前行，年复一年。"

Richard Mille 无人可及的远见卓识已经享誉制表界，年复一年，我们期待拥有 Richard Mille 响亮名字、彰显远见卓识的作品，而且不仅是一两件，而是层出不穷的新作。然而，对于许多人来说，最为令人惊异的是他不断突破极限的创举，给人带来超越期待的惊喜。Mille 的迷人之处在于突破别人眼里的极限性，这也是为品牌热衷者最为欣赏倾慕的地方。他的腕表让人们勇于梦想，并且意识到，突破会给生活增添无穷魅力。

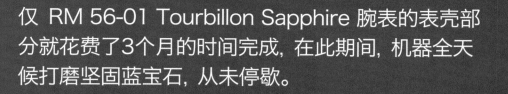

仅 RM 56-01 Tourbillon Sapphire 腕表的表壳部分就花费了3个月的时间完成，在此期间，机器全天候打磨坚固蓝宝石，从未停歇。

要有光：
RM 56-01 TOURBILLON SAPPHIRE

　　直至去年，RM 056 仍是世界第一枚以坚固蓝宝石打造表壳的腕表，其机械核心亦令人叹为观止。毋庸置疑，新款 RM 56-01 Tourbillon Sapphire 是 Richard Mille 突破极限的完美范例。除机板和夹板均为蓝宝石打造外，其坚固蓝宝石表壳本身就花费3个月时间完成，由机器日夜不停地打磨，从未停歇。蓝宝石拥有超凡的坚固性，硬度比钻石稍低，这样精致至极的机芯组件由蓝宝石制作而成，无疑将材料的使用推至极限。在钟表世界里，结果当然也是独一无二的：腕表达到了难以置信的透明度，棱镜折射的光线将陀飞轮的机械奥秘展露无遗。

267

实用、美妙、举世无双：
RM 036 G SENSOR TOURBILLON JEAN TODT

对于那些追求速度的驾驶者来说，集合高端制表工艺与实用机械解决方案的 RM 036 G Sensor Tourbillon Jean Todt 无疑夺目。腕表的钛金款仅在全球限量推出15枚，并运用高精度全机械系统，加上指示器将G力以更为人一目了然的形式呈现，一个拱形刻度就位于表盘的上半部分。绿色代表G力已达可接受的极限范围，而红色便是高G力的体现。Jean Todt，FIA (国际汽车联合会) 主席将把这件腕表销售利润的一部分捐献给他最关心的两项事业："FIA Action For Road Safety"国际汽联道路安全行动和ICM大脑和脊柱研究所，他本人也是 ICM 的创立者之一。

飞跃高空：
RM 39-01 AUTOMATIC FLYBACK AVIATION CHRONOGRAPH

手动上链腕表 RM 039 E6-B Tourbillon Aviator 的自动版本结合了 E6-B 包括飞返计时码表实时记录在内的的许多功能，拥有一枚自动上链机械机芯和一个特殊按擎系统，使佩戴者一个动作就能快速上锁和解锁飞返按擎，因而能够避免任何计算失误的可能性。表冠上一个简单的旋转就可以显示上锁状态，绿色箭头代表按擎可以启动，红色箭头代表已经上锁。旋转刻度显示拥有许多与著名 E6-B 飞行计算器相同的性能，后者由美国海军上尉

Philip Dalton 于20世纪30年代发明。这个圆形的刻度采用双向旋转表圈，可以读出和计算燃油消耗、飞行时间、陆地速度、密度高度或者风向校准，还可以快速在不同度量衡之间转换（例如航海迈数转为千米，加仑转为升，或者千克转为磅）。这些机械形式的计算功能对于飞行员来说极为可贵，因为它们无需电池或电源，因而可以在任何情况下都保持可靠性能。

冠军水准：
RM 27-01 TOURBILLON RAFAEL NADAL

从高级别网球比赛的力量中获得灵感，这件全新陀飞轮腕表向世人展示了为运动而制的陀飞轮腕表的创新成就。在这枚腕表上，整个镂空机芯为钛合金和Lital®制成，总重仅为3.5克，机芯以四根直径仅为0.35毫米的缆索连接在一体式碳纳米管制成的表壳上，每根缆索都经特别设计，带有可调式拉力，将机芯悬在空中。这件旷世之作集合先前所有珍贵经验，代表了制表发展史上的另一座里程碑。这件仅发布50枚的腕表的酒桶型表壳更显匠心独具：将前后表圈一直延伸到每一枚腕表螺钉周围，为动感的表壳线条赋予了极致的运动感，并使超轻表壳结构倍添坚固性。

胜利之队：AUTOMATIC FLYBACK CHRONOGRAPH
RM 11-01 ROBERTO MANCINI

Robert Mancini, 昔日的足球名将、现任曼城足球俱乐部经理，成就斐然，誉满天下。身为足球运动员时，他就6次赢得意大利杯冠军，两次被评为意大利联盟年度球员，两次为球队捧回欧洲杯冠军奖杯，并赢得欧洲超级杯奖杯。Mancini 的个性迅速征服了 Richard Mille。作为无人可及的战术大师，他因球场上的创造性与优雅风度而备受瞩目。作为一位真正的足球绅士，他是品牌的完美诠释：优雅、富有创造力并且技术精湛。RM 11-01 腕表便是为这位 Richard Mille 的新伙伴而专门打造的。

在一场足球比赛中，上下半场、加时和补时均令球队经理紧张不已。战术依据剩余比赛时间而制定，而战术质量又是胜负的关键。Mancini 需要一件超高科技含量的工具，比赛期间，特别

是在加时补时期间协助经理，因为此时剩余的时间不再向球员和经理显示。没有了时间参考，球队经理显然要承受更大的压力。

Richard Mille 与 Mancini 合作创制了 RM 11-01 腕表。搭载 RMAC1 机芯，这件腕表拥有一个年历视窗，一个带有中置分钟积算盘的飞返计时码表，以及区分比赛时段的表盘。尽管操作极为简便，它仍是制表界独一无二的佳作。表盘显示足球比赛45分钟每个半场和至多15分钟的补时时间。按下位于4时位置的按擎就可启动飞返功能，并重置12时位置的指针，准备开始第二半场。如有加时阶段，飞返功能被重新启动，腕表显示15分钟的加时阶段和至多5分钟的补时时间。对于曼城队经理来说，这枚功能非凡的 RM 11-01 Roberto Mancini 可为比赛计时，协助制定最佳战术，乃最佳腕表之选。

速度之巅：
RM 59-01 TOURBILLON YOHAN BLAKE

24岁牙买加名将 Yohan Blake 曾在2012伦敦夏季奥运会上获得多块奖牌，更是极少数世界速度最快的短跑选手之一。在去年八月的洛桑，他以9.69秒的成绩赢得100米金牌，37.15千米/时的奔跑速度向世人证明了他的过人天赋和破记录的非凡实力。2012年7月与 Richard Mille 合作后，Blake 便佩戴一枚 Richard Mille 陀飞轮腕表向世人展现他的超凡速度。他不仅为品牌提供了真实的测试环境，更帮助 Richard Mille 的工程师创制出这枚令人惊艳的运动腕表。

RM 59-01 腕表具有视觉冲击力的夹板令人过目难忘，夹板横架于机芯之上，令人想起野兽的利爪，"The Beast"(野兽) 也正是 Blake 的绰号。耐蚀铝Pb109 合金是一种铝、镁、硅和铅制成的合金，支撑了陀飞轮框架和中置齿轮，并将坚固的5级钛金主机板装配于表壳内。此部件经过氧化处理呈现绿色结晶色并加上黄色手工绘制，其黄绿色向 Blake 和他的祖国牙买加致敬。

RM 59-01 腕表搭载一枚镂空手动上链机芯，拥有每秒21,600次的振动频率和约50小时的动力储存能力。腕表拥有5级钛金和耐腐蚀铝合金Pb109、优化传动齿轮系统和变量惯性摆轮，保证了极优的性能和优秀的校准/动力储存比率。

极具创新性的 RM 59-01 Yohan Blake 表盘采用了 Richard Mille 热衷的酒桶型设计，并加以新的诠释。腕表拥有惊人的厚度，并在2时和5时位置逐渐变细，避免扭矩限制表冠摩擦 Blake 的腕部，保证佩戴时的舒适度。腕表由半透明内置碳纳米管的合成材料制成，这是人类所知的迄今为止最强韧的材料。透过半透明腕表，令人啧啧称奇的复杂机芯一览无余。这枚 RM59-01 Yohan Blake 腕表拥有极高辨识度，是该系列中的一件不凡之作。

温柔可人：
RM 26-01 TOURBILLON PANDA

大熊猫是熊族中安静的一员，喜食竹子，全球知名，深受喜爱。然而，这种可爱的生物如今濒临生存危机，它们的栖息地也变得十分有限。中国政府正不遗余力地保护这些濒危动物，只有亚洲很小的一部分区域才能发现它们的踪影。熊猫生活居住在山坡及其周边地区，其食物结构主要是竹笋，每天大部分时间都需要不停进食。熊猫的生存依赖于竹子的生长周期和供应量。这些温柔可爱的动物食用的竹子种类共有15种，这些竹子也在不同的时间成熟。

新款 RM 26-01 Tourbillon Panda 腕表由18K白金和红金制成，这款精美的珠宝腕表纪念了这种独特的动物及其栖息地。以纯黑色缟玛瑙制成主机板，表盘上雕刻着熊猫和它喜爱的竹子。纯粹美好的场景也提醒着人们珍惜大自然的美，更应该为未来保护生灵与环境。

一日邀游：
RM 58-01 TOURBILLON WORLD TIMER JEAN TODT

　　如今的我们很难想象一个没有24小时时区的世界，然而一直到20世纪之前，世界上还使用许多不同的时区划分法。随着铁路和电报系统贯通东西方，将欧洲、亚洲和美国相连，时区设置造成的混乱让人们意识到有必要采取行动。24小时时区的划分基于一条本初子午线，数学家 Quirico Filopanti 于1858年第一次提出了子午线的概念，在1884年的国际子午线会议上，这个24小时时区划分和将格林威治作为本初子午线的提案才被国际接受。一直到20世纪，这种方法才被采用，并最终在全球统一实施。

　　FIA主席 Jean Todt 日理万机，每年需要全球飞行数千公里参加正式活动与会议。Richard Mille 力求为像 Jean Todt 这样的空中飞人们提供一个更为简便易用的工具，轻松掌握旅途中的不同时区时间。一枚特别的腕表，RM 58-01 由此诞生，这枚腕表让旅行者掌握不同时区时间，简单易行。

　　这枚手动上链腕表拥有小时、分钟指示和10天动力储存，在2时位置显示。内置 RM 58-01 机芯，直径为34毫米，配5级钛金主机板，同一材质也用于夹板制造。陀飞轮位于腕表9时位置，并拥有3赫兹的振动频率，装置在4件套钛金与红金制成的表

壳内。旋转表圈经过喷砂、亚光磨砂和抛光制作，刻有世界24个城市，代表国际24个时区，位于棕色的上方轮缘之上。

　　腕表的简洁设计背后，隐藏着极其精密的机械技术。与其他时区腕表相比，RM 58-01 无需任何调校按擎来转换时区。时间只需通过逆时针方向旋转表圈即可完成，让调校时间变得更加快捷。旅行者要做的，仅仅是将目的地的城市名旋转到腕表12时位置，在轮缘上24小时刻度的帮助下，当地时间和世界其他23个时区时间便被自动校准。黑色和白色转盘自动区分黑夜白天，清晰了然。

　　Richard Mille 希望打造一枚非常简单易用的腕表；这件革新之作也浓缩了 Richard Mille 机芯和表壳工程师无数小时的心血结晶，腕表一个特殊传动轮系统连接表圈和机芯，保证了两者天衣无缝的配合。这枚腕表的防水性能也是可圈可点。

　　RM 58-01 World Timer 腕表15枚限量款拥有红金表壳及钛金表圈和表背。Todt 将把这款腕表销售利润中的一部分捐献给他参与成立的ICM大脑和脊柱研究所。

ROGER DUBUIS
HORLOGER GENEVOIS

尽善尽美
坚若磐石

WATCHMAKING EXCELLENCE
SET IN STONE

满怀着对完美制表永不满足的精神，并以此为驱动，Roger Dubuis 罗杰杜彼从骑士风度中汲取丰富灵感，将一款经典腕表进行了崭新的诠释。

如同从这家著名瑞士制表厂诞生的每一枚腕表一样，Excalibur 42 腕表正式荣获"日内瓦印记"（Poinçon de Genève）。作为对 Roger Dubuis 罗杰杜彼全面优质工艺的肯定，"日内瓦印记"既严格又稀有。除了继续秉承机芯纯手工制造的传统，并全部在日内瓦组装和调校之外，最近，品牌还更进一步保证每一枚认证腕表的可靠性能与极高品质。Excalibur 42 腕表完美达到"日内瓦印记"的各项标准，包括对装壳和性能的最新要求。Roger Dubuis 罗杰杜彼创制的腕表在制作的每个环节都表现优异、无可比拟，延续了其精益求精的制表传统。新款 Excalibur 腕表拥有42毫米表壳，共有三种独特设计，Roger Dubuis 罗杰杜彼作为世界唯一一家全部作品都经由"日内瓦印记"认证的制表品牌，向世人再次展现了出类拔萃的制表工艺。

► **EXCALIBUR 42 AUTOMATIC**
Roger Dubuis 罗杰杜彼的经典系列 Excalibur 以亚瑟王的传奇故事为灵感来源，赋予腕表骑士般的冒险精神，令人联想到中古圆桌骑士的隐秘生活。

在珍珠母贝、缟玛瑙和天青石打造的三款不同表盘简洁有力的设计里，Excalibur 42 Precious Dial 为 Roger Dubuis 罗杰杜彼的经典系列赋予了令人陶醉的深度和底蕴。

除了令人一见倾心的优雅表壳，其硬朗睿智的线条和极具表现力的整体设计亦是腕表超凡魅力之所在。Excalibur 42 Automatic 自动腕表还为佩戴者提供了无与伦比的易读性。大尺寸罗马数字时标置于灰色亚光太阳纹饰面或者银色饰面之上，无比清晰的同时又透出硬朗的结构。完美无瑕的凹纹表圈尽显腕表的骑士风格，标志性的三重表耳依旧延续了这个系列中的粗犷气概。精致独特的腕表内部装置着 RD620 自动上链机芯，由184枚部件构成，保证了运行的精准性。表盘9时位置为小秒针显示，作为新款复杂机芯的诠释，与腕表整体结构完美呼应。Excalibur 42 Automatic 自动腕表拥有精钢或玫瑰金表壳，气质优雅，匠心独运，手工缝制的鳄鱼皮表带更凸显其威严勇猛的骑士气质。

Excalibur 42 Automatic Precious Dial 腕表将动人心醉的永恒情感和珍贵矿石的纯洁气质完美糅合，通过三款石质材料的使用，将 Excalibur 腕表深厚的美学底蕴和绝妙的机械工艺展露无遗，毫不吝啬的传递着令人动容的传奇风度。三款腕表独具匠心，每款仅发行188枚。在珍珠母贝、缟玛瑙和天青石打造的三款不同表盘简洁有力的设计里，色彩交织出对远方的想象。Excalibur 42 Precious Dial 为 Roger Dubuis 罗杰杜彼的经典系列传递着发人深思的深度和亦真亦幻的理想底色。

耀眼的表盘上，Excalibur 42 Automatic Jewellery 腕表为 Excalibur 42 系列镀上了一层高贵奢华的美妙光晕。搭配白金或玫瑰金表壳，以及各式颜色的鳄鱼皮表带，这款自动上链腕表以36颗夺目钻石镶嵌表圈，表扣也饰有17枚钻石。RD620机芯提供不竭动力，在美妙设计与精致机械中体现了同样的完美主义。机芯以每小时28 800次的频率摆动，RD620更镌刻有精妙绝伦的日内瓦波纹扭索图案。

▲ **EXCALIBUR 42 AUTOMATIC**
RD620 自动上链机芯为其提供不竭动力，如同每一件 Roger Dubuis 罗杰杜彼腕表一样，它也被授予"日内瓦印记"。

▲ **EXCALIBUR 42 JEWELLERY**
表圈和表扣镶嵌钻石，这款 Excalibur 42 Automatic 腕表在耀眼夺目的奢美表盘上不仅极尽奢华，且保证了极优的易读性。

▶ **EXCALIBUR 42 AUTOMATIC LAPIS LAZULI PRECIOUS DIAL**
表如其名，"Lazuli"（青金石）恰比喻搭载 RD622 机芯的这只腕表将宛若碧落的绝美与神秘收于腕上一方天地。

ROGER DUBUIS 罗杰杜彼

EXCALIBUR 45 参考编号: RDDBEX0364

机芯：RD01SQ 手动上链机芯；16¾法分；48小时动力储存；319个组件；28颗宝石；日内瓦印记。

功能：小时、分钟；双飞行陀飞轮。

表壳：黑色DLC钛金；直径45毫米。

表盘：镂空。

表带：黑色鳄鱼皮。

备注：限量发行88只。

参考价：价格请向品牌查询。

另提供：玫瑰金；白金；钛金。

EXCALIBUR 42 参考编号: RDDBEX0352

机芯：RD620 自动上链机芯；13¾法分；52小时动力储存；184个组件；35颗宝石；日内瓦印记。

功能：小时、分钟；小秒针位于9时。

表壳：玫瑰金；直径42毫米。

表盘：碳灰色亚光太阳射线纹；罗马数字和时标。

表带：棕色鳄鱼皮。

参考价：价格请向品牌查询。

另提供：银色表盘。

EXCALIBUR 42 参考编号: RDDBEX0354

机芯：RD620 自动上链机芯；13¾法分；52小时动力储存；184个组件；35颗宝石；日内瓦印记。

功能：小时、分钟；小秒针位于9时位置。

表壳：精钢；直径42毫米。

表盘：银色亚光太阳放射纹；罗马数字。

表带：黑色鳄鱼皮。

参考价：价格请向品牌查询。

另提供：碳灰色表盘。

EXCALIBUR 42 参考编号: RDDBEX0349

机芯：RD622 自动上链机芯；13¾法分；52小时动力储存；179个组件；33颗宝石；日内瓦印记。

功能：小时、分钟。

表壳：白金；直径42毫米。

表盘：青金石。

表带：黑色鳄鱼皮。

参考价：价格请向品牌查询。

另提供：缟玛瑙表盘；玫瑰金表壳和珍珠母贝表盘。

EXCALIBUR 42　　　参考编号：RDDBEX0360

机芯： RD620 自动上链机芯；13¾法分；52小时动力储存；184个组件；35颗宝石；日内瓦印记。

功能： 小时、分钟；小秒针位于9时。

表壳： 玫瑰金；直径42毫米；表圈镶嵌36颗钻石。

表盘： 银色亚光太阳放射纹。

表带： 紫色鳄鱼皮。

备注： 所有钻石重量约2.21克拉。

参考价： 价格请向品牌查询。

另提供： 白金款。

EXCALIBUR 36　　　参考编号：RDDBEX0275

机芯： RD821 自动上链机芯；11½法分；48小时动力储存；172个组件；33颗宝石；日内瓦印记。

功能： 小时、分钟；小秒针位于6时位置。

表壳： 玫瑰金；直径36毫米；表圈镶48颗钻石。

表盘： 镀铑亚光太阳纹。

表带： 灰色鳄鱼皮。

备注： 所有钻石重量约0.99克拉。

参考价： 价格请向品牌查询。

另提供： 精钢款。

EXCALIBUR 36　　　参考编号：RDDBEX0357

机芯： RD821 自动上链机芯；11½法分；48小时动力储存；172块组件；33颗宝石；日内瓦印记。

功能： 小时、分钟；小秒针位于6时位置。

表壳： 玫瑰金；直径36毫米；镶嵌628颗钻石。

表盘： 全部铺镶钻石。

表带： 亮棕鳄鱼皮。

备注： 所有钻石总重约4.79克拉。

参考价： 价格请向品牌查询。

另提供： 白金款。

LA MONEGASQUE　　　参考编号：RDDBMG0010

机芯： RD540 手动上链机芯；15法分；60小时动力储存；293个组件；28颗宝石；日内瓦印记。

功能： 小时、分钟；大日期显示12时位置；动力储存显示位于4时30分；飞行陀飞轮位于7时30分。

表壳： 玫瑰金；直径44毫米。

表盘： 银色亚光太阳纹。

表带： 黑色鳄鱼皮。

参考价： 价格请向品牌查询。

另提供： 钛金款(限量发行28只)。

ROGER DUBUIS 罗杰杜彼

LA MONEGASQUE
参考编号: RDDBMG0005

机芯: RD680 自动上链机芯；13¾法分；48小时动力储备；261个组件；42颗宝石；日内瓦印记。

功能: 小时、分钟、秒钟；计时码表。

表壳: 精钢；直径44毫米。

表盘: 深灰色亚光太阳纹。

表带: 黑色鳄鱼皮。

参考价: 价格请向品牌查询。

另提供: 玫瑰金。

LA MONEGASQUE
参考编号: RDDBMG0000

机芯: RD821 自动上链机芯；11½法分；48小时动力储存；172块组件；33颗宝石；日内瓦印记。

功能: 小时、分钟；小秒针位于6时。

表壳: 玫瑰金；直径42毫米。

表盘: 镀铑亚光太阳放射纹。

表带: 黑色鳄鱼皮。

参考价: 价格请向品牌查询。

另提供: 精钢款。

PULSION TOURBILLON
参考编号: RDDBPU0002

机芯: RD505SQ 手动上链机芯；16法分；60小时动力储存；165个组件；19颗宝石；日内瓦印记。

功能: 小时、分钟；飞行陀飞轮位于7时30分。

表壳: 钛金；直径44毫米；100米防水性能。

表盘: 镂空。

表带: 黑色天然橡胶。

参考价: 价格请向品牌查询。

另提供: 玫瑰金(限量发行188只)。

PULSION CHRONOGRAPH
参考编号: RDDBPU0003

机芯: RD680 自动上链机芯；13¾法分；52小时动力储存；261个组件；42颗宝石；日内瓦印记。

功能: 小时、分钟、秒钟；计时码表。

表壳: 玫瑰金；直径44毫米；100米防水性能。

表盘: 机芯上方镂空。

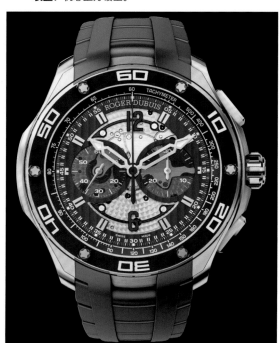

表带: 黑色天然橡胶。

参考价: 价格请向品牌查询。

另提供: 钛金；黑色DLC 钛金。

PULSION CHRONOGRAPH　参考编号: RDDBMG0005

机芯: RD680 自动上链机芯; 13¾法分; 52小时动力储存; 261块组件; 42颗宝石; 日内瓦印记。

功能: 小时、分钟、秒钟; 计时码表。

表壳: 黑色DLC钛金; 直径44毫米; 100米防水性能。

表盘: 机芯上方镂空。

表带: 黑色天然橡胶。

参考价: 价格请向品牌查询。

另提供: 玫瑰金或钛金。

VELVET　参考编号: RDDBVE0003

机芯: RD821 自动上链机芯; 11½法分; 48小时动力储存; 172个组件; 33颗宝石; 日内瓦印记。

功能: 小时、分钟。

表壳: 玫瑰金; 直径36毫米; 全铺镶钻石。

表盘: 全部铺镶钻石。

表带: 玫瑰金; 全部铺镶钻石。

备注: 共1300颗钻石(约9克拉)。

参考价: 价格请向品牌查询。

另提供: 白金款。

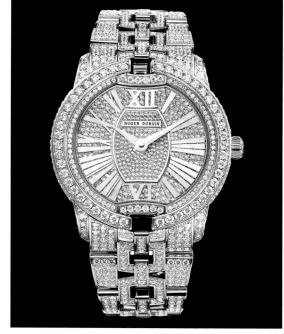

VELVET　参考编号: RDDBVE0004

机芯: RD821 自动上链机芯; 11½法分; 48小时动力储存; 172个组件; 33颗宝石; 日内瓦印记。

功能: 小时、分钟。

表壳: 玫瑰金; 直径36毫米; 镶嵌钻石。

表盘: 银色。

表带: 玫瑰金; 镶嵌钻石。

备注: 共镶嵌262颗钻石; 钻石总重约2.98克拉。

参考价: 价格请向品牌查询。

另提供: 白金款。

VELVET　参考编号: RDDBVE0007

机芯: RD821 自动上链机芯; 11½法分; 48小时动力储存; 172个组件; 33颗宝石; 日内瓦印记。

功能: 小时、分钟。

表壳: 白金; 直径36毫米; 镶嵌100颗钻石。

表盘: 银色。

表带: 黑色亚光。

备注: 约1.77克拉。

参考价: 价格请向品牌查询。

另提供: 玫瑰金款。

作为值得信赖的腕上伴侣，
劳力士 (Rolex) 腕表助你
乘风破浪，一同体验最为
惊心动魄的冒险旅程。

ROLEX

精准计时 勇无止境
DARE TO BE PRECISE

蕴含无可比拟的制表智慧和精湛工艺，劳力士 (Rolex) 于1931年设计并制作蚝式恒动机芯 (Oyster Perpetual)，展现高级制表的完美造诣。作为第一枚搭载恒动摆轮 (Perpetual Rotor) 的自动上链机械机芯，其传奇般的制造技术时至今日依然无人能及。劳力士 (Rolex) 无可争议地稳居钟表业领头地位，不懈地为世人创制精确优雅，并应用最尖端科技计时作品。随着蚝式恒动系列再添三款全新腕表，业界翘楚劳力士 (Rolex) 再次展现了融合经典与现代的完美功力。

蚝式恒动潜航者型 (Oyster Perpetual Submariner) 可谓专业潜水人士的至尊之选。潜航者型为劳力士 (Rolex) 于1953年首次推出，新款承传了品牌最新的技术成果和设计理念。表壳安全坚固、动力强劲，能够随潜水者潜降至深海。抗腐蚀904L不锈钢材质使腕表防水性能达300米，保护表壳内装置的精密机芯安全运行。60分钟渐进式刻度单向表圈配有黑色CERACHROM字圈，采用不脱色且抗腐蚀的特殊陶瓷制成。全新的精巧表壳、表带和外圈不仅续写了系列的传统，更增添现代时尚元素，全新蚝式恒动潜航者型在坚固、易读和可靠性方面树立了全新典范。

◀ **SUBMARINER** 潜航者型
黑色表盘上采用了加大时标和指针，涂有发出蓝光的CHROMALIGHT夜光涂料，在漆黑的深海极大提高了腕表的可辨读性。

蚝式恒动潜航者型沿用经典款式，在表壳上添加了匠心独运的时尚元素；另一枚新款腕表，蚝式恒动游艇名仕型（Oyster Perpetual Yacht-Master），则从内到外重新设计，是航海家和帆船爱好者的不二之选。双向旋转外圈采用全新设计，配有120格的环圈以及三角弹簧，令双向旋转的扭矩更加稳定。闪亮外圈全部由950铂金打造，抛光的渐进式刻度在磨砂表面上脱颖而出，方便设定最长达60分钟内的任意定时，表壳采用与潜航者型相同材质，特别强调其坚固性和抗腐蚀能力。潜航者型与游艇名仕型两款腕表不仅运行精准，更陪伴探险家乘风破浪，以出众性能轻松战胜惊险旅途。

劳力士（Rolex）巧夺天工般的制表技艺不仅体现在航海腕表上。尽显女性风采的同时，蚝式恒动日志型（Oyster Perpetual DateJust）更华贵瑰丽、绝美无双。精美表盘营造了别致的美学风韵，将劳力士（Rolex）的传奇精神展露无遗。表盘之上，黑色饰纹玫瑰金表盘上铺镶262颗钻石，营造斑马条纹般的图案。表圈饰有60颗方形钻石，每一颗代表一秒钟，侧面还镶有120颗钻石，均为巧作天工之作。表壳之下，一枚蚝式恒动机芯（Oyster Perpetual）精准可靠，完美传达了劳力士卓越的制表工艺和令人赏心悦目的设计。

蚝式恒动潜航者型、游艇名仕型和日志型将劳力士（Rolex）的至高制表工艺展现地淋漓尽致。劳力士（Rolex）将奢繁外观与高科技机械内核巧妙结合。三枚腕表搭载蚝式恒动机芯，通过瑞士官方精密时计测试中心（COSC）认证，展现了品牌无与伦比的吸引力，使佩戴者腕上熠熠生辉。

◄ **YACHT-MASTER 游艇名仕型**
这款全新腕表配置 Oysterlock 蚝式保险折扣及Easylink 易调链节系统，为佩戴者提供舒适的佩戴体验。

► **DATEJUST 日志型**
18K 玫瑰金与铂金的结合为表壳和表链镀上一层温暖色泽。这种特殊材质为劳力士（Rolex）独家打造，名为 Everose（永恒玫瑰金）。

ROLEX 劳力士

OYSTER PERPETUAL SUBMARINER

蚝式恒动 潜航者型　　　　参考编号: 114060-97200

机芯: 自动上链 3130 机芯; 劳力士(Rolex)自制; 双向自动上链恒动摆陀; 48小时动力储存; 31颗宝石; 每小时振动频率28 800次; 顺磁性蓝色PARACHROM游丝; 宝玑 (Breguet) 摆轮双层游丝; 变量惯性大摆轮; 四枚黄金MICROSTELLA螺丝微调快慢; 横跨式摆轮夹板; COSC认证精密计时。

功能: 小时, 分钟, 秒钟; 精确停秒。

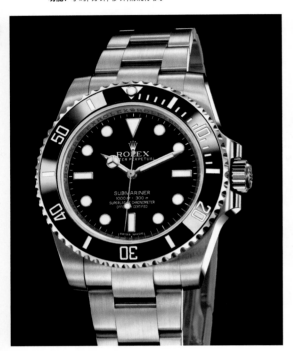

表壳: 904L 不锈钢超合金抛光和亚光处理; 直径40毫米; 60分钟渐进式刻度单向旋转外圈; 配有黑色CERACHROM字圈, 刻数字经磁控溅射处理; 12时位置经CHROMALIGHT荧光处理; 旋紧式表冠; TRIPLOCK 三重防水系统;一体式表冠防护; 防刮痕蓝宝石水晶表镜; 300米防水性能。

表盘: 黑色; CHROMALIGHT夜光18K白金时标和指针。

表带: 904L 不锈钢超合金表链; 亚光, 抛光边缘; OYSTERLOCK蚝式保险折扣; GLIDELOCK延展系统以每小节2毫米微调, 最长20毫米)。

参考价: 价格请向品牌查询。

OYSTER PERPETUAL YACHT-MASTER

蚝式恒动 游艇名仕型　　　　参考编号: 116622-78800

机芯: 自动上链 3135 机芯; 劳力士(ROLEX)自制; 双向自动上链恒动摆陀; 48小时动力储存; 31颗宝石; 每小时振动频率28 800次; 顺磁性蓝色PARACHROM游丝; 宝玑 (BREGUET) 摆轮双层游丝; 变量惯性大摆轮; 四枚黄金MICROSTELLA螺丝微调快慢; 横跨式摆轮夹板; COSC认证精密计时。

功能: 小时, 分钟, 秒钟; 日期显示3时位置; 精确停秒。

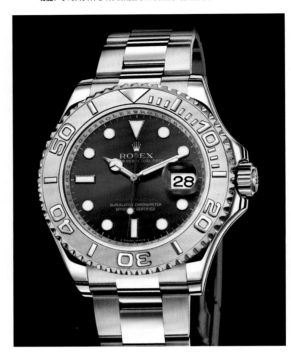

表壳: ROLESIUM铂金钢(结合904L不锈钢超合金及铂金); 抛光处理;直径40毫米; 950铂金60分钟渐进式刻度双向旋转外圈, 喷砂处理; 旋入式表冠; TRIPLOCK三重防水系统; 一体式表冠防护; 防刮痕蓝宝石水晶表镜; 日期显示上方装置CYCLOPS透镜(2.5X), 双重防眩光处理; 旋紧式表背刻劳力士(ROLEX)凹纹; 100米防水性能。

表盘: 蓝色, 阳光放射纹饰面; CHROMALIGHT 18K白金时标和指针, 非常易读; 红色秒针。

表带: 904L不锈钢超合金表链; 中央抛光, 中央表链粒抛光; 外缘表链粒经亚光处理, 边缘抛光; OYSTERLOCK蚝式保险折扣; EASYLINK易调链节可调节5毫米长度。

参考价: 价格请向品牌查询。

OYSTER PERPETUAL DATEJUST II

蚝式恒动 日志型 II　　　　参考编号: 116300-72210

机芯: 自动上链 3136 机芯; 劳力士(Rolex)自制; 双向自动上链恒动摆陀; 48小时动力储存; 31颗宝石; 每小时振动频率28 800次; 顺磁性蓝色PARACHROM游丝; 宝玑 (Breguet)摆轮双层游丝; 变量惯性大摆轮; 四枚黄金MICROSTELLA螺丝微调快慢; 横跨式摆轮夹板; 高性能PARAFLEX缓震装置; COSC认证精密计时。

功能: 小时、分钟、秒钟; 顺势变更日历显示于3时位置; 精确停秒。

表壳: 904L不锈钢超合金表壳; 抛光处理; 直径41毫米; 光滑表圈; 旋入式表冠; TWINLOCK双重防水系统; 抗抓痕蓝宝石水晶表镜; 日期显示上方装置CYCLOPS透镜(2.5x), 双重防眩光处理; 旋紧式表背; 100米防水性能。

表盘: 银色, 阳光放射纹饰面; 18K白金时标和指针, 荧光涂层。

表带: 904L不锈钢超合金表链; 中心抛光表链粒, 外缘亚光处理, 边缘抛光; OYSTERCLASP蚝式折扣; EASYLINK易调链节可调节5毫米长度。

参考价: 价格请向品牌查询。

OYSTER PERPETUAL DAY-DATE II

蚝式恒动 星期日历型 II　　　　参考编号: 218398 BR-83218

机芯: 自动上链 3156 机芯; 劳力士 (Rolex) 自制; 双向自动上链恒动摆陀; 48小时动力储存; 31颗宝石; 每小时振动频率28 800次; 顺磁性蓝色PARACHROM游丝; 宝玑 (Breguet) 摆轮双层游丝; 变量惯性大摆轮; 四枚黄金MICROSTELLA螺丝微调快慢; 横跨式摆轮夹板; 高性能PARAFLEX缓震装置; COSC认证精密计时。

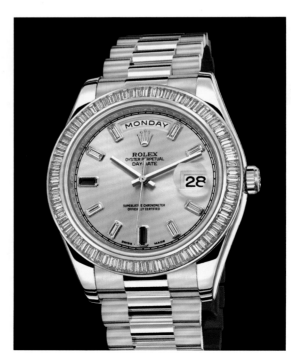

功能: 小时、分钟、秒钟; 星期显示12时位置; 日期显示于3时位置; 精确停秒。

表壳: 18K黄金; 抛光处理; 直径41毫米; 表圈铺镶80颗长梯形切割钻石; 旋紧式表冠刻劳力士(Rolex)凹纹; 防刮痕蓝宝石水晶表镜; 日期显示上方装置CYCLOPS透镜(2.5x), 双重防眩光处理; 旋紧式表背; 100米防水性能。

表盘: 香槟色, 阳光放射纹饰面; 时标: 金镶托镶有8颗方形钻石, 6时和9时位置有金镶托镶2颗长方形红宝石。

表带: 18K黄金表链; 抛光中央表链粒, 亚光外缘表链粒, 抛光边缘; CROWNCLASP皇冠折扣。

参考价: 价格请向品牌查询。

OYSTER PERPETUAL DAY-DATE

蚝式恒动 星期日历型 　　　　参考编号: 118235-73205

机芯: 自动上链 3155 机芯; 劳力士(Rolex)自制; 双向自动上链恒动摆陀; 48小时动力储存; 31颗宝石; 每小时振动频率28 800次; 顺磁性蓝色PARACHROM游丝; 宝玑 (Breguet) 摆轮双层游丝; 变量惯性大摆轮; 四枚黄金MICROSTELLA螺丝微调快慢; 横跨式摆轮夹板; 高性能PARAFLEX缓震装置; COSC认证精密计时。

功能: 小时, 分钟, 秒钟; 星期显示12时位置; 日期显示于3时位置; 精确停秒。

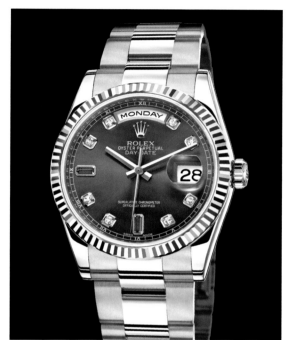

表壳: 18K EVEROSE永恒玫瑰金; 抛光处理; 直径36毫米; 凹纹表圈;旋紧式表冠; TWINLOCK双重防水系统; 抗刮痕蓝宝石水晶表镜; 日期显示上方装置CYCLOPS透镜(2.5x), 双重防眩光处理; 100米防水性能。

表盘: 巧克力色, 阳光放射纹饰面; 时标: 黄金镶托镶有8颗钻石; 6时和9时位置黄金镶托分别镶有长方形红宝石。

表带: 18K EVEROSE永恒玫瑰金; 抛光中央表链粒, 亚光外缘, 抛光边缘; CROWNCLASP皇冠折扣。

参考价: 价格请向品牌查询。

OYSTER PERPETUAL DATEJUST LADY 31

恒动女装日志型 31 　　　　参考编号: 178288-73168

机芯: 自动上链 2235 机芯; 劳力士(Rolex)自制; 双向自动上链恒动摆陀; 48小时动力储存; 31颗宝石; 每小时振动频率28 800次; 顺磁性蓝色PARACHROM游丝; 宝玑 (Breguet) 摆轮双层游丝; 变量惯性大摆轮; 四枚黄金MICROSTELLA螺丝微调快慢; 横跨式摆轮夹板; 高性能PARAFLEX缓震装置; COSC认证精密计时。

功能: 小时、分钟、秒钟; 日期显示3时位置; 精确停秒。

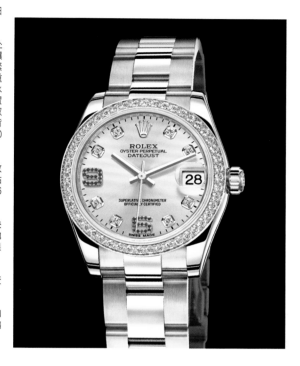

表壳: 18K 黄金; 抛光处理; 直径31毫米; 表圈铺镶48颗明亮切割钻石; 旋紧式表冠; TWINLOCK双重防水系统; 抗抓痕蓝宝石水晶表镜; 日期显示上方装置CYCLOPS透镜(2.5x), 双重防眩光处理; 旋紧式表背刻劳力士(Rolex)凹纹; 100米防水性能。

表盘: 香槟色, 阳光放射纹饰面; 时标: 黄金镶托8颗钻石, 6时和9时位置各镶有16颗红宝石; 18K黄金指针。

表带: 18K黄金表链; 中央抛光表链粒, 亚光外缘, 抛光边缘; CROWNCLASP皇冠折扣。

参考价: 价格请向品牌查询。

另提供: Oyster Perpetual Lady DateJust 26 (参考编号: 179178-83138)

OYSTER PERPETUAL DATEJUST

蚝式恒动 日志型 　　　　参考编号: 116285 BBR-73605

机芯: 自动上链 3135 机芯; 劳力士(Rolex)自制; 双向自动上链恒动摆陀; 48小时动力储存; 31颗宝石; 每小时振动频率28 800次; 顺磁性蓝色PARACHROM游丝; 宝玑 (Breguet) 摆轮双层游丝; 变量惯性大摆轮; 四枚黄金MICROSTELLA螺丝微调快慢; 横跨式摆轮夹板。

功能: 小时、分钟、秒钟; 日期显示3时位置; 精确停秒。

表壳: 18K EVEROSE永恒玫瑰金; 抛光处理; 直径36毫米; 表圈铺镶60颗长梯形切割钻石, 外围铺镶120颗明亮型切割钻石;旋紧式表冠; TWINLOCK双重防水系统; 抗刮痕蓝宝石水晶表镜; 日期显示上方装置CYCLOPS透镜(2.5x), 双重防眩光处理; 旋紧式表背刻劳力士(Rolex)凹纹; 100米防水性能。

表盘: 18K玫瑰金; 铺镶262颗钻石; 黑色底面; 18颗玫瑰金镶托镶有钻石时标; 18K玫瑰金指针。

表带: 18K EVEROSE永恒玫瑰金; 中央表链粒抛光, 外缘亚光处理, 边缘抛光; CROWNCLASP皇冠折扣。

参考价: 价格请向品牌查询。

OYSTER PERPETUAL COSMOGRAPH DAYTONA

蚝式恒动 宇宙计型迪通拿 　　　　参考编号: 116598 RBOW-78608

机芯: 自动上链 4130 机芯; 劳力士(Rolex)自制; 双向自动上链恒动摆陀; 72小时动力储存; 44颗宝石; 每小时振动频率28 800次; 顺磁性蓝色PARACHROM游丝; 宝玑 (Breguet) 摆轮双层游丝; 变量惯性大摆轮; 四枚黄金MICROSTELLA螺丝微调快慢; 横跨式摆轮夹板; 高性能PARAFLEX缓震装置; COSC认证精密计时。

功能: 小时、分钟; 小秒针位于6时位置; 计时码表: 30分钟计时盘位于3时位置, 12小时计时盘位于9时位置; 精确停秒。

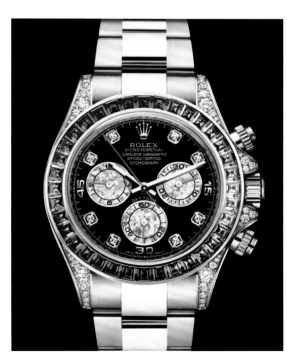

表壳: 18K 黄金; 抛光处理; 直径40毫米; 表圈铺镶36颗方形蓝宝石, 彩虹色调效果; 表耳和表冠防护分别铺镶36颗及20颗明亮切割钻石; 旋紧式表冠; TRIPLOCK三重防水系统; 旋紧式表背刻有劳力士(Rolex)凹纹; 100米防水性能。

表盘: 黑色; 黄色18K GOLD CRYSTALS金晶计时盘; 18K黄金镶托8颗钻石时标; 18K金数字15, 30及45时标。

表带: 18K 黄金表链; 中央抛光表链粒, 亚光外缘, 抛光边缘; OYSTERLOCK蚝式保险折扣; EASYLINK易调链节可调节5毫米长度。

参考价: 价格请向品牌查询。

Salvatore Ferragamo
TIMEPIECES

孔武雄健
逆风飞飏
BUILT ᴛᴏ FLY

仍然坚守家族企业的光辉传统，传承85年名匠工艺，充满想象的菲拉格慕腕表 (Salvatore Ferragamo Timepieces) 为充满科技感的腕表作品注入了大胆不羁的品牌精神。

在军旅气质的渲染下，F-80 腕表延续了大胆不羁的风格，融合了现代感设计、高科技材料和富有强烈表现力的外观。

以纪念这家意大利设计工坊80周年庆典而命名，并于2008年巴塞尔 (BaselWorld) 钟表展首次亮相，F-80 系列迎来了一位独一无二的家族成员，菲拉格慕腕表 (Salvatore Ferragamo) 干练果断的精神和前瞻性思维展露无遗。

初见 F-80 腕表，其粗犷的军旅风令人印象深刻，腕表结构汲取了航空灵感，清晰易读。与卡其色天然橡胶表带形成鲜明对比，这枚充满表现力的计时码表拥有黑色 IP 表壳，营造统一的迷彩风格。在黑色 IP 表盘上，时标覆有 SuperLumiNova 涂层，F-80 以最优易读性和空间的创意利用展现了动感十足的活力。由瑞士制造 ISA 8171/203 石英机芯提供动力，腕表4时位置拥有大日期显示，通过大尺寸的3位数刻度视窗展现。在表盘的另一端，具有蜗形纹饰面的30分钟积算盘装置一枚计时码表指针，充分诠释了腕表的耐力和持久度。轮缘上的计算刻度为身处严酷环境下的飞行员提供计算速度和油耗的功能。紧密环绕在时标周围，刻度仪为完整的表盘赋予了一种更加深沉老练的气质。洋溢着浓厚军旅风，F-80 腕表延续了大胆不羁的风格，融合了现代感设计、高科技材料和富有强烈表现力的外观。作为一枚阳刚粗犷的航空计时码表，这枚44毫米直径的腕表继承了 F-80 系列奢华而强健的质感，同时亦忠于工坊不断试验、力求创新和精益求精的传统。

▼ **F-80 腕表**
冷静果敢的气质融合粗犷的军事风格，这枚
44毫米直径的计时码表轮缘的刻度是飞行
的有力助手。

SALVATORE FERRAGAMO 萨尔瓦多·菲拉格慕

F-80   参考编号: FQ202 0013

机芯: ISA 8171/203 石英计时码表机芯。

功能: 小时、分钟、秒钟；计时码表；大日期显示位于4时位置。

表壳: 黑色；精钢 IP；直径44毫米；旋入式按擎位于10时位置，用于设置测速仪刻度。

表盘: 黑色 IP；时标和指针经过SuperLumiNova涂层处理；60秒钟积算盘带有Gancino标识。

表带: 黑色橡胶。

参考价: 价格请向品牌查询。

FERRAGAMO 1898   参考编号: FF302 0013

机芯: Ronda 5040D 石英计时码表机芯。

功能: 小时、分钟、秒钟；计时码表；日期显示。

表壳: 精钢；带有 Gancino 饰纹顶圈；直径42毫米。

表盘: 绿松石珐琅。

表带: 绿松石色；光滑帆布，另带有一枚与指针色同色表带；精钢针式表扣。

参考价: 价格请向品牌查询。

FERRAGAMO 1898   参考编号: FF303 0013

机芯: Ronda 5040D 石英计时码表机芯。

功能: 小时、分钟、秒钟；计时码表；日期显示。

表壳: 精钢；带有 Gancino 饰纹顶圈；直径42毫米。

表盘: 柠檬黄色珐琅。

表带: 柠檬黄色；光滑帆布表带，另带有一枚与指针色同色表带；精钢针式表扣。

参考价: 价格请向品牌查询。

FERRAGAMO 1898   参考编号: FF304 0013

机芯: Ronda 5040D 石英计时码表机芯。

功能: 小时、分钟、秒钟；计时码表；日期显示。

表壳: 精钢；带有 Gancino 饰纹顶圈；直径42毫米。

表盘: 亮红色珐琅。

表带: 亮红色；光滑帆布，另带有一枚与指针色同色表带；精钢针式表扣。

参考价: 价格请向品牌查询。

LUNGARNO　　参考编号: FQ106 0013

机芯: 自动上链 Dubois Depraz 3164 机芯。

功能: 小时、分钟；小秒针位于9时位置；日历位于3时位置。

表壳: 精钢；直径44毫米。

表盘: 银色；双层表盘；玑镂饰面。

表带: 精钢表链。

备注: 限量发行150枚，具独立编号。

参考价: 价格请向品牌查询。

LUNGARNO　　参考编号: FQ101 0013

机芯: 自动上链 3 Hands ETA 2824-2 机芯。

功能: 小时、分钟、秒钟。

表壳: 精钢；直径44毫米。

表盘: 黑色；双层表盘；玑镂饰面。

表带: 黑色；鳄鱼印纹小牛皮。

参考价: 价格请向品牌查询。

MINUETTO　　参考编号: FQ406 0013

机芯: Ronda 762 石英机芯。

功能: 小时、分钟。

表壳: IP 4N 玫瑰金；直径36毫米。

表盘: 珍珠母贝饰面；旋转 Gancino 饰纹镶嵌32颗钻石(0.086克拉)；12时位置镶嵌一颗钻石(0.004克拉)。

表带: 蓝色Saffiano皮表带，宝石表扣。

参考价: 价格请向品牌查询。

MINUETTO　　参考编号: FQ405 0013

机芯: Ronda 762 石英机芯。

功能: 小时、分钟。

表壳: IP 4N 玫瑰金；直径36毫米。

表盘: 珍珠母贝饰面；旋转 Gancino 饰纹镶嵌32颗钻石(0.086克拉)；12时位置镶嵌一颗钻石(0.005克拉)。

表带: 精钢和IP 4N金表链，宝石表扣。

参考价: 价格请向品牌查询。

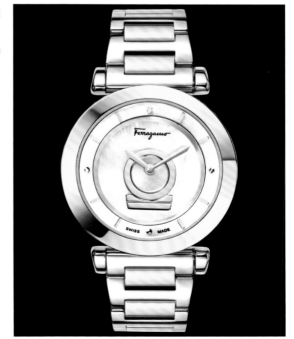

SALVATORE FERRAGAMO 萨尔瓦多·菲拉格慕

GANCINO BRACELET
参考编号: **FQ501 0013**

机芯： Ronda 751 石英机芯。

功能： 小时、分钟。

表壳： 精钢；直径22.5毫米。

表盘： 白色；太阳放射纹饰面；4枚金属时标。

表带： 精钢；宝石表扣。

参考价： 价格请向品牌查询。

GANCINO BRACELET
参考编号: **FQ503 0013**

机芯： Ronda 751 石英机芯。

功能： 小时、分钟。

表壳： IP 4N玫瑰金；直径22.5毫米。

表盘： 白色；太阳放射纹饰面；4枚金属时标。

表带： IP玫瑰金；宝石表扣。

参考价： 价格请向品牌查询。

VEGA
参考编号: **FI101 0013**

机芯： Ronda 763.3 石英机芯。

功能： 小时、分钟、秒钟。

表壳： IP 4N 玫瑰金；直径32毫米。

表盘： 银色太阳射线纹玑镂饰面。

表带： 精钢和IP金表链。

参考价： 价格请向品牌查询。

IDILLIO
参考编号: **FI204 0013**

机芯： Ronda 705 石英机芯。

功能： 小时、分钟、秒钟。

表壳： IP 4N玫瑰金；直径34毫米。

表盘： 灰色珍珠母贝；"美人鱼"表盘；镶嵌14颗钻石(0.089克拉)。

表带： 紫色短吻鳄鱼皮表带；折叠式表扣。

参考价： 价格请向品牌查询。

GRANDE MAISON

参考编号: FG202 0013

机芯: Ronda 763 石英机芯。

功能: 小时、分钟、秒钟。

表壳: IP 4N玫瑰金；直径33毫米。

表盘: 青金石马赛克；4枚钻石时标(0.018克拉)。

表带: 蓝色鳄鱼印纹小牛皮。

参考价: 价格请向品牌查询。

GRANDE MAISON

参考编号: FQ204 0013

机芯: Ronda 763 石英机芯。

功能: 小时、分钟、秒钟。

表壳: 精钢；直径33毫米。

表盘: 白色珍珠母贝马赛克饰面；4枚钻石时标(0.018克拉)。

表带: 精钢表链。

参考价: 价格请向品牌查询。

GANCINO SPARKLING

参考编号: FF505 0013

机芯: Ronda 762 石英机芯。

功能: 小时、分钟。

表壳: IP 4N 玫瑰金；直径36毫米。

表盘: 珍珠母贝玑镂饰面；Gancino装饰；镶嵌40颗钻石(0.11克拉)；旋转表圈镶嵌烟煙晶；4时位置镶嵌烟煙晶。

表带: 灰褐色蜥蜴纹小牛皮。

参考价: 价格请向品牌查询。

GANCINO

参考编号: FP503 0013

机芯: ETA901.001 石英机芯。

功能: 小时、分钟。

表壳: IP 4N玫瑰金；直径30毫米。

表盘: 紫色珍珠母贝；刻有 Gancino 饰纹。

表带: 紫色Saffiano皮。

参考价: 价格请向品牌查询。

计时之王
TAG Heuer
KING OF CHRONOGRAPHS

在计时表的世界中，豪雅正绘制着属于自己的蓝图。无论是凝聚了现代制表技术最高成就的超高振频计时表，还是传承经典、隽永如斯的日配款式，豪雅都能游刃有余。前者，是豪雅领先技术实力的象征；后者，是豪雅与消费者亲昵无间的体现，二者的融合，树立了豪雅在制表业界的重要地位，并让它坐上了计时表领域的头把交椅。

任何一位热衷机械构造，并试图解开其中原理的腕表爱好者都能够在每日的探索与比较中，发现豪雅的与众不同，这种不同并非来自夸夸其谈，而是源于强大的实力与技术支撑。无需浮夸和修饰，两组数字便可充分证明这一观点：每年全球出产的机械计时表约150万只，其中的90%采用了最常规的 ETA7750 和 ETA2894 计时机芯，具备生产自主计时机芯的制表品牌寥寥无几，而豪雅则是这少数品牌中的一员；无论是常见的 ETA 计时机芯还是其他自主计时机芯，它们的摆频大多锁定在28800次/时(4Hz)，这意味着使用这些机芯的计时表计时精度可以达到1/8秒，虽然一些品牌的计时机芯摆频和精度要略高于这一标准，但无一可以达到豪雅超高振频计时表每小时数百万次摆频，以及千分之一秒、两千分之一秒的计时精度。有人曾这样形容"当你将对手远远抛在身后，以致它们根本无力追赶，这才能称之为真正的强大。"而传统计时表与豪雅超高振频计时表之间令人惊异的巨大差距，恰恰证明了这一点。豪雅在计时领域的领先位置已经无人可以撼动。

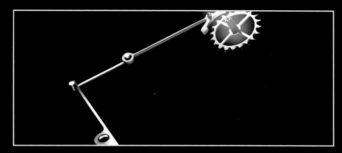

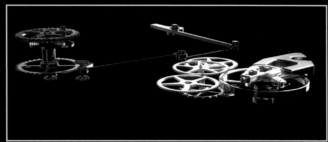

▶ 豪雅 MIKROGIRDER 计时表中的双链构架

▶ 豪雅 MIKROGIRDER 计时表擒纵调速机构中的线性振荡器

▶ 豪雅全球总裁Jean--Christophe Babin先生/MIKROGIRDER 赢得 "日内瓦高级钟表大赏"年度最高奖项--"金指针"大奖

从1/100秒到5/10000秒的传奇

　　豪雅对于超高振频计时功能的探索起步很早，1916年豪雅就成功制造出第一只精确到1/100秒的秒表。当时间的指针拨回到2005年，豪雅超高振频计时表继承了1/100秒秒表的血脉，并不断刷新着机械计时表计时精度的新纪录。时至今日，豪雅超高振频计时表包括了振频36万次/时的 MIKROGRAPH 1/100 秒计时表、振频360万次/ 时的 Mikrotimer Flying 1000 1/1000 秒计时表、振频720万次/时的 MIKROGIRDER 5/10000 秒计时表，以及 MIKROTOURBILLONS 双陀飞轮1/100秒计时表。从1/100秒到5/10000秒，豪雅之所以能将计时表振频和计时做到如此的精确度，应得益于 MIKROGIRDER 计时表中的双链构架。MIKROGIRDER 计时表擒纵调速机构中的线性振荡器精度以惊人的数值不断提高，原因在于贯穿豪雅超高振频计时表的两大核心技术：双链构架和特殊的擒纵调速机构，而一般计时表由于受到基于走时轮系的计时功能设计和杠杆式擒纵，计时性能不可能得到大幅提高。双联构架不论对于豪雅自身，还是对于制表业界，都是一项重大创新。这一轮系结构为复杂功能手表（包括计时表）的设计开辟了全新的视野和空间。双链构架就是在一枚机芯中布置两条独立的轮系，一条用于走时，一条用于超高振频计时。两条轮系拥有各自的发条动力，两者互不干扰，各司其职，这样的布局为超高振频计时功能提供了可靠的动力支持。

TAG HEUER 豪雅

Grand Prix d'Horlogerie de Genève

Prize of La Petite Aiguille • 2010

2010年"日内瓦高级钟表大奖"
CARRERA（卡莱拉）1887计时码表

▶ 豪雅卡莱拉1887计时表
41毫米款式

▶ 豪雅卡莱拉1887计时表
43毫米款式

传统擒纵调速机构振频的上限为36万次/时，手表的振频超过这一数字时，传统的摆轮和游丝就不能满足功能的需求。当振频360万次/时的 Mikrotimer Flying 1000 1/1000 秒计时表和振频720万次/时的 MIKROGIRDER 5/10000 秒计时表越过这一大关时，豪雅在这两款手表上采用了一种特殊扭转弹簧代替了传统的摆轮和游丝，将计时部分的"摆幅"限制在很小的角度之内，从而使振频和计时精度空前提高。而在当今振频最快、计时精度最高的 MIKROGIRDER 5/10000 秒计时表上，豪雅又加入了一个线性振荡器，进一步缩小震动幅度，从而使振频达到了720万次/时，计时精度达到5/10000秒。机械手表的结构在近百年中并未发生过实质性的变换，在惯性思维下的创新实属不易。豪雅 MIKROGIRDER 5/10000 秒计时表凭借双链构架、新型擒纵调速机构以及超高振频下的计时精度震动业界，在2012年11月15日落下帷幕的日内瓦高级钟表大赏上赢得了"日内瓦高级钟表大赏"年度最高奖项——"金指针"大奖。这对于 MIKROGIRDER5/10000 秒计时表和豪雅来说，都是实至名归。

源于1887再造计时新典范

如果说超高振频计时表是代表豪雅最高技术实力的旗舰系列，那么卡莱拉1887计时表就是豪雅日配款式中的领军之作。在2012年，豪雅推出了新款43毫米卡莱拉1887计时表。相较之前的款式，43毫米卡莱拉1887表壳尺寸有所增加，顺应了大表的时代潮流。窄表圈令表盘显得十分丰满，内陷的分钟和小时计时盘增加了表盘的立体感。卡莱拉1887不仅具有良好的性价比，而且拥有令人瞠目的领先技术。除此之外，卡莱拉1887计时表中使用的 Calibre 1887 自主计时机芯是豪雅最重要的技术成果之一。

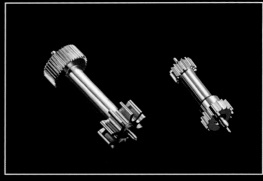

▲ 豪雅专利摆动齿轮
由豪雅的创始人爱德华·豪雅于1887年发明，与传统的水平离合装置不同，摆动齿轮取消了水平离合中的离合齿轮。摆动齿轮通过上下两个齿轴直接将计时秒轮与走时秒轮连接在了一起，不但结构更加紧凑，而且离合动作迅速，节省动力，降低摩擦。

仔细观察1887机芯拆解图便可发现，三点重要技术特征让使用该机芯的卡莱拉1887计时表与众不同，在制表领域脱颖而出。1887机芯使用了豪雅专利的摆动齿轮离合装置，这一离合装置是由豪雅的创始人爱德华·豪雅于1887年发明，与传统的水平离合装置不同，摆动齿轮取消了水平离合中的离合齿轮。摆动齿轮通过上下两个齿轴直接将计时秒轮与走时秒轮连接在了一起，不但结构更加紧凑，而且离合动作迅速，节省动力，降低摩擦；其次，1887机芯使用柱状轮操控计时功能，在同价位的计时表中，大多产品依旧使用通过凸轮控制计时功能的ETA计时机芯，显而易见，结构合理完善的柱状轮让卡莱拉1887计时表拥有更好的操作手感，按钮灵敏不僵硬；除此之外，1887机芯使用了双重棘爪上弦机构，与ETA机芯使用的换向轮上弦机构相比，双重棘爪效率更高。有人曾这样描述棘爪上弦机构"把手表从桌子上拿起来，都不用晃动，它就可以走起来了"可见其效率之高。除了强大的功能与脱俗的设计，这枚机芯的蓝色的柱状轮让人印象深刻，经过精心修饰的1887机芯比 ETA7750 更为精美夺目。

传承赛车文化 缔造经典款式

与注重结构设计，强调计时性能的超高振频计时表、卡莱拉1887不同，卡莱拉传承系列是一款注重历史延续与文化积淀的手表。因此，卡莱拉传承系列腕表中更传递出豪雅优雅沉稳的一面。卡莱拉传承系列采用小三针布局，将豪雅150年的制表文化浓缩其中。特有的剑型指针，表盘放射状"flinqué"雕饰纹，凸起抛光的阿拉伯数字时标以及优雅的小秒针都是这一系列的标志性特征。这些极具品牌特色的设计并非一时心血来潮、灵光乍现，而是来自历史的遗留，并可以追溯到1945年的豪雅手表。卡莱拉传承系列是一款非常适合于商务、休闲的日配手表，外观沉稳，小三针和表盘纹饰复古并具有深厚的文化气息，表盘外缘的计时刻度，又显现了卡莱拉系列与赛车世界的不解之缘。卡莱拉传承系列包括有不锈钢、玫瑰金、间金等多种款式，以满足各界人士的喜好和需要。为计时表启动瞬间的"惊心动魄"所吸引的腕表爱好者一定对卡莱拉1887计时表颇为动容，豪雅深厚的文化气息与卡莱拉系列的优雅气质定能彰显佩戴者的精英气质。

▶ 玫瑰金表壳，直径39毫米，银色表盘，带 flinqué 效果，突起抛光玫瑰金阿拉伯数字时标，玫瑰金时针和分针，使用 Calibre 6 自动上弦机芯，防水100米

TAG HEUER 豪雅

CARRERA CALIBRE 1887 CHRONOGRAPH

卡莱拉 CALIBRE 1887 计时码表　　参考编号: CAR2012.FC6235

机芯: 豪雅自动上链 Caliber 1887 机芯。

功能: 小时、分钟; 日期显示位于6点位置; 计时码表功能: 分针计时盘位于12时位置, 时针计时盘位于6时位置, 小秒针计时盘位于9时位置。

表壳: 抛光精钢; 直径43毫米; 抛光表圈; 抛光表冠和计时按钮; 弧形抗刮蓝宝石水晶表镜, 双面防眩光处理; 抗刮蓝宝石水晶透盖; 100米防水性能。

表盘: 银色; 3个辅助计时盘; 外缘有计时刻度; 12时和6时位置有荧光计时盘; 抛光黑色时针、分针和中央计时秒针; 时针和分针上有荧光标记; 立体的抛光玫瑰金色阿拉伯数字; 立体并抛光的玫瑰金色豪雅标识和 "CARRERA"; 表盘上有 "CAL.1887 - SWISS MADE" 字样。

表带: 黑色鳄鱼皮。

另提供: 黑色或白色表盘; 5排交替式精细打磨精钢表链带精钢折叠表扣, 带安全搭扣; 黑色表盘, 黑色鳄鱼皮表带。

CARRERA CALIBRE 6 HERITAGE

卡莱拉传承 CALIBRE 6 自动腕表　　参考编号: WAS2140.FC8176

机芯: 豪雅自动上链 Caliber 6 机芯。

功能: 小时、分钟; 小秒针显示位于6时位置。

表壳: 抛光18K 5N玫瑰金; 直径39毫米; 抛光18K 5N玫瑰金固定表圈; 表冠正面带有豪雅标识; 弧形抗刮蓝宝石水晶表镜, 双面防眩光处理; 抗刮蓝宝石水晶透盖; 100米防水性能。

表盘: 黑色; Flinqué效果; 玫瑰金立体抛光阿拉伯数字; 18K 5N玫瑰金时针和分; 蓝色抛光秒针, 带有荧光标记; 立体抛光玫瑰金豪雅标识; 表盘上镂刻 "CARRERA Calibre 6" 字样。

表带: 棕色鳄鱼皮; 18K 5N玫瑰金针式表扣。

LINK CALIBRE 5 AUTOMATIC DAY DATE

林肯 CALIBRE 5 日历自动腕表　　参考编号: WAT2010.BA0951

机芯: 豪雅自动上链 Caliber 5 机芯。

功能: 小时、分钟、秒钟; 日期和星期显示位于6时位置。

表壳: 精细打磨抛光精钢; 直径42毫米; 抛光枕形固定表圈, 带阿拉伯数字; 旋入式抛光精钢表冠; 弧形抗刮蓝宝石水晶表镜, 双面防眩光处理; 蓝宝石水晶透盖; 100米防水性能。

表盘: 黑色, 垂纹效果; 手工压嵌弧形刻面抛光时标; 镀铑抛光刻面时针和分针, 带荧光标记; 外缘配有荧光时标; 6时位置的立体星期和日期显示窗带有银环效果; 表盘上刻有 "CALIBRE 5" 和 "SWISS MADE" 字样。

表带: 精钢折叠表扣, 带安全搭扣, 边缘抛光处理, 精细打磨。

另提供: 银色表盘。

AQUARACER 500M CERAMIC CALIBRE 5 BLACK CERAMIC BEZEL

竞潜500米 CALIBRE 5 黑色陶瓷表圈腕表　　参考编号: WAK2110.BA0830

机芯: 豪雅自动上链 Caliber 5 机芯。

功能: 小时、分钟、秒钟; 日期显示位于3时位置。

表壳: 交替式精细打磨抛光精钢; 直径41毫米; 单向旋转黑色陶瓷表圈: 表圈上刻有银色漆印数字, 银色漆印三角形位于12时位置, 带荧光点; 抛光竖纹、精细打磨底座和抛光铆钉; 抗刮蓝宝石水晶表镜; 旋入式抛光精钢表冠; 旋入式底盖, 带有特殊潜水员装饰; 精钢自动排氮阀位于12时位置; 500米防水性能。

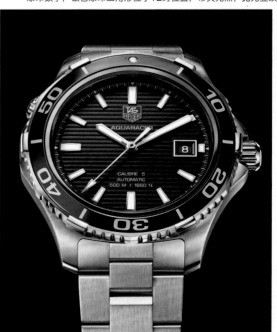

表盘: 黑色表盘带横纹效果; 手工镶嵌时标; 菱形指针; 指针和时标带荧光标记; 中央计时秒针针尖为三角箭头形; 单色豪雅标识位于12时位置; 表盘上由 "AQUARACER CALIBRE5-500M/1660 FT-AUTOMATIC-SWISS MADE" 字样; 日期视窗位于3时位置, 外缘由白色方形压印突出。

表带: 3排交替式精细打磨精钢表链, 外缘经抛光处理; 精细打磨精钢折叠表扣, 带安全搭扣; 精细打磨精钢折叠表扣, 带安全按钮和潜水伸缩装置。

TAG HEUER FORMULA 1 STEEL & CERAMIC CALIBRE 5 DDDB BLACK

FORMULA 1 CALIBRE 5 精钢陶瓷女士腕表

参考编号：WAU2212.BA0859

机芯：豪雅自动上链 Calibre 5 机芯。

功能：小时、分钟、秒钟；日期显示位于3时位置。

表壳：抛光精钢；直径32毫米；抛光精钢和白色陶瓷固定表圈，镶嵌48颗直径为1.2毫米钻石，总重0.35克拉；抗刮蓝宝石水晶表镜；抛光精钢护弓；抛光精钢旋入式表冠；蓝宝石水晶透盖；200米防水深度。

表盘：黑色；49颗维塞尔顿钻石，11颗钻石直径1.2毫米，38颗钻石直径0.9毫米，总重0.18克拉；带荧光标记的镀铑抛光时针和分针；立体单色豪雅标识，表盘上刻有"AUTOMATIC TAG HEUER FORMULAR 1"字样。

表带：5排交替式精钢抛光和白色陶瓷表链；抛光精钢"蝴蝶式"折叠表扣，含安全搭扣。

FORMULA 1 LADY STEEL & CERAMIC

FORMULA 1 精钢陶瓷女士腕表　　**参考编号：WAH1313.BA0868**

机芯：石英机芯。

功能：小时、分钟、秒钟；日期显示位于3时位置。

表壳：抛光精钢；直径32毫米；抛光精钢和白色陶瓷固定表圈，镶嵌48颗直径为1.2毫米钻石，总重0.35克拉；抗刮蓝宝石水晶表镜；抛光精钢护弓；抛光精钢旋入式表镜；蓝宝石水晶透盖；200米防水深度。

表盘：白色；12颗维塞尔顿钻石，直径1.2毫米，总重0.09克拉；带荧光标记的镀铑抛光时针和分针；立体单色豪雅标识，表盘上刻有"TAG HEUER FORMULAR 1"字样。

表带：5排交替式精钢抛光和白色陶瓷表链；抛光精钢"蝴蝶式"折叠表扣，含安全搭扣。

LINK LADY WATCH FULL DIAMOND BEZEL DIAMOND INDEX

LINK LADY 表盘表圈镶钻腕表　　**参考编号：WAT1414.BA0954**

机芯：石英机芯。

功能：小时、分钟、秒钟；日期显示位于6时位置。

表壳：抛光精钢；直径29毫米；抛光精钢固定表圈，带47颗直径1.4毫米的顶级维塞尔顿VVS-VS钻石，总重0.52克拉；经单面防眩光处理的蓝宝石水晶表镜；抛光精钢表冠；抛光精钢底盖；100米防水性能。

表盘：银色；11颗顶级维塞尔顿VS钻石时标，直径1.2毫米，总重0.075克拉；抛光刻面时针和分针，带白色夜光效果；立体豪雅银色标识；表盘上印有"LINK"字样；日期视窗带银色标框，位于6时位置。

表带：圆形外缘的抛光精钢表链；"蝴蝶式"表扣，带安全按钮。

LINK LADY WATCH FULL ROSE GOLD

LINK LADY 18K 玫瑰金镶钻腕表　　**参考编号：WAT1441.BG0959**

机芯：石英机芯。

功能：小时、分钟、秒钟；日期显示位于6时位置。

表壳：直径29毫米；18K 5N玫瑰金表壳和固定表圈，刻有12个漆面罗马数字；经单面防眩光处理的蓝宝石水晶表镜；18K 5N玫瑰金表冠；18K 5N玫瑰金中心表耳；18K 5N玫瑰金旋入式底盖；100米防水性能。

表盘：透明涂层银色表盘；S形扭索纹；11颗顶级维塞尔顿VS钻石时标，直径1.2毫米，总重0.075克拉；18K 5N玫瑰金镀金指针，带白色荧光效果；立体5N豪雅标识；表盘上印有"LINK"字样。

表带：圆形外缘的18K 5N表链和蝴蝶式表扣。

备注：限量发行100枚。

Van Cleef & Arpels

POETRY OF LOVE

每只钟表娓娓述说的都是同一个看似简单、却意味深长的故事：时间悄然流转，携我们走向明天，迈入来年，经历人生中每一个重要里程。Poetic Wish 系列诠释了这个永恒主题，以"光明之城"(City of Lights) 巴黎为背景，描绘了一对恋人等待相遇之时，渴望续写情缘的故事。

恋爱时刻
如诗之美

梵克雅宝 (Van Cleef & Arpels) 的 Poetry of Time 系列继续秉承品牌精湛的制表工艺，辅以天马行空的表盘创意，以非凡的制作工艺和浪漫的表盘设计为钟表赋予了丰满的戏剧色彩。

Poetic Wish 腕表系列堪称梵克雅宝创意工匠的又一部扛鼎之作，尽显设计巧思，别具诗意浪漫。对表之上，温柔缱绻的恋人各据一隅，仿佛彼此深情凝望，灵魂相依。

如同梵克雅宝 (Van Cleef & Arpels) Poetic Complications Poetic Wish 腕表，机芯动力储备约60小时，将时间流逝幻化更经典的传说。精妙的自动人偶以步数代表小时，并有"五分二问"机制，即先以低音报时，再以五分钟为单位高音悦耳报分。

问表装置可谓高级钟表制造中最具挑战的技术之一，精美表盘带来视觉的飨宴，听觉也为报时天籁而迷醉。透明蓝宝石水晶表背让机芯，响锤和音簧一览无余，另有双表盘分别显示小时，分钟和秒钟，妙不可言。

制表工匠在方寸天地间，以巧夺天工的匠心打造了无尽乾坤。每一枚小小腕表都凝聚了数百小时的心血，见证了同时为艺术家的珐琅巧匠、雕刻家、珠宝工匠天衣无缝的成就，完美呈现了钟表和艺术共同编制的诗意童话。而佩戴正是在延续无尽浪漫，令诗韵并不会随着制造的完成而戛然而止；手腕的每次活动都会引起光线角度的变化，表盘上的珍珠贝母和珐琅彩绘便会折射变幻无穷的光辉，纵使时光流逝，腕上风景总有惊喜，诗意绵延，温柔无限。

◄ **LADY ARPELS POETIC WISH**
女表表盘以瑰丽的法国标志性建筑为背景，一位年轻女子在逆跳刻度之上莲步微移指示小时，玉臂放飞纸鸢，巧妙标记分钟。

梵克雅宝 (Van Cleef & Arpels) 的诗意浪漫系列 POETIC WISH 讲述了美丽的爱情故事, 在这部美妙的时间诗集上书写着新的篇章。

Poetic Wish 系列表盘各有独立的图案和情节, 一同构成了一个浪漫感人的故事。精美的 Lady Arpels Poetic Wish 腕表上, 一位年轻女子伫立于埃菲尔铁塔之上遥望巴黎圣母院。她随着小时计数刻度轻移莲步, 贝母云彩亦缓缓向她飘近。问表启动时, 巴黎圣母院圣钟开始鸣响, 女子便走向表盘中央, 手中纸鸢翩然飞舞指示分钟读数, 匠心独运, 妙不可言。

故事的另一半由 Midnight Poetic Wish 腕表娓娓道来, 巴黎圣母院教堂塔顶, 情郎独立高楼, 教堂的珐琅质彩绘玻璃折射出如梦似幻的光芒。男子随着小时读数的移动前行, 珍珠贝母云朵也向他舞近。贝母问表功能开启后, 便由划过天际的镶钻流星状指针指示分钟。秉承梵克雅宝 (Van Cleef & Arpels) 的高级珠宝腕表一贯的宝石筛选传统, 指示分钟的流星全部采用DEF色及VVS净度的钻石镶嵌而成。

这对触不到的恋人永远朝着对方的方向遥望, 彼此牵绊着浓厚的思念, 却被这美丽的巴黎美景所隔。唯有在梵克雅宝 (Van Cleef & Arpels) 为收藏者特制的珍贵表盒中, 他们得以再一次相聚。表盒为珍稀木材镶嵌珍珠母贝制成, 盒内装饰从弦乐制作中找寻灵感。在 Poetic Wish 问表甜美钟声的伴随中, 真爱终于得以永存。

▲ MIDNIGHT POETIC WISH
表盘满镶彩色珐琅, 装饰珍珠贝母云朵; 镶钻流星随问表功能启动, 以划过天际的瑰丽轨迹指示分钟。

VAN CLEEF & ARPELS 梵克雅宝

LADY ARPELS FEERIE
参考编号：VCARF80600

机芯：瑞士机械机芯。

功能：逆向弹跳时针及分针。

表壳：白金表壳；直径38毫米；镶54颗圆形钻石 (2.5克拉)。

表盘：蓝色珐琅表盘；玑镂图案；钻石铺镶仙女图案；表背雕刻。

表带：深蓝色绸面表带；白金镶钻表扣。

备注：编号款。

另提供：高级珠宝全钻表链款。

LADY ARPELS PONT DES AMOUREUX
参考编号：VCARN9VI00

机芯：瑞士机械机芯。

功能：逆向弹跳时针及分针。

表壳：白金表壳；直径38毫米；镶54颗圆形钻石 (2.5克拉)。

表盘：珐琅表盘；白金板桥；表背雕刻。

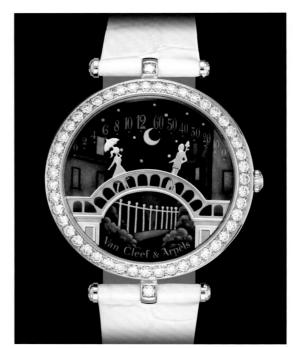

表带：白色短吻鳄鱼表带；白金镶钻表扣。

备注：编号款。

另提供：高级珠宝全钻表链款。

LADY ARPELS BAL DE LEGENDE – BAL BLACK & WHITE
参考编号：VCARO30J00

机芯：瑞士自动上链机芯。

功能：小时、分钟；白金转盘。

表壳：白金表壳；直径38毫米；镶54颗钻石 (2.5克拉)。

表盘：黑色玛瑙表盘；珍珠母贝镶嵌；金刻人物；表背雕刻。

表带：黑色短吻鳄鱼表带；白镶钻金表扣。

备注：编号款。

另提供：冬宫舞会款；世纪舞会款；普鲁斯特舞会款。

LADY ARPELS COCCINELLE
参考编号：VCARO30600

机芯：瑞士机械机芯。

功能：小时、分钟。

表壳：白金表壳；直径38毫米；镶54颗圆形钻石 (2.5克拉)。

表盘：内填珐琅表盘；白金雕刻；镶38颗圆形钻石(0.1克拉)。

表带：红色短吻鳄鱼表带；白金镶钻针式表扣(0.2克拉)。

备注：限量编号款。

另提供：Lady Arpel 蜻蜓款；Lady Arpels Fortuna 款；Lady Arpels 翠鸟款；Lady Arpels 樱花款。

CHARMS M

参考编号：VCARM95400

机芯： 瑞士石英机芯。

功能： 小时、分钟。

表壳： 白金表壳；直径38毫米；表圈镶3排钻石(2.8克拉)。

表盘： 白色 Alhambra 玑镂图案表盘；白金罗马数字。

表带： 黑色通用绸面表带；镶钻表扣。

另提供： 玫瑰金款，表圈镶2排钻石；短吻鳄鱼皮表带。

CHARMS MINI

参考编号：VCARN9UX00

机芯： 瑞士石英机芯。

功能： 小时、分钟。

表壳： 玫瑰金表壳；直径25毫米；表圈镶2排钻石(0.5克拉)。

表盘： Alhambra 玑镂图案表盘；玫瑰金罗马数字。

表带： 黑色通用绸面表带；玫瑰金表扣。

另提供： 白金款，表圈镶3排钻石；短吻鳄鱼皮表带。

PIERRE ARPELS 42MM

参考编号：VCARO23Y00

机芯： Piaget 830 P 机芯；60小时动力储存；19颗宝石；每小时振动频率21 600次。

功能： 小时、分钟。

表壳： 抛光白金表壳；白金表圈；白金表冠镶嵌一颗钻石，磨砂白金表背。

表盘： 白色表盘装饰 Van Cleef & Arpels 标识；白金罗马数字。

表带： 绿色鳄鱼皮；白金表扣。

另提供： 玫瑰金镶钻款。

ALHAMBRA TALISMAN

参考编号：VCARO30100

机芯： 瑞士石英机芯。

功能： 小时、分钟。

表壳： 玫瑰金表壳；直径40毫米；镶52颗钻石 (1.7克拉)。

表盘： 珍珠母贝表盘；中心 Alhambra 图案；射线纹效果。

表带： 黑色绸面表带；玫瑰金表扣。

另提供： 白金款：镶钻，珍珠母贝表盘，白色绸面表带；玫瑰金款，镶钻；玛瑙表盘；黑色绸面表带。

VERSACE

意式品味
时尚之巅
A TASTE for ITALIAN REFINEMENT

作为意大利时尚的杰出诠释，范思哲 (Versace) 推出腕表作品，凸显名门闺秀的个性魅力。

以最精良工艺于瑞士制造，并符合最为严格的瑞士标准认证，范思哲 (Versace) 腕表延续了品牌的传奇风范，这个由 Gianni Versace 于 1978年在米兰创立的品牌再添一枚个性十足的腕上臻品。范思哲 (Versace) 以意大利设计独有的敏锐度结合对瑞士制表传统的敬重，将独特风度和无穷表现力赋予腕表之上。

设计过程中的方方面面均体现出品牌源远流长的卓越工艺，每一颗范思哲 (Versace) 所用的钻石均是出自授权来源的非冲突钻石。

纤薄的39毫米精钢或IP玫瑰金表壳经过精雕细琢，细节之处尽善尽美，元素搭配优雅韵致。Thea 腕表巧妙地通过精美表盘、活泼色调与宝石的对比彰显其十足魅力。曼妙的表盘之上，3时、6时、9时和12时位置分别装饰一枚钻石时标，滚花内部顶环镶嵌有50颗耀眼夺目的蓝宝石，表圈环绕在动人表盘上，与整体风格完美搭配。Thea 腕表拥有多种款式，每一款均独具个性。在蓝色款 Thea 腕表上，蓝色蜥蜴皮表带穿过表壳，因而表壳无需表耳，以极具时尚感的设计彰显了腕表不着痕迹的美学深度，完美展现了范思哲 (Versace) 富有变化、魅力无穷的想象力。

与轮缘醒目的回纹装饰相得益彰，表带上作为品牌标志符号的美杜莎饰钉，为腕表赋予了多彩的个性。腕表内部，瑞士制造 Ronda 762 石英机芯为两枚清晰明了的指针提供动力，凸显了 Thea 腕表的视觉美感。

运用大胆色彩，强烈鲜明的线条和极具品味的奢华，范思哲 (Versace) Thea 腕表以令人无法抗拒的高端时尚品味为各个场合妆点玉腕。

作为品牌的标志符号，表带上的美杜莎（Medusa）饰钉为腕表□□□增添了闪亮一笔。

▼ **THEA 腕表**
这件搭配蓝色表带的腕表拥有几大象征性的时尚元素。

VERSACE 范思哲

THEA	参考编号: VA704 0013

机芯: Ronda 762 瑞士石英机芯。

功能: 小时、分钟。

表壳: IP 5N玫瑰金圆形表壳；直径39毫米；表圈带有滚花效果。

表盘: 金黄色太阳射线纹饰面；外圈部分带有"Greca"希腊纹图案；镀银处理；标识位于12时位置。

表带: 黑色小牛皮带有蜥蜴纹图案；饰两枚美杜莎(Medusa)饰钉；蝴蝶式表扣。

参考价: 价格请向品牌查询。

THEA	参考编号: VA705 0013

机芯: Ronda 762 瑞士石英机芯。

功能: 小时、分钟。

表壳: IP 5N玫瑰金圆形表壳；直径40毫米；表圈带有滚花效果。

表盘: 金黄色太阳射线纹饰面；外圈部分带有"Greca"希腊纹图案；镀银处理；标识位于12时位置。

表带: 5N黄金表链；蝴蝶式表扣。

参考价: 价格请向品牌查询。

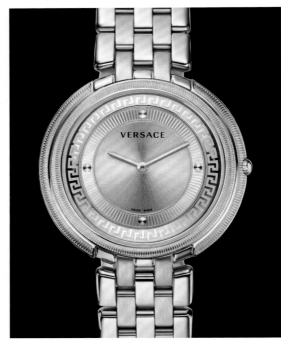

THEA	参考编号: VA707 0013

机芯: Ronda 762 瑞士石英机芯。

功能: 小时、分钟。

表壳: 精钢圆形表壳；直径39毫米；表圈带有滚花效果；镶嵌50颗粉红蓝宝石(0.235克拉)。

表盘: 银色太阳射线纹饰面；外圈部分带有"Greca"希腊纹图案；镀银处理；标识位于12时位置；4枚钻石时标。

表带: 粉红蜥蜴皮；饰两枚美杜莎(Medusa)饰钉；蝴蝶式表扣。

参考价: 价格请向品牌查询。

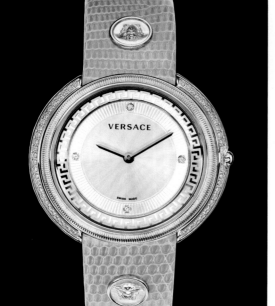

THEA	参考编号: VA708 0013

机芯: Ronda 762 瑞士石英机芯。

功能: 小时、分钟。

表壳: 精钢 IP 玫瑰金圆形表壳；直径39毫米；表圈带有滚花效果；镶嵌50颗蓝宝石(0.235克拉)。

表盘: 金黄色太阳射线纹饰面；外圈部分带有"Greca"希腊纹图案；镀银处理；标识位于12时位置。

表带: 蓝色蜥蜴皮；饰两枚美杜莎(Medusa)饰钉；蝴蝶式表扣。

参考价: 价格请向品牌查询。

VENUS　　　参考编号: VFH01 0013

机芯: ISA K62/132 瑞士石英机芯。

功能: 小时、分钟。

表壳: 精钢；圆形；直径39毫米；顶圈饰有玑镂饰纹图案；抛光中心圆环镶嵌一颗红色托帕石(0.078克拉)；透明水晶表镜。

表盘: 白色和银色玑镂饰面；饰有美杜莎(Medusa)标识，位于12时位置。

表带: 精钢；蝴蝶式表扣。

参考价: 价格请向品牌查询。

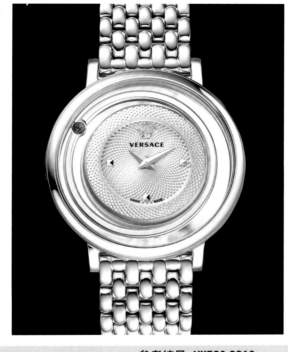

VENUS　　　参考编号: VFH08 0013

机芯: ISA K62/132 瑞士石英机芯。

功能: 小时、分钟。

表壳: IP 5N玫瑰金；圆形；直径39毫米；顶环完全铺镶135颗钻石(0.7克拉)；抛光中心环镶嵌一颗红色托帕石(0.078克拉)；浅棕色水晶表镜。

表盘: 象牙色玑镂饰面；装饰美杜莎(Medusa)标识，位于12时位置；3枚钻石时标(0.012克拉)。

表带: 象牙色蜥蜴皮；蝴蝶式表扣。

参考价: 价格请向品牌查询。

VANITAS　　　参考编号: VK708 0013

机芯: Ronda 762.3 瑞士石英机芯。

功能: 小时、分钟。

表壳: 精钢或 IP 4N玫瑰金；直径40毫米；顶圈刻有 "Greca" 希腊纹和红色珐琅。

表盘: 红色珐琅；巴洛克图案浮雕；镶嵌19颗钻石(0.052克拉)；12时位置装饰美杜莎(Medusa)标识。

表带: 红色小牛皮饰有巴洛克浮式图案；蝴蝶式表扣；出售一枚窄版表带，带小饰钉。

参考价: 价格请向品牌查询。

VANITAS　　　参考编号: VK709 0013

机芯: Ronda 762.3 瑞士石英机芯。

功能: 小时、分钟。

表壳: 精钢或 IP 4N玫瑰金；圆形；顶环刻有 "Greca" 希腊纹和白色珐琅；内环铺镶72颗钻石(0.19克拉)。

表盘: 白色珐琅；巴洛克图案浮雕；镶嵌14颗钻石(0.038克拉)；美杜莎(Medusa)标识位于12时位置。

表带: 白色小牛皮表带；巴洛克图案浮雕；蝴蝶式表扣；出售一枚窄版表带，带小饰钉。

参考价: 价格请向品牌查询。

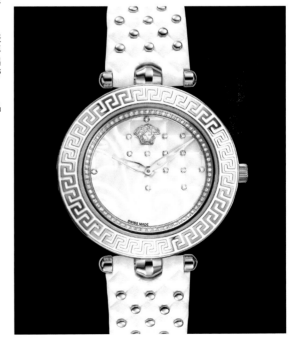

VANITAS　　　　参考编号：VK703 0013

机芯： Ronda 762.3 瑞士石英机芯。

功能： 小时、分钟。

表壳： 精钢或 IP 4N玫瑰金；圆形；直径40毫米；顶环刻有 "Greca" 希腊纹和黑色珐琅。

表盘： 黑色珐琅；巴洛克图案浮雕；美杜莎(Medusa)标识位于12时。

表带： 黑色小牛皮；巴洛克团浮雕；蝴蝶式表扣；出售一枚窄版表带，带小饰钉。

参考价： 价格请向品牌查询。

REVE　　　　参考编号：VA803 0013

机芯： Ronda 5040D 瑞士计时码表机芯。

功能： 小时、分钟、秒钟；计时码表：30分钟、10小时和1/10秒积算盘；日期显示位于4时位置。

表壳： 精钢；直径46毫米；顶环刻有 "Versace" 字样。IPRG表耳刻有 "Greca" 希腊纹；IPRG表冠刻有美杜莎(Medusa)标识；IPRG按擎镶嵌蓝水晶宝石。

表盘： 白色太阳放射纹饰面；"Greca" 希腊纹和玫瑰金装饰；Medusa位于12时位置；指针经过夜光涂层处理。

表带： 精钢和IPRG 5N表链；"Greca" 希腊纹刻于表链粒和蝴蝶式表扣上。

参考价： 价格请向品牌查询。

VANITY CHRONO　　　　参考编号：VA905 0013

机芯： Ronda 5020B 瑞士计时码表石英机芯。

功能： 小时、分钟、秒钟；二个计时码表盘：30分钟、12小时和60秒钟积算盘；大日期显示位于6时位置。

表壳： IP 4N玫瑰金；圆形；直径41毫米；顶圈装饰金属圆点；表冠刻有美杜莎(Medusa)标识。

表盘： 太阳射线纹饰面；"Greca" 希腊纹和玫瑰金装饰；罗马数字时标和标识。

表带： 黑色小牛皮；鳄鱼花纹；两枚美杜莎(Medusa)饰钉；蝴蝶表扣。

参考价： 价格请向品牌查询。

VANITY CHRONO　　　　参考编号：VA905 0013

机芯： Ronda 5020B 瑞士计时码表石英机芯。

功能： 小时、分钟、秒钟；二个计时码表盘：30分钟、12小时和60秒钟积算盘；大日期显示位于6时位置。

表壳： 4N玫瑰金；圆形；直径41毫米；顶圈平完全铺镶64颗钻石(0.304克拉)；表冠刻有美杜莎(Medusa)。

表盘： 白色太阳放射纹饰面；"Greca" 希腊纹和银色装饰；罗马数字时标和标识。

表带： 白色小牛皮；鳄鱼皮图案；2枚美杜莎(Medusa)饰钉；蝴蝶式表扣。

参考价： 价格请向品牌查询。

VANITY

参考编号: P5Q80D800 S800

机芯: Ronda 726.3 瑞士计时码表石英机芯。

功能: 小时、分钟。

表壳: 精钢; 直径35毫米; 圆形; 顶圈饰有金属圆标。

表盘: 红色太阳射线纹饰面; "Greca" 希腊纹和玫瑰金装饰; 罗马数字时标和标识。

表带: 红色小牛皮; 鳄鱼皮图案; 2枚美杜莎(Medusa)饰钉; 蝴蝶式表扣。

参考价: 价格请向品牌查询。

VANITY

参考编号: P5Q80D499 S089

机芯: Ronda 726.3 瑞士计时码表石英机芯。

功能: 小时、分钟。

表壳: 精钢; 直径35毫米; 圆形; 顶圈饰有金属圆标。

表盘: 银色太阳射线纹饰面; "Greca" 希腊纹和玫瑰金装饰; 罗马数字时标和标识。

表带: 精钢和IPRG 4N表链; 蝴蝶式表扣。

参考价: 价格请向品牌查询。

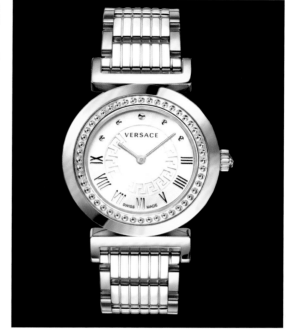

APOLLO & DAFNE

参考编号: VF105 0013

机芯: Ronda 715.2 瑞士石英机芯。

功能: 小时、分钟、秒钟; 日期显示位于3时位置。

表壳: 双色; 圆形; 直径42毫米; 表冠雕饰美杜莎(Medusa)标识。

表盘: 银色或金色太阳放射纹饰面; 带有 "Greca" 希腊纹图案; 罗马数字时标; 标识位于12时位置。

表带: 双色表带; 蝴蝶表扣。

参考价: 价格请向品牌查询。

APOLLO & DAFNE

参考编号: VF106 0013

机芯: Ronda 715.2 瑞士石英机芯。

功能: 小时、分钟、秒钟; 日期显示位于3时位置。

表壳: IP 4N玫瑰金; 圆形; 直径42毫米; 表冠雕饰美杜莎(Medusa)标识。

表盘: 金色太阳放射纹饰面; 带有 "Greca" 希腊纹图案; 罗马数字时标; 标识位于12时位置。

表带: IP 4N玫瑰金; 蝴蝶式表扣。

参考价: 价格请向品牌查询。

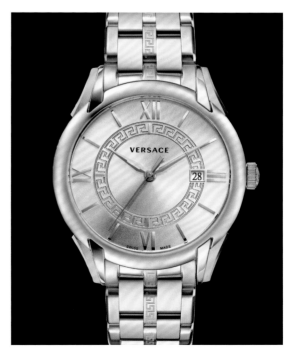

穿越高空 缔造传奇
ON TOP OF THE WORLD

真力时（Zenith）飞行员系列再添三展新翼，在人类飞行版图上继续挥洒迷人色彩。这个来自瑞士力洛克的钟表品牌不仅翱翔于飞行腕表前沿，更令世人见证菲利克斯·鲍加特纳（Felix Baumgartner）纵身穿越云霄的难忘历程。

从伴随路易·布莱里奥（Louis Bleriot）驾驶飞机首次飞越英吉利海峡，到支持罗尔德·阿蒙森（Roald Amundsen）成功发现地球南北两极，真力时（Zenith）作为极具开创性的制表品牌，从未停止过对冒险的追求。最近，它更是见证人类挑战自由落体的胜利时刻。作为人类完成极端任务时的重要计时伙伴，真力时（Zenith）的地位愈加无可撼动。

拥有57.5毫米表径的飞行员系列 Type 20 飞行器腕表，不断将"腕上驾驶舱"的美誉推向新的高度。在百年历史的人类飞行中，真力时（Zenith）的地位不可或缺，这款限量版腕表作为对历史的致敬之作，特别纪念了品牌在20世纪初期对人类飞行事业做出的杰出贡献。

Type 20 腕表搭载5011机械机芯，直径达50毫米，计时能力更表现不凡。在大尺寸的机芯之内，装置14毫米的平衡摆轮，能够保证腕表极为精准的计时功能。这枚闻名遐迩的手动上链机芯拥有48小时的动力处储存能力，每小时振动频率达到18000次。机芯还设有一枚自动补偿宝玑游丝，透过 Type 20 的透明蓝宝石水晶表背，5011手动上链机芯的精巧结构一览无遗。小秒针定时器位于9时位置，动力储存显示位于3时位置，指针覆有 SuperLumiNova 超级夜光涂料，阿拉伯数字时标清晰易读，所有元素完美契合，装置在5级钛金的表壳之内，体现腕表独一无二的复古特质。这款从悠久历史汲取丰富灵感的 Type 20 腕表，无疑是向20世纪飞行先驱致敬的杰作。

Pilot Doublematic 飞行员双时区腕表延续该系列清晰易读的特点，令各项重要信息在表盘上一目了然。腕表搭载 El Primero 4046 自动上链机芯，让佩戴者只需简单操作就能瞬间读取全球各地的时间。边缘两个24小时移动表圈的黑色与白色显示区分世界各地的日与夜。机芯每小时振动频率达36000次，即每秒10次。表盘上30分钟积算盘位于3时位置；同时，在1时和2时之间，日期以清晰的白底显示盘展现，与腕表的雾面黑色表盘形成鲜明对比。第四中置指针为镂空钌金制成，针尖装饰红色，提醒闹表时间。表如其名，Pilot Doublematic 飞行员双时区腕表搭载两个发条盒，在第二枚发条盒的强力动力之下，位于8时和9时之间的视窗用于确认闹铃启动功能。位于7时的闹铃储存显示随发条盒的运作而运行。Pilot Doublematic 飞行员双时区腕表的表背为蓝宝石水晶玻璃制成。在这枚表径45毫米的旅行者腕表上，现代技术与功能设计得以完美呈现，跟随使用者旅行的步伐清晰无误地显示时间。

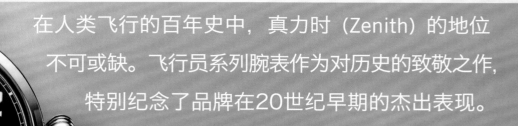

在人类飞行的百年史中，真力时（Zenith）的地位不可或缺。飞行员系列腕表作为对历史的致敬之作，特别纪念了品牌在20世纪早期的杰出表现。

表盘上，两个蜗形纹计时表盘平行而置，大日期显示位于下方，与上方"Zenith"标识完美呼应—— Pilot Big Date Special 大日期飞行员腕表黑底白字，含蓄优雅，充分展现冷静阳刚的男性气质。这款腕表与20世纪60年代的真力时（Zenith）一脉相承，强调实用功能。虽然指针的设计为腕表增添了令人无法抗拒的运动元素，经典飞行员系列的审美传统依旧在腕表中得以延续。腕表搭载的 El Primero 4010 自动上链机芯拥有每小时36000 次的振动频率，精钢表壳下，摆陀饰有细致精美的日内瓦波纹，透过蓝宝石水晶表背，其中奥妙清晰可见。

▲ **PILOT MONTRE D'AÉRONEF TYPE 20 TYPE 20 飞行器腕表**
这款限量腕表直径达57.5毫米，为超大机芯提供足够空间；机芯内部搭载有14毫米平衡摆轮。

▲ **PILOT DOUBLEMATIC 飞行员双时区腕表**
腕表搭载两个发条盒，其中一个专门为闹铃功能提供强大动力。

▶ **PILOT BIG DATE SPECIAL 大日期飞行员腕表**
El Primero 4010 机芯内置306件零件，每秒振频达10次，提供50小时动力储备能力。

313

真力时（Zenith）秉承品牌至真至诚的设计理念与制作工艺。El Primero Stratos Flyback Striking 10th（层云高振频飞返计时腕表1/10秒跳秒）见证了当代传奇菲利克斯·鲍加特纳奇迹般的高空历程。这位奥地利跳伞运动员从离地球表面约24英里的高空直跃而下，途中共打破三项世界纪录。作为第一个在飞行舱外突破音速的人，43岁的他将自己的名字写入了历史；陪伴他的是打破计时界限、值得信赖的腕上伙伴真力时（Zenith）。菲利克斯·鲍加特纳以每小时834英里的速度降落，不仅拓展了人类探索的疆界，同时体验了真力时（Zenith）腕表无可比拟的计时性能。从宇宙边缘的航空先驱，到地球远端的探险家，真力时（Zenith）长久以来一直倾情陪伴，跟随他们经历世界上最惊最险的奇妙旅途。在最近的航空飞行里，El Primero Stratos Flyback Striking 10th 作为值得信赖的计时伙伴在极端环境下经受住了严酷的考验。

作为首枚在近太空环境下超越音速的腕表，在速度、摩擦力、低压、温度和冲击碰撞的巨大影响下依然表现完美。腕表每小时振动频率达36000次，计时码表指针每十秒钟完成一次跳跃，直径45.5毫米的模拟座舱表壳为探险者提供精准计时，并保证极端环境下的易读性。不仅如此，飞返功能保证计时码表的暂停、归零和重启功能通过一枚按擎便可完成：对于航空飞行员来说，这是计算航线时必不可少的重要功能。除了令世人见证高空的神秘壮阔，这次超音速降落堪称新一次登月，对未来的航空安全和协议均有着重要意义。

人类在自由落体时首次超越音速，除了对人类航天科学进程中所处位置的思索和重要意义，更值得铭记的是，真力时（Zenith）El Primero Stratos Flyback Striking 10th 腕表从世界顶端飞跃而下，将音速甩于身后的传奇历程。

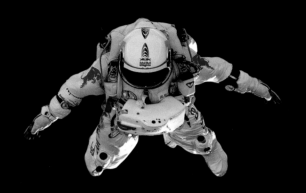

▲ **EL PRIMERO STRATOS FLYBACK STRIKING 10TH**
层云高振频飞返计时腕表1/10秒跳秒腕表
2012年10月14日，菲利克斯·鲍加特纳佩戴他
最信赖的计时伙伴，从天空边缘跳落，打破音障，
并创造了世界自由落体的最高速度（833.9MPH）。

ACADEMY CHRISTOPHE COLOMB HURRICANE

参考编号：18.2210.8805/01.C713

机芯： El Primero 8805 手动上链机芯；16½ 法分；厚度5.85毫米；50小时动力储存；357件零件；53颗宝石；每小时振动频率 36 000 次。

功能： 小时针、小分针位于12时位置；小秒针位于9时位置；自动调校式陀螺仪模件位于6时位置；动力储存显示位于3时位置；均力圆锥轮位于小时/分钟表盘下方。

表壳： 18K 玫瑰金表壳；直径45毫米，厚度14.35毫米；两面弧形防眩光蓝宝石水晶；弧形水晶覆盖 Christophe Colomb 模件，厚度21.4毫米；30米防水性能。

表盘： 黄金表盘，手工玑镂图案；黑色漆面时标；蓝色精钢指针。

表带： 棕色短吻鳄鱼皮表带，橡胶保护内衬；18K玫瑰金三重折叠式表扣。

备注： 限量发行25只。

ACADEMY MINUTE REPEATER

MINUTE REPEATER 三问计时腕表　　参考编号：18.2250.4043/01.C713

机芯： El Primero 4043 自动上链机芯；16¼ 法分；直径37毫米、厚度10.36毫米；50小时动力储存；461件零件；46颗宝石；每小时振动频率36 000次；22K 黄金摆陀饰有日内瓦波纹。

功能： 小时，分钟；小秒针位于9时位置；计时码表：30分钟积算盘位于3时位置；三问报时。

表壳： 18K 玫瑰金表壳；直径45毫米，厚度16.5毫米；双面弧形防眩光蓝宝石水晶；30米防水性能。

表盘： 银色玑镂图案；黄金罗马数字；镀金镀金属指针。

表带： 棕色短吻鳄鱼皮表带，橡胶保护内衬；18K玫瑰金三重折叠式表扣。

备注： 限量发行25只。

EL PRIMERO TOURBILLON

陀飞轮腕表　　参考编号：65.2050.4035/91.C714

机芯： El Primero 4035 B 自动上链机芯；16½ 法分；直径37毫米、厚度7.66毫米；50小时动力储存；381件零件；35颗宝石；每小时振动频率36 000次；22K 金摆陀饰有日内瓦波纹。

功能： 小时，分钟；小秒针和日期显示在陀飞轮位于11时位置；计时码表:12小时积算盘位于6时位置，30分钟积算盘位于3时位置，中置计时秒针。

表壳： 18K 白金表壳；直径44毫米、厚度15.6毫米；弧形双面防眩光蓝宝石水晶表镜；蓝宝石水晶表背；100米防水性能。

表盘： 银色表盘；岩灰色计时码表；铑金属琢面指针和时标，经SuperLumiNova SLN C1处理。

表带： 黑色短吻鳄鱼皮表带。

另提供： 18K玫瑰金款；棕色表带。

EL PRIMERO CHRONOMASTER GRANDE DATE

旗舰大日期视窗腕表　　参考编号：18.2160.4047/01.C713

机芯： El Primero 4047 自动上链机芯；13½ 法分；直径30.5毫米、厚度9.05毫米；50小时动力储存；332件零件；41颗宝石；每小时振动频率36 000次；摆陀饰有日内瓦波纹。

功能： 小时，分钟；小秒针位于9时位置；计时码表：30分钟积算盘位于3时位置；中置计时秒针；日期显示于2时位置；日月相显示位于6时位置。

表壳： 18K 玫瑰金表壳；直径45毫米、厚度15.6毫米；弧形双面防眩光蓝宝石水晶表镜；透明蓝宝石水晶表背；50米防水性能。

表盘： 银色表盘；铑金属琢面指针和时标，经SuperLumiNova SLN C1处理。

表带： 棕色短吻鳄鱼皮表带。

另提供： 精钢表壳，黑色或银色太阳纹表盘，黑色或棕色鳄鱼皮表带。

EL PRIMERO CHRONOMASTER 1969

旗舰 1969 腕表　　　参考编号: 03.2040.4061/69.C496

机芯: El Primero 4061 自动上链机芯; 13¼ 法分; 直径30毫米、厚度6.6 毫米; 50小时动力储存; 282件零件; 31颗宝石; 每小时振动频率36 000 次; 摆陀饰有日内瓦纹。

功能: 小时、分钟; 小秒针位于9时位置; 计时码表: 12小时积算盘位于6时位置, 30分积算盘位于3时位置, 中置计时秒针。

表壳: 精钢表壳; 直径42毫米、厚度14.05毫米; 弧形双面防眩光蓝宝石水晶表镜; 蓝宝石水晶表背; 100米防水性能。

表盘: 银色放射纹表盘, 双色计时码表; 铑金属琢面指针和时标, 经SuperLumiNova SLN C1处理。

表带: 黑色短吻鳄鱼皮表带。

另提供: 18K玫瑰金表壳, 棕色表带。

EL PRIMERO 36,000 VPH

36,000 VPH 腕表　　　参考编号: 03.2040.400/21.M2040

机芯: El Primero 400 B 自动上链机芯; 13¼ 法分; 厚度6.6毫米; 50小时动力储存; 326件零件; 31颗宝石; 每小时振动频率36 000次; 摆陀饰有日内瓦波纹。

功能: 小时、分钟; 小秒针位于9时位置; 日期显示于4时30分位置; 计时码表: 12小时积算盘位于6时位置, 30分钟积算盘位于3时位置, 中置计时秒针; 计速仪刻度。

表壳: 精钢表壳; 直径42毫米、厚度12.75毫米; 弧形双面防眩光蓝宝石水晶表镜; 蓝宝石水晶表背; 100米防水性能。

表盘: 黑色表盘; 铑金属时标和指针。

表链: 金属表链。

另提供: 精钢表壳, 黑色和红色太阳纹表盘, 黑色鳄鱼皮表带, 红色缝线; 精钢表壳, 银色放射纹表盘, 黑色鳄鱼皮表带。

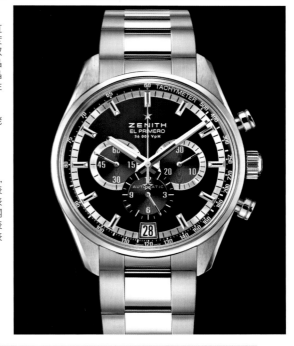

EL PRIMERO 36,000 VPH 38MM

36,000 VPH-38毫米腕表　　　参考编号: 03.2150.400/69.C713

机芯: El Primero 400 自动上链机芯; 13¼ 法分; 厚度6.6毫米; 278件零件; 31颗宝石; 每小时振动频率36 000次; 摆陀饰有日内瓦波纹。

功能: 小时、分钟; 小秒针位于9时位置; 日期显示于4时30分位置; 计时码表: 12小时积算盘位于6时位置, 30分钟积算盘位于3时位置, 中置计时秒针; 计速仪刻度。

表壳: 精钢表壳; 直径38毫米、厚度12.45毫米; 弧形双面防眩光蓝宝石表镜; 蓝宝石水晶表背; 100米防水性能。

表盘: 银色放射状表盘, 三色计时码表; 铑金属SuperLumiNova SLN C1 琢面时标和指针。

表带: 棕色短吻鳄鱼皮表带, 橡胶保护内衬。

另提供: 金属表链。

EL PRIMERO ESPADA

ESPADA 腕表　　　参考编号: 18.2170.4650/81.C713

机芯: El Primero 4650 B自动上链机芯; 13¼ 法分; 直径30毫米、厚度5.58毫米; 50小时动力储存; 210件零件; 22颗宝石; 摆陀饰有日内瓦波纹; 每小时振动频率36 000次。

功能: 小时、分钟、秒钟; 日期显示于3时位置。

表壳: 18K玫瑰金表壳; 直径40毫米, 厚度11.7毫米; 弧形双面防眩光蓝宝石水晶表镜; 蓝宝石水晶表背; 100米防水性能。

表盘: 白色珍珠母贝表盘; 11枚长阶梯型切割钻石时标; 镀金铑金属琢面指针, SuperLumiNova SLN C1 处理。

表带: 棕色短吻鳄鱼皮表带。

另提供: 18K玫瑰金表链。

ZENITH 真力时

EL PRIMERO STRATOS FLYBACK STRIKING 10TH

STRATOS FLYBACK 层云飞返高振频计时码表1/10秒跳秒

参考编号: 03.2062.4057/69.M2060

机芯: El Primero 4057 B 自动机芯; 13¼ 法分; 直径30毫米、厚度6.6毫米; 50小时动力储存; 326件零件; 31颗宝石; 每小时振动频率36 000次; 摆陀饰有日内瓦波纹。

功能: 小时、分钟; 小秒针位于9时位置;日期显示位于6时位置; 1/10 秒飞返计时: 60分钟积算盘位于6时位置; 60秒钟积算盘位于3时位置; 1/10 秒跳秒显示。

表壳: 精钢表壳; 直径45毫米、厚度14.1毫米; 单向旋转表圈, 黑色陶瓷圆盘; 弧形双面防眩光蓝宝石水晶表镜; 表背饰有Stratos标识; 100米防水性能。

表盘: 银色放射纹表盘, 三色计时码表; 铑金属琢面时标和指针, 经Super-LumiNova SLN C1处理。

表链: 金属表链。

备注: 向Felix Baumgartner致敬之作。

另提供: 黑色短吻鳄鱼皮表带; 黑色橡胶表带。

PILOT BIG DATE SPECIAL

大日期飞行员腕表

参考编号: 03.2410.4010/21.C722

机芯: El Primero 4010 自动上链机芯; 13¼ 法分; 直径30毫米、厚度7.65毫米; 50小时动力储存; 306件零件; 31颗宝石; 每小时振动频率36 000次; 摆陀饰有日内瓦波纹。

功能: 小时、分钟; 小秒针位于9时位置; 计时码表: 30分钟积算盘位于3时位置, 中央计时指针; 日期显示位于6时位置。

表壳: 磨砂精钢表壳; 42毫米直径, 厚度13.5毫米;弧形双面防眩光蓝宝石水晶表镜; 蓝宝石水晶表背; 50米防水性能。

表盘: 亚光黑色表盘; SuperLumiNova SLN C1处理时标; 黑色钌金亚光指针。

表带: 棕色小牛皮表带, 橡胶保护内衬。

另提供: 金属表链。

PILOT DOUBLEMATIC

飞行员 DOUBLEMATIC 两地时腕表

参考编号: 03.2400.4046/21.C721

机芯: El Primero 4046 自动上链机芯; 13¼ 法分; 直径30毫米、厚度9.05毫米; 50小时动力储存; 439件零件; 41颗宝石; 每小时振动频率36 000次; 摆陀饰有日内瓦波纹。

功能: 小时、分钟; 计时码表: 30分钟积算盘位于3时位置, 中置计时秒针; 24小时时区; 日期显示位于2时位置; 中置闹钟时针; 闹钟开/关位于8时和9时之间; 动力储存提示位于7时位置。

表壳: 精钢表壳; 直径45毫米、厚度15.6毫米; 弧形双面防眩光蓝宝石水晶表镜; 蓝宝石水晶表背; 50米防水性能。

表盘: 雾面黑色表盘; SuperLumiNova SLN C1处理时标; 黑色钌金时针。

表带: 棕色短吻鳄鱼皮表带, 皮质保护内衬。

另提供: 18K玫瑰金款。

CAPTAIN TOURBILLON

CAPTAIN TOURBILLON 腕表

参考编号: 18.2190.4041/01.C498

机芯: El Primero 4041 S 自动上链机芯; 13¼ 法分; 直径30毫米, 厚度7.65毫米; 50小时动力储存; 199件零件; 25颗宝石; 每小时振动频率36 000次; 摆陀饰有日内瓦波纹。

功能: 小时、分钟; 小秒针显示于陀飞轮框架内; 一分钟陀飞轮位于11时位置。

表壳: 18K玫瑰金表壳; 直径40毫米、厚度12.85毫米; 弧形双面防眩光蓝宝石水晶表镜; 蓝宝石水晶表背; 50米防水性能。

表盘: 磨砂银色中心表盘; 抛光分针, 细毛面处理; 镀金铑金属时标, 镀金铑金属琢面指针。

表带: 棕色短吻鳄鱼皮表带, 橡胶保护内衬; 18K玫瑰金三重折叠式表扣。

CAPTAIN WINSOR ANNUAL CALENDAR

指挥官温莎年历腕表　　　　参考编号: 03.2070.4054/22.C708

机芯: El Primero 4054 自动上链机芯; 13¼ 法分; 厚度8.3毫米; 50小时动力储存; 341件零件; 29颗宝石; 每小时振动频率36 000 次; 摆陀饰有日内瓦波纹。

功能: 小时、分钟; 小秒针位于9时位置; 计时码表: 60分钟积算盘位于6时位置; 星期和月份显示位于3时位置; 日期显示于6时位置。

表壳: 精钢表壳; 直径42毫米、厚度13.85毫米; 弧形双面防眩光蓝宝石表镜; 蓝宝石水晶表背; 50米防水性能。

表盘: 蓝色玑镂图案; 铑金属琢面时标和指针。

表带: 黑色短吻鳄鱼皮表带。

另提供: 精钢, 银色玑镂图案表盘, 棕色鳄鱼皮表带; 18K玫瑰金,银色玑镂表盘; 棕色鳄鱼皮表带。

CAPTAIN CHRONOGRAPH

CAPTAIN CHRONOGRAPH 腕表　　参考编号: 18.2110.400/01.C498

机芯: El Primero 400 B 自动上链机芯; 13¼ 法分; 厚度6.6毫米; 50小时动力储存; 326件零件; 31颗宝石; 摆陀饰有日内瓦波纹。

功能: 小时、分钟; 小秒针位于9时位置; 计时码表: 12小时积算盘位于6时位置, 30分钟积算盘位于9时位置, 中置计时指针。

表壳: 18K玫瑰金和精钢表壳; 直径42毫米、厚度12毫米; 双面弧形蓝宝石水晶表镜; 蓝宝石水晶表背; 50米防水性能。

表盘: 银色放射纹图案; 镀金铑金属琢面时标和指针。

表带: 棕色短吻鳄鱼皮表带, 橡胶保护内衬; 玫瑰金针式表扣。

另提供: 精钢表壳; 精钢表壳, 精钢或黄金表链。

CAPTAIN MOONPHASE

指挥官月相腕表　　　　参考编号: 03.2140.691/02.C498

机芯: Elite 691 自动上链机芯; 11½ 法分; 厚度5.67毫米; 50小时动力储存; 228件零件; 27颗宝石; 每小时振动频率28 800次; 摆陀饰有日内瓦波纹。

功能: 小时、分钟; 小秒针位于9时位置; 月相显示位于6时位置; 日期显示位于1时位置。

表壳: 精钢表壳; 直径40毫米、厚度10.35毫米; 双面防眩光蓝宝石水晶表镜; 蓝宝石水晶表底; 50米防水性能。

表盘: 银色玑镂图案; 铑金属琢面时标和指针。

表带: 棕色短吻鳄鱼皮表带, 橡胶保护内衬。

另提供: 18K玫瑰金表壳, 棕色鳄鱼皮表带或18K玫瑰金表链。

CAPTAIN POWER RESERVE

CAPTAIN POWER RESERVE 腕表　　参考编号: 03.2120.685/02.C498

机芯: Elite 685 自动上链机芯; 11½ 法分; 直径25.6毫米, 厚度4.67毫米; 50小时动力储存; 179件零件; 38颗宝石; 每小时振动频率28 800次; 摆陀饰有日内瓦波纹。

功能: 小时、 分钟; 小秒针位于9时位置; 动力储存位于2时位置; 日期显示位于6时位置。

表壳: 精钢表壳; 直径40毫米、厚度9.25毫米; 双面防眩光蓝宝石水晶表镜; 蓝宝石水晶表背; 50米防水性能。

表盘: 银色表盘; 铑金属时标和指针。

表带: 棕色短吻鳄鱼皮表带。

另提供: 18K玫瑰金表壳, 棕色鳄鱼皮表带或18K玫瑰金表链。

CAPTAIN CENTRAL SECOND

指挥官中央秒针腕表　　参考编号：18.2020.670/22.C498

机芯： Elite 670 自动上链机芯；11½ 法分；直径25.6毫米、厚度3.7毫米；50小时动力储存；144件零件；27颗宝石；每小时振动频率28 800次；摆陀饰有日内瓦波纹。

功能： 小时、分钟、秒钟；日期显示于6时位置。

表壳： 18K玫瑰金表壳；直径40毫米、厚度8.15毫米；双面防眩光蓝宝石水晶表镜；蓝宝石水晶表背；50米防水性能。

表盘： 烟灰色表盘；铑金属琢面指针，镀金处理。

表带： 棕色短吻鳄鱼皮表带；玫瑰金针式表扣。

另提供： 精钢表壳，黑色短吻鳄鱼皮表带；玫瑰金版含18K玫瑰金表链。

HERITAGE ULTRA THIN

HERITAGE 超薄腕表　　参考编号：18.2010.681/01.C498

机芯： Elite 681 自动上链机芯；11½ 法分；直径25.6毫米、厚度3.47毫米；50小时动力储存；128件零件；27颗宝石；每小时振动频率28 800次；摆陀饰有日内瓦波纹。

功能： 小时、分钟；小秒针位于9时位置。

表壳： 18K玫瑰金表壳；直径40毫米、厚度8.3毫米；双面防眩光蓝宝石水晶表镜；蓝宝石水晶表背；50米防水性能。

表盘： 银色表盘；铑金属琢面指针和时标。

表带： 黑色短吻鳄鱼皮表带，橡胶保护内衬。

另提供： 银色、黑色太阳放射纹表盘。

HERITAGE ULTRA THIN

HERITAGE 超薄腕表　　参考编号：03.2010.681/11.C493

机芯： Elite 681 自动上链机芯；11½ 法分；直径25.6毫米、厚度3.47毫米；50小时动力储存；128件零件；27颗宝石；每小时振动频率28 800次；摆陀饰有日内瓦波纹。

功能： 小时、分钟；小秒针位于9时位置。

表壳： 精钢表盘；直径40毫米、厚度8.3毫米；双面防眩光蓝宝石水晶表镜；蓝宝石水晶表背；50米防水性能。

表盘： 白色表盘；黑色转印时标；铑金属琢面指针。

表带： 黑色短吻鳄鱼皮表带，橡胶保护内衬。

另提供： 银色、黑色太阳放射纹表盘。

HERITAGE ULTRA THIN LADY MOONPHASE

ULTRA THIN 超薄月相女装腕表　　参考编号：22.2310.692/75.C709

机芯： Elite 692 自动上链机芯；11½ 法分；直径25.6毫米、厚度3.97毫米；50小时动力储存；195件零件；27颗宝石；每小时振动频率28 800次；摆陀饰有日内瓦波纹。

功能： 小时、分钟；小秒针位于9时位置；月相显示位于6时位置。

表壳： 18K玫瑰金表壳，镶钻石；直径33毫米、厚度8.65毫米；双面防眩光蓝宝石水晶表镜；蓝宝石水晶表背；30米防水性能。

表盘： 棕色太阳放射纹表盘；镀金铑金属琢面指针和时标。

表带： 亮棕色短吻鳄鱼皮表带。

另提供： 全铺镶钻石表盘；黑色亚光表带；玫瑰金表链。

HERITAGE ULTRA THIN LADY MOONPHASE

ULTRA THIN 超薄月相女装腕表　　参考编号: 16.2370.692/81.C706

机芯： Elite 692 自动上链机芯；11½ 法分；直径25.6毫米、厚度3.97毫米；50 小时动力储存；195件零件；27颗宝石；每小时振动频率28 800次；摆陀饰有日内瓦波纹。

功能： 小时、分钟；小秒针位于9时位置；月相显示位于6时位置。

表壳： 白金表壳，镶钻石；直径33毫米、厚度8.65毫米；双面防眩光蓝宝石水晶表镜；蓝宝石水晶表背；30米防水性能。

表盘： 白色珍珠母贝钻石时标；镀金镀铑指针。

表带： 灰色鳄鱼皮。

另提供： 全镶钻石表盘；玫瑰金表链；黑色亚光表带。

HERITAGE ZENITH STAR OPEN

STAR OPEN 腕表　　参考编号: 16.1925.4062/01.C725

机芯： El Primero 4062 自动上链机芯；13¼ 法分；直径30毫米、厚度6.6毫米；50小时动力储存；253件零件；31颗宝石；每小时振动频率36 000次；摆陀饰有日内瓦波纹。

功能： 小时、分钟；心状小秒针显示位于10时位置、秒针针尖为心型；计时码表：30分钟累积计时位于3时位置，中央计时秒针。

表壳： 精钢表壳，镶钻石；尺寸37 x 37毫米、厚度12.7毫米；双面防眩光蓝宝石水晶表镜；蓝宝石水晶表背；30米防水性能。

表盘： 白色珍珠母贝表盘；银色玑镂图案；蓝色罗马数字时标；铑金属琢面指针。

表带： 棕色短吻鳄鱼皮表带。

另提供： 18K玫瑰金款；黑色表带。

HERITAGE ZENITH STAR MOONPHASE

HERITAGE 星辰月相腕表　　参考编号: 22.1925.692/01.C725

机芯： Elite 692 自动上链机芯；11½ 法分；直径25.6毫米、厚度3.97毫米；50小时动力储存；195件零件；27颗宝石；每小时振动频率28 800次；摆陀饰有日内瓦波纹。

功能： 小时、分钟；小秒针位于9时位置；月相显示位于6时位置。

表壳： 18K玫瑰金表壳，镶钻石；尺寸37 x 37毫米，厚度10.5毫米；双面防眩光蓝宝石水晶表镜；蓝宝石水晶表背；30米防水性能。

表盘： 银色表盘；蓝色罗马数字；铑金属琢面指针。

表带： 棕色短吻鳄鱼皮表带，橡胶保护内衬。

另提供： 精钢款。

HERITAGE PORT ROYAL

HERITAGE PORT ROYAL 腕表　　参考编号: 18.5000.2572PC/01.C498

机芯： 2572 自动上链机芯；11½ 法分；直径25.6毫米、厚度5.63毫米；48小时动力储存；110件零件；17颗宝石；每小时振动频率28 800次；摆陀饰有日内瓦波纹。

功能： 小时、分钟、秒钟；日期显示位于3时位置。

表壳： 18K玫瑰金表壳；直径38毫米，厚度10.7毫米；双面防眩光蓝宝石水晶表镜；50米防水性能。

表盘： 银色表盘；镀金铑金属琢面指针和时标。

表带： 棕色短吻鳄鱼皮表带，橡胶保护内衬。

术语表 GLOSSARY

A

ACCURACY: 准确性 (参见 PRECISION: 精确度)

ALARM WATCH: 闹表 (图 1 – 2)
置于手表内的响声机械结构，并在预设的时间自动发出声音。闹表配有第二表冠，专用于上链、设定、完成报时装置，并有一个长指针提示设定时间。机芯内用来支持报时装置工作的由一系列齿轮来连接发条盒、擒纵机构、钟表锤。运行方式类似于一般闹钟。

AMPLITUDE: 摆幅
平衡摆轮摆动的最大角度。

ANALOG, ANALOGUE: 指针显示
表盘采用指针显示时间。

ANTIMAGNETIC: 防磁
不会受磁场影响的手表。手表不会由于电磁场作用，导致游丝发条内两个或两个以上的游丝相互吸引，从而造成手表运行加速。防磁手表采用非磁性的金属合金，如 Nivarox —— 尼瓦罗克斯合金，制成游丝发条。

ANTIREFLECTION, ANTIREFLECTIVE: 抗反射／防反光／防眩光
浅玻璃处理，分散反射光。采用双面涂层处理会取得更优效果。一般而言，为避免刮伤上层，一般仅做内表面处理。

ARBOR: 心轴
齿轮或摆轮的支撑元件，其末端被称为枢轴，运行于宝石槽或黄铜轴套中。

AUTOMATIC: 自动上链 (图 3)
手表的机械机芯自动上链。人体手腕的动作促使机芯内转子来回摆动，产生并通过齿轮系传递动力至发条盒，因而逐渐旋紧手表机芯的主发条以自动上链。

AUTOMATION: 自动人偶
自动人偶，置于表盘或表壳之上。自鸣装置与手表机身的部分或其他零部件同步移动。移动的部分透过表盘或表壳的小孔相互连接，并配合自鸣锤。

1

2

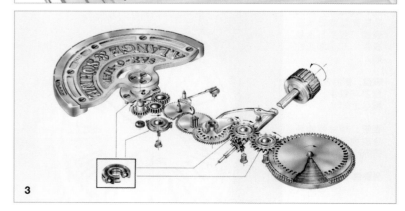

3

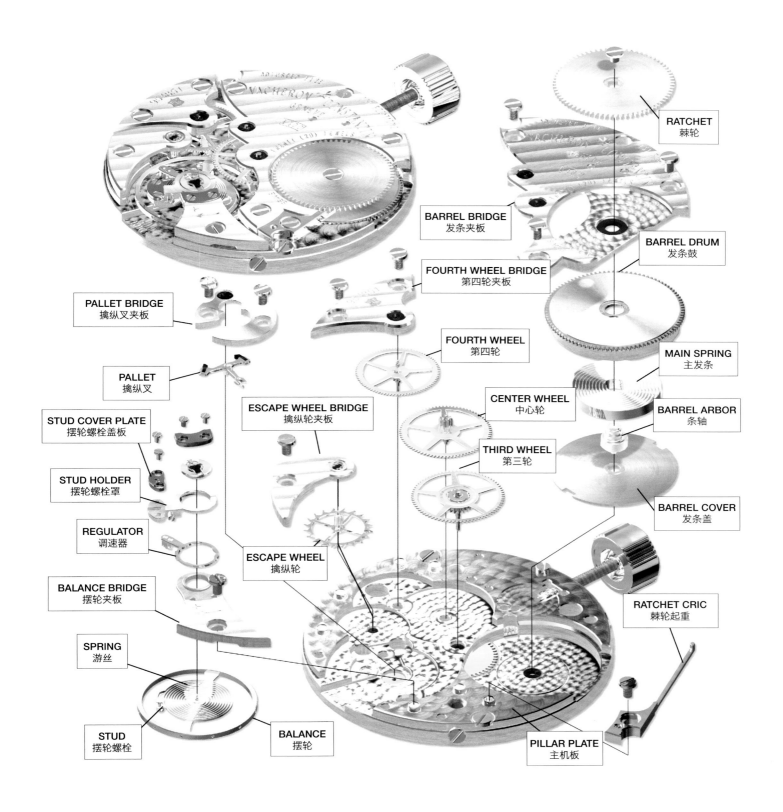

RATCHET
棘轮

BARREL BRIDGE
发条夹板

BARREL DRUM
发条鼓

FOURTH WHEEL BRIDGE
第四轮夹板

MAIN SPRING
主发条

PALLET BRIDGE
擒纵叉夹板

FOURTH WHEEL
第四轮

PALLET
擒纵叉

ESCAPE WHEEL BRIDGE
擒纵轮夹板

CENTER WHEEL
中心轮

BARREL ARBOR
条轴

STUD COVER PLATE
摆轮螺栓盖板

THIRD WHEEL
第三轮

STUD HOLDER
摆轮螺栓罩

REGULATOR
调速器

ESCAPE WHEEL
擒纵轮

BARREL COVER
发条盖

BALANCE BRIDGE
摆轮夹板

RATCHET CRIC
棘轮起重

SPRING
游丝

STUD
摆轮螺栓

BALANCE
摆轮

PILLAR PLATE
主机板

B

BALANCE: 摆轮（图 1）
摆动装置，连同游丝发条，组成机芯核心，以确定摆动，从而控制运转的频率和精确度。

BALANCE SPRING: 游丝发条（图 1）
用于制作游丝发条的材料一般是特性稳定的合金钢（如 Nivarox——尼瓦罗克斯合金）。考虑到整个系统重心的连续变化，厂家在手表各组成部分的加工工艺上进行了一些改进，包括通过对宝玑摆轮双层游丝发条的处理保证其位置居中，用菲利普斯曲线消除摆轮枢轴的外侧压力等。高品质的材料保证了钟表运行的精确性。

BARREL: 发条盒（图 2）
由于发条盒是整个钟表的动力系统。在发条盒内部，主发条以心轴环绕，由上链表冠提供动力来源。如果是自动上链，则由转子提供动力来源。

BEARING: 轴承
部分在枢轴上，在手表里多为宝石轴承。

BEVELING: 倒角（图 3）
对擒纵杆、夹板等的边角进行45度倒角处理，是高级机芯组件的手工打磨工序。

BEZEL: 表圈
表壳上部有时用来固定水晶表镜。表圈可能是表壳的一部分，与表壳中部相连，也可能独立于表壳被扣在或用螺丝固定在中间位置。

BOTTOM PLATE: 主机板
主机板支撑所有的夹板、夹片及其它机芯零部件。主机板及夹板构成手表机芯的架构。主机板下方是表盘部分，上方则是夹板部分。

BRACELET: 表链
金属环状链条以连接表壳。在表壳和表链间如没有明显间断，则称为整体式表链。

BREGUET HANDS: 宝玑指针（图 4）
宝玑指针，由钟表大师宝玑发明，指针头部有圆洞型，也称为"月形"指针。

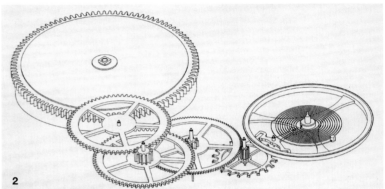

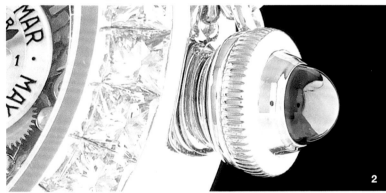

BRIDGE: 夹板（图 1）

机芯内部的结构性金属部件，支持齿轮组、摆轮、擒纵系统和发条盒的运转。夹板由两个以上插销或螺丝固定在主机板上的特定位置。在高品质的机芯内，夹板的可视部分有各式装饰。

BRUSHED, BRUSHING: 打磨

局部打磨，金属线条完美，外观简洁而统一。

C

CABOCHON: 圆宝石（图 2）

仅对未被切割的宝石进行抛光，如蓝宝石、红宝石或翡翠。这些宝石一般呈半球体，主要装饰上链表冠或部分表壳。

CALENDAR, ANNUAL: 年历

年历功能可正确显示大月（31日）和一般的小月（30日），遇到二月时需手动校正。该功能可显示日期、星期、月份，或仅显示日期、月份。

CALENDAR, FULL: 全日历

在表盘显示日期、星期和月份。但对于少于31天的月份在月末需要手动校正。此日历功能通常配有月相显示。

CALENDAR, GREGORIAN: 格里历

罗马教皇格里高利十三世在公元1582年对儒略历进行了历法改革，以消除儒略历中由于置闰导致的细微误差。格里历同儒略历一样，每四年在2月底置一闰日，但格里历特别规定，除非能被400整除，所有的世纪年（能被100整除）都不设闰日。这消除了原本需要在1700年、1800年和1900年所置的闰日，但在2000年和2400年仍然置闰。

CALENDAR, JULIAN: 儒略历

儒略历由古罗马恺撒大帝创立，年平均长度为365.25日，每4年一闰。公元325年，此历法被教廷采用，但存在细微错误，它的每一年平均比地球公转周期长0.0078日，后来被格里历取代。

CALENDAR, PERPETUAL: 万年历（图 3）

万年历是钟表制造术中最为复杂和精密的日历功能。万年历可以显示日期、月份和闰年，无须手动校正。万年历功能可持续至2100年（此年在现行历法上并不置闰，可是手表的万年历却自动地四年一置闰）。

CALIBER / CALI.: 机芯号

最初机芯号仅仅表示机芯的大小，但现在机芯号表示特定的机芯，包括钟表名称和系列代码。因此，机芯号成为识别机芯（Movement）的标识。

CANNON: 分轮

空心圆柱形状的小齿轮，也称为 Pipe 或 Bush，例如小时机轮的分轮用来支撑时针。

CAROUSEL: 卡罗素

类似于陀飞轮的装置，可是其框架由第三齿轮驱动，而非第四齿轮。

CARRIAGE / TOURBILLON CARRIAGE: 陀飞轮框架（图 1）

陀飞轮装置的旋转框架，承载摆轮和擒纵系统。尽管此框架的重量已减轻，但是作为结构性的装置对于整个钟表运行系统的平衡和稳定必不可少。如今的陀飞轮框架每秒钟旋转一次，纵向误差率已不复存在。而镂空表盘的广泛使用赋予了陀飞轮框架极强的视觉吸引力。

CASE: 表壳（图 2）

置放和保护机芯的容器。通常由三部分组成：表壳中层、表圈、底盖

CENTER SECOND HAND: 中央秒针（参见 SWEEP SECOND HAND: 长秒针）

CENTER-WHEEL: 中心轮

在传动链上的分针齿轮。

CHAMPLEVÉ: 雕刻内填（图3）

对于表盘或表壳表面的手工特别处理。用雕刻刀将金属表面镂空，以便形成可以填充珐琅的小室。

CHAPTER-RING: 标识圈

在表盘上显示小时的数字标识。

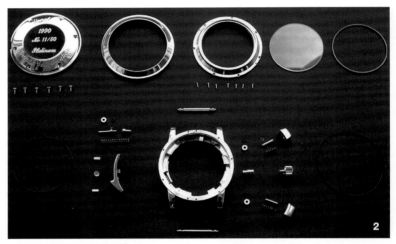

CHIME: 和旋

一种配备有一套能够完整地演绎出整套旋律的报时装置。具有此功能的手表为和旋表。

CHRONOGRAPH: 计时码表（图 1）

手表内置秒表功能，有启动、停止、归零的设定。计时码表有不同的形式。

CHRONOMETER: 天文台表

高精密时间仪器。根据瑞士法律，对于被称为"天文台表"的钟表来说，制造产商必须通过一系列的认证从而取得公告和证书后才能合法地使用这一术语。相关证书受瑞士官方的承认，如瑞士天文台认证。

CIRCULAR GRAINING: 圆纹处理（图 2）

用于对夹板、转子、主机板的表面装饰。数个细小的圆形纹路由削切和研磨生成。此处理也可称为 Pearlage 或 Pearling（珍珠圆点打磨）。

CLICK: 止轮具（参见 PAWL: 棘爪）

CLOISONNÉ: 掐丝珐琅（图 3）

一种上珐琅的工艺，主要用于装饰表盘，主体的外部轮廓以扁平细金属线成型，而设置金属丝的表面则带着有待填充的珐琅小室。这些小室填充珐琅后再进行烧制。抛光之后，金属线产生出珐琅制的主题或图案。

CLOUS DE PARIS: 巴黎饰钉（图 4）

表盘上的一种扭索状装饰图案，由形成细小锥体形状的交叉空心线所组成。

COCK: 夹板（参见 BRIDGE: 夹板）

327

COLIMAÇONNAGE: 铣花纹（参见 SNAILING: 铣花纹）

COLUMN-WHEEL: 圆柱齿轮（图1）

计时码表机芯的部分，呈小齿钢柱形，管理不同擒纵杆的功能和部分计时码的运转。此部件通过推进器先抓住擒纵杆，然后放开。此部件用于确保高精确度，是计时码运行的首选部件。

1

COMPLICATION: 复杂功能

除指示小时、分钟、秒钟以及手动链之外的任何功能都应该称为复杂功能。然而，今天，某些功能，如自动上链或者日期显示，已非常普遍。主要的复杂功能包括：月相显示、动力储备、GMT、全日历显示。这里还有一些称为超复杂功能，包括有：双秒追针计时码表、万年历、陀飞铃、三问报时等等。

CORRECTOR: 校正器

在表壳侧面的按掣。供特殊装备的工具迅速地调节各种显示，如日期、GMT、全日历或万年历。

2

C.O.S.C.: 瑞士天文台认证

全称为 "Contrôle Officiel Suisse des Chronomètres"。位于瑞士的重要机构，负责对机芯的机能和误差度进行检测。每一块手表均在不同的位置下以不同温度进行测试，最大可容忍的误差度为每天正负4秒。检测合格的每一块手表均会被授予有效的公告和"精密计时器"的证书。

CÔTES CIRCULAIRES: 圆形波纹（图2）

用于转子和擒纵杆的装饰，由一系列的同心罗纹组成。

CÔTES DE GENÈVE: 日内瓦波纹（图3）

主要用于装饰高品质机芯。经过不断重复的打磨，由平行的细波浪线条组成。

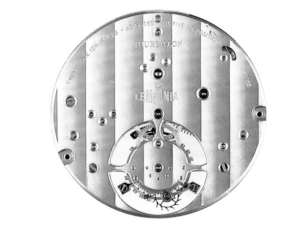

3

COUNTER: 积算盘／计时器（图4）

在计时码表上的额外指针，用来计算从开始测量以来的累计时间。近来所产的手表，一般将计秒的积算盘放置在中央，而计算小时和分钟的积算盘放置在非中心的特定位置，也被称为副表盘。

CROWN: 表冠

通常被放置在表壳中部，具有上链、手调功能，如日期或GMT校正。表冠由通过表壳的一个小孔的上链条与机芯相连。为了达到防水的目的，防水表钟常使用一些简单的垫圈，而潜水表则采用螺丝固定系统。

CROWN-WHEEL: 立轮

与上链小齿轮和条轴中棘齿垂直咬合的齿轮。

4

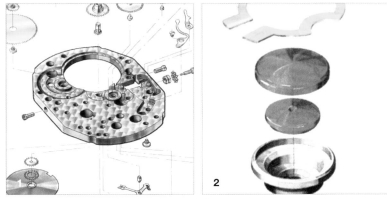

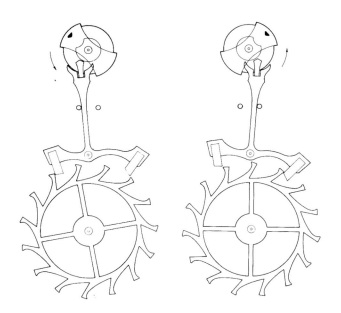

D

DECK WATCH: 测天表

大型船只计时器。

DEVIATION: 误差

由于时间的积累，手表运转产生自然的变化。运转率偏快则为正误差，相反则是负误差。

DIAL: 表盘

手表的正面，由刻度盘、指针、圆盘或窗口来显示时间和其他附加功能。一般采用黄铜制造，有时采用银或金。

DIGITAL: 数字型显示

表盘中，由孔隙或者窗口显示数字或字母来指示时间。

E

EBAUCHE: 手表套件（图 1）

未完工的机芯。此机芯不包括调速系统、主发条、表盘和指针。

ENDSTONE: 止推宝石轴承／托钻（图 2）

未钻孔的宝石。垫着摆轮心轴之枢轴，以减少支点的摩擦。有时候也用于擒纵叉轴和擒纵轮。

ENGINE-TURNED: 旋转车床雕刻（参见 GUILLOCHÉ: 刻格／玑镂）

EQUINOX: 昼夜平衡点（图 3）

当太阳直射赤道时，白天和黑夜的长度会相等。一年会出现两次，分别是春分（3月21日或22日），和秋分（9月22日或23日）。

EQUATION OF TIME: 均时差／时间等式（图 3）

显示传统平均太阳时和真太阳时之间的分钟差异。这种差异在两日之间为正负16秒。

ESCAPE WHEEL: 擒纵轮（图 4）

属于擒纵系统的齿轮。

ESCAPEMENT: 擒纵机构

置于传动链条和摆轮之间的装置，以规则的间隔时间暂停齿轮的运动。杠杆式擒纵机构是迄今为止最常见的。历史上的擒纵机构的类型包括：机轴式、工字轮式、铆钉式、掣子式和双联式。最近，George Daniels 发明了"同轴式"的擒纵机构。

F

FLINQUÉ: 精雕珐琅（图 1）

表盘或表壳之上的雕刻，覆盖有珐琅层。

FLUTED: 凹槽（图 2）

表面有细小平行的凸槽，多出现在表盘、表圈或表冠上。

FLY-BACK: 飞返计时（图 3）

结合计时码表功能，飞返计时可以归零，再按压按掣一次即能立即重新启动，甚至可以打断一个正在进行中的计时。该功能专为飞行员开发。

FOLD-OVER CLASP: 折叠式表扣（图 4）

有铰链和接缝，通常与表壳采用同样的材料制成。此表扣可以简单地在手腕上将手链扣紧。经常配有扣进锁，也常搭配针扣和按掣。

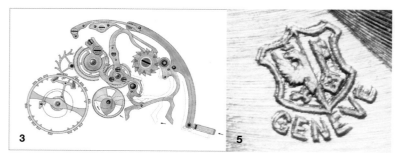

FOURTH-WHEEL: 第四轮

在传动链上的秒针齿轮。

FREQUENCY: 频率（参见 VIBRATION: 振动）

通常定义为特定时间单位内的循环数。在制表业中为每两秒钟摆轮的摆动数或每秒钟的振动数。实际应用中，频率表述为每小时的振动数 (VPH)。

FUSEE: 均力圆锥轮

呈圆锥形的部件，带有螺旋凹槽，透过凹槽内的链条连接到发条盒。此部件的目的是为了平衡传动链上的能量传输。

G

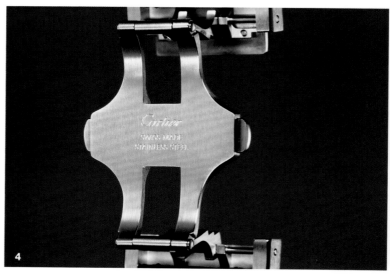

GENEVA SEAL: 日内瓦印记（参见 *POINÇON DE GENÈVE*）（图 5）

GLUCYDUR: 铍青铜合金

铜和铍的合金，用于高品质的摆轮制作。这种合金保证了高弹性和高硬度，无磁、防锈、降低膨胀系数。此合金使摆轮稳定运转并确保机芯的精确度。

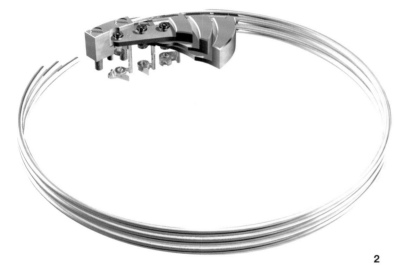

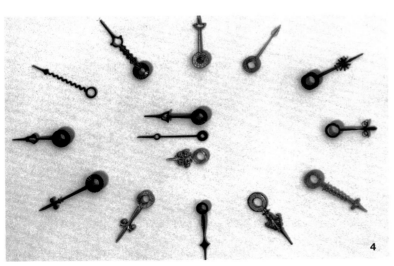

GMT: 格林尼治标准时（图 1）

全称为 Greenwich Mean Time。作为手表的功能，一般同时和其他一个到多个时区的时间一起显示。第二时区的时间会被一个全运转的指针在一个 24 小时的标识盘上提示，同时亦会指示第二时区是 AM 或是 PM。

GOING TRAIN: 传动链（参见 TRAIN: 传动链）

GONG: 音簧（图 2）

具有和声效果的铜合金扁铃，一般放置在机芯的圆周上，以击锤敲击产生音响以达到指示时间的效果。音簧的大小和厚度与决定了所产生的音调和音色。一些具有三问报时功能的手表，往往有两个击锤敲击，第一个音调来指示每小时，两个音调仪一起来指示每一刻钟，另外一个音调单独来指示剩余时间。 在一些更为复杂的款式里， 音簧甚至配备有自动报时音铃，音簧可能多达 4 个，从而演奏出平和简单的旋律，例如伦敦大本钟的报时和旋。

GRAND/GREAT COMPLICATIONS: 超复杂功能
（参见 COMPLICATION 复杂功能）

GUILLOCHÉ: 刻格／玑镂（图 3）

用于装饰表盘、转子、表壳某些部分。这种装饰由手工或者旋转车床雕刻产生纹路。较细雕刻产生的纹路多呈交叉交错状，也可能产生更为复杂的纹路状。用于刻格的表盘和转子一般是金或银。

H

HAMMER: 击锤

在机芯中敲击音簧并发声的部件，用于问表或闹响功能，由精钢或黄铜制成。

HAND: 指针（图 4）

指针指示型手表用指针来提示小时、分钟、秒钟以及其他功能。一般采用黄铜制成（做镀铑、镀金或其他处理），也可以由金或精钢制成。指针的形状多种多样，关乎到整体表的审美效果。

HEART-PIECE: 心状轮（图1）
心形状的轮轴，实现计时码表指针归零功能的装置。

HELIUM VALVE: 氦气阀（图2）
氦气阀将潜水员呼吸空气中存在的大量氦气释放，以免对手表造成过多压力。

HEXALITE: 蜂巢减震
由塑料树脂制成的人造玻璃。

HUNTER CALIBER: 猎人式机芯（图3）
一种秒针与上链柄轴成直角的机芯结构。

I

IMPULSE: 冲击
机械部件传动的运动。在一个瑞士式杠杆擒纵机构中，冲击通过轮齿和棘爪的冲击表面而发生。

INCABLOC: 因加百禄防震系统（参见 SHOCKPROOF: 防震）

INDEX: 微调器（参见 REGULATOR: 调速器）

J

JEWEL: 宝石轴承（图4）
机芯轴承表面所采用的贵重宝石。一般来说，齿轮的精钢制枢轴的内转部分会有带有润滑剂的合成宝石（主要是红宝石）。宝石的硬度将摩擦损耗机率降到最低，甚至可以使用50年到100年。手表的质量很大程度上取决于宝石轴承的形状和修整，而非数量。最精密的宝石轴承有圆孔和壁垒，大大降低了宝石和枢轴的接触。

JUMPING HOUR: 跳时显示（图5）
一种数字显示方式，透过一个视窗显示时间，每小时瞬跳一次。

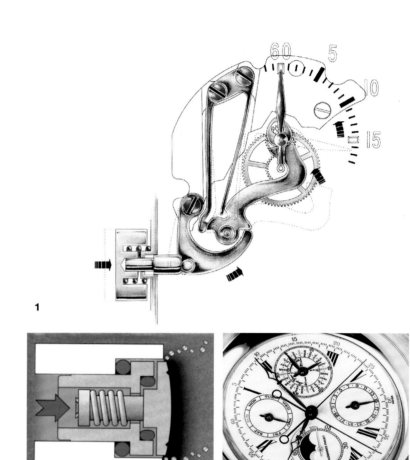

1

2

3

4

5

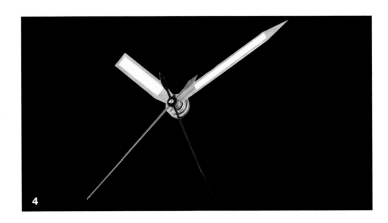

L

LEAP-YEAR CYCLE: 闰年周期（图 1）

每4年出现一次的闰年，有366天（有些历法例外，如格里历）。有些手表以此基准提示闰年。

LÉPINE CALIBER: Lépine 机芯（图 2）

用于怀表的机芯，是一种秒针与上链柄轴一致的结构。

LIGNE: 莱尼（参见 LINE: 法分）

LINE: 法分

在钟表业中采用的一个法国旧制测量单位，也称为莱尼。通常的缩写是数字之后的一个三撇号 ("')。以一法分等于2.255毫米。法尺单位不用小数表示。对于指示未到达整数的法分单位，采用分数形式，如 13"'¾，10"'½。

LUBRICATION: 润滑

为了减少齿轮和其他部件运转产生的摩擦，有些接触点都需要采用低密度的润滑油，例如，支点内侧的宝石轴承、擒纵杆之间的下滑区域（需要使用特别的动物脂膏）以及其他的机芯零部件。

LUG: 表耳（图 3）

表壳中层双向的延展，用于连接手表表带和表链。一般来说，表带和表链由可拆卸式表耳连接。

LUMINESCENT: 荧光／夜光（图 4）

用于标记或指针的材料，由于吸收了电磁光线而具有发射光线的属性。制表业曾经使用的氚已经被取代。目前使用的材料具有相同的发光能力，却不会有任何的辐射，譬如 SuperLumiNova 和 Lumibtite。

M

MAINSPRING: 主发条（图 1）
主发条和发条盒组成了机芯的驱动系统。主发条储存和传递机芯运行所需要的能量。

MANUAL: 手动（图 2）
需要人工手动上链的机械机芯。动力由使用者通过上链表冠进行手动上链。动力由上链条开始，经过一系列的齿轮组传动到发条盒，再最终到达主发条。

MARINE CHRONOMETER: 航海天文钟
被放置在固定于平衡环上的封闭盒子中的大型钟表仪器，所以亦被称为盒式航海钟。在航海中，用于确定经纬度。

MARKERS: 标记
表盘上印有的刻度，有时采用荧光。刻度用来作为指针提示每小时，每五分钟，或每十五分钟的参考标记 。

MEAN TIME: 平太阳时
经过英国伦敦郊外的皇家格林治天文台的子午线被认为是本初子午线。以午夜至下一午夜时间计算，此子午线的平太阳时是世界民用时系统参照的标准。

MICROMETER SCREW: 螺旋测微计（图 3）
在调节器上的零部件，使其以最小转向校准测量范围，从而获得机芯运转的精确调节。

MICRO-ROTOR: 微转子（参见 ROTOR: 转子）（图 4）

MINUTE REPEATER: 三问报时（参见 REPEATER: 报时器）

MODULE: 模块
独立于基本机芯外的自含式机制，通常被装在机芯上以提供附加功能，包括：计时码表、动力储备、格林尼治标准时、万年历或全日历。

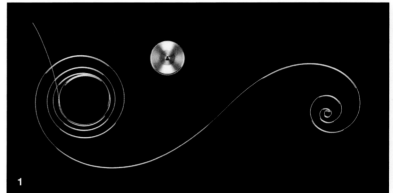

1

2

MOONPHASE: 月相显示（图 1）

许多手表都具有的功能，通常与日历相关的功能接合。每24小时，月相显示向前进一个轮齿。一般而言，一共有59颗轮齿，以保证与朔望月近乎完美的同步。完整的阴历月为29.53天。实际运行中，月相的圆盘在一次完整的轮转中显示了2次月相。然而，月相显示和实际的朔望月之间存在0.03天的误差，既每月44分钟的误差，这意味着每隔两年半（32个月）的时间，月相显示需要手动校正一次，以校正月相显示累计所失去的一天，从而恢复月相显示对于真实朔望月的反映。在一些罕见情况下，控制月相的齿轮系之间的传动比率被精确计算，从而使对月相显示的手动校正期限扩展到100年。

MOVEMENT: 机芯（图 2）

整个手机的机构与装置。分为两大家族：石英机芯和机械机芯。机械机芯使用自动或手动上链。

MOVEMENT-BLANK: 半成品机芯（参见 EBAUCHE: 手表套件）

N

NIVAROX: 尼瓦罗克斯合金

产品名称，名称与原产者同名。防磁性，用于制作的自动补性游丝发条。此合金的质量由此商品名称后紧接着的数字1−5表示，5为最优。

O

OBSERVATORY CHRONOMETER: 天文台表

获得天文台认证并颁发相关评级证书的精密计时器。

OPEN-FACE CALIBER: 开面机芯（参见 LÉPINE CALIBER）

OSCILLATION: 摆动

摆轮完成一个完整的摆动或旋转活动，一次摆动等于两次振动（Vibration）。

OVERCOIL: 摆轮双层游丝（参见 BALANCE SPRING: 游丝发条）

P

PALLET: 擒纵叉

擒纵机构中传输部分动力。通过每次释放擒纵齿轮一个颗齿的位置，用来保证摆动的摆幅不变。

PAWL: 棘爪 (止轮具)

带"喙"的杠杆，由游丝所触发，与齿轮上的轮牙啮合。

PILLAR-PLATE / MAIN PLATE: 带柱夹板／主机板
（参见 BOTTOM PLATE: 主机板）

PINION: 小齿轮

一种手表部件，和齿轮、心轴一起组成齿轮系。小齿轮一般比一般齿轮
（Wheel）少10颗轮齿，小齿轮向齿轮传送动力。小齿轮拥有6到14
颗轮齿，被精细地打磨加工，以将摩擦降低到最低点。

PIVOT: 枢轴

连接宝石轴承的心轴的末端。枢轴的形状和大小对带来摩擦有很大的影
响，所以摆轮系统的枢轴都非常细小和易碎，因此需要手表的防震装置
加以保护。

PLATE: 主机板（参见 BOTTOM PLATE: 主机板）

PLATED: 镀金

采用电镀工艺，在黄铜或精钢底之上镀上浅层金或另一种贵重金属，包
括：银、铬、铑、钯。

PLEXIGLAS: 塑料玻璃表镜

用于钟表水晶表镜的合成树脂。

POINÇON DE GENÈVE: 日内瓦印记（图 1）

一种以日内瓦盾徽为图案的独特印记，由日内瓦州官方机构认证并颁
发给那些生产机芯，并符合全部高级制表准则的当地手表制造商。
标准包括有：手工艺、作坊生产、运转质量、精准组合和安装。此印记
至少会被印在一个夹板面上展示日内瓦州的盾徽，双面盾上分别有雄
鹰和巨匙。

POWER RESERVE: 动力储备（图 2）

在机芯运作上链之后，机芯自行运转的剩余时间会被显示。这个时间值
会被一个可见的指示器提示：指针型手表会在表盘上的区块进行显示，
数字型手表会通过窗口进行显示。此功能由上链发条盒和柄轴连接一系
列的齿轮运转从而产生。而近来开发的一些具有特殊功能的模块被或许
会被一些流行的机芯所采用。

PRECISION: 精确度

钟表运行的准确度。通常，精密钟表是被一些钟表权威机构认证的计时
器，而高精密钟表则是被天文台认证的精密时间仪器。

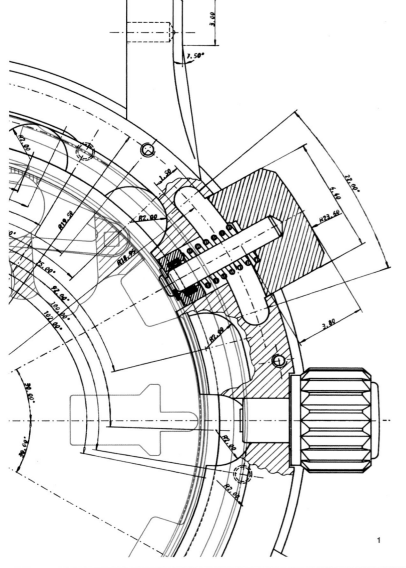

1

PULSIMETER CHRONOGRAPH: 脉搏计

计时码表或运动秒表的表盘所包含的一个脉搏仪刻度，用以计量每分钟的心跳数。观测者在开始测量时启动指针，根据刻度的设置，通常在第15次、20次或30次跳动的时候停止；表面则显示每分钟的频率。

PUSHER / PUSH-PIECE / PUSH-BUTTON: 按掣（图 1）

表壳上的机械部件，是控制某种功能的按钮。一般是用于计时码表，同时也应用于其他功能。

PVD: 物理气相沉积

全称是 Physical Vapor Deposition，是一种金属镀层技术，通过电子的分裂使物理物质发生转移。

R

RATCHET (WHEEL): 棘轮

一种锯齿齿轮。手表中的棘轮是用方孔固定到发条匣轴上的齿轮。止轮具(棘爪)则防止棘轮向松链的方向转动。

RATING CERTIFICATES: 评级证书（参见 CHRONOMETER: 天文台表，COSC: 瑞士天文台认证）

REGULATING UNIT: 调速系统（图 2）

由摆轮和游丝发条组成，在机械机芯中中控制时间部分，保证其正常运行和精确度。当摆轮如钟摆一样运行时，游丝发条的功能包括了弹性恢复和启动新摆动。这种活动决定频率，如每小时的振动，并影响到不同的机轮的转动。实际上，由于摆动，在每一次振动时（由擒纵叉作业），摆轮都会运转擒纵机构的一颗轮齿。从这里开始，动力被传递到第四轮，使其在一分钟内完整地运转一圈；接下来，动力传输到第三轮和中心轮。动力可以让中心轮在一小时内完整地运转一圈。虽然如此，摆轮摆动的正确时间长度严格地控制着以上所有的运转。

2

REGULATOR: 调速器（图1）

通过增长和缩短游丝发条的活动部分而对于机芯功能进行调解。放置于摆轮夹板，包含游丝发条和发条固定于此夹板上的两个小插销。通过转动微调器，插销跟着也被移动；这一部分游丝发条能够带回摆轮的能力由于它自身的弹性，会被延长或缩短。越短，反应越快，带回摆轮的能力越强，也使机芯运转更快；相反的状况发生在游丝发条活跃部分被延长。尽管今天钟表表现出极高频率运行，但是非常之轻微的微跳器变化也可能带来每日数分钟的误差。最近，更精致的微调器系统已被业界所采用（由偏心轮到螺旋千分尺，将每日误差控制在几秒钟以内）。

REMONTOIR, CONSTANT-FORCE: 摆锤均衡键，恒动机制

过时的术语，用来指任何不间断地提供给擒纵轮的能量机制。

REPEATER: 问表（图2）

问表机制是发出声响来报时。有别于每小时自动敲击报时的自鸣（单问）报时表装置，问表装置通过激活一个安置在表壳侧面的按掣或滑动块按需要进行报时。问表配置有两个击锤和音簧：一个音簧用于分钟，而另一个用于小时。刻钟报时由两个击锤同时工作。此报时装置可以说是最为复杂的报时机制之一。

RETROGRADE: 逆跳

指针不做完整圆周旋转，而沿着某一刻度移动（90度或180度），在到达其刻度末端时，会瞬间归零，然后再开始。一般而言，逆跳在万年历中用于显示日期、星期或月份；但是，逆跳提示小时、分钟、秒钟的情况也存在。不同于360度的完整圆周旋转，逆跳需要在基本的机芯内添置特殊的机制而达成。

ROLLER TABLE/ROLLER: 滚盘（图3）

擒拿机构的一部分，配备于摆轮系统中，呈圆盘形。圆盘带有冲击销，传送由擒纵叉撞击摆轮产生的冲击力。

ROTOR: 转子（图4）

在自动上链的机芯中，使用者手腕活动产生的动力使转子完全或部分地进行旋转，能自动将主发条上链。

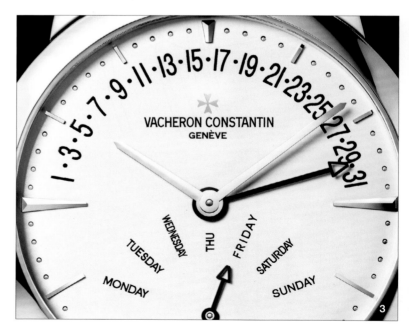

S

SCALE: 刻度（图 1）

在表盘或表圈上的数字渐进测量仪器。在钟表制造业，刻度计通常应用在如下的测量仪器：测速计（测量平均速度），遥测计（测量同一发光和发声事件到达距离，如炮弹、雷震或闪电），脉搏计（用测量一定时间段里的脉搏跳动去计算出每分钟心跳数）。以上所有的刻度，事件开始的时候既启动测量，事件结束测量也相应结束。阅读计时码表的第二指针即刻得知测量数据，无须进行进一步的计算。

SECOND TIME-ZONE INDICATOR: 第二时区指示
（参见 GMT: 格林尼治标准时，WORLD TIME: 世界时区表）

SECTOR: (参见 ROTOR: 转子)

SELF-WINDING: 自动上链（参见 AUTOMATIC: 自动上链）

SHOCKPROOF/SHOCK-RESISTANT: 防震（图 2）

手表配备有震动吸收器，如因加百禄（Incabloc）防震系统，枢轴防止因震动带来的损坏。归功于止动的游丝系统，保证了宝石轴承的弹性运转；因此，当手表遭到强烈撞击的时候，震动吸收器会调整摆轮枢轴的运动。撞击之后，由于发挥回归效力所有的摆轮枢轴会回到撞击前的位置。如果在不具备防震功能的情况下，通常摆轮枢轴会由于震动的破坏力而弯曲或者彻底损坏。

SIDEREAL TIME: 恒星时

传统的时间标准是以恒星时为参照（一年有365.25636天）。这个标准直到最近都被认为是最合理的选择。作为一个时间值，恒星时一般被天文学家用来定义子午圈与天球的春分点之间的时角。

SKELETON, SKELETONIZED: 镂空（图 3）

手表的夹板和主机板都被切割掉以达到一种装饰的效果。因此，可以清楚看到机芯每一个部件。

SLIDE: 滑动块（图 4）

能沿着表壳中央滑动以上紧的滑块或引板。

SMALL SECOND: 小秒针

在小表盘显示时间的秒针。

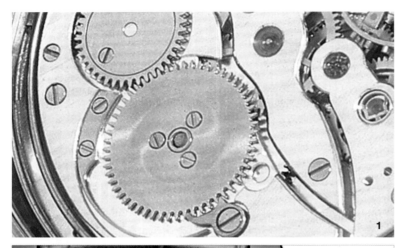

SNAILING: 铣花纹（图 1）

通常雕刻在发条盒机轮或大型全机轮上的螺旋形纹路。

SOLAR TIME: 太阳日

一般而言，这个时间标准是依据太阳和地球相对运动结果而出现的昼夜时间。真实的太阳日的测量是对太阳两次出现在该观测点的时间间隔。由于太阳与地球之间不规则的运转，太阳日并非规则数据。作为一个不变的测量数据，平太阳日被引进，指全年所有太阳日的平均值。

SOLSTICE: 至点

太阳在一年之中距离地球赤道最远的两个时间中的任何一点。六月二十一日（夏至点），十二月二十一日（冬至点）。

SONNERIE (EN PASSANT): 自鸣（单问）报时表

功能包括由设定时间报时装置（两个击锤和两个音簧），有小时、一刻钟和半小时选择。有些装置能发出和旋（配备三个或者四个击锤和音簧）。表壳会有滑动块或附加按掣来停止报时装置和选择大自鸣模式。

SPLIT-SECOND CHRONOGRAPH: 双追针计时码表（图 2）

双追针计时功能是用来测量两个同时发生的事件（同时开始，并不同时结束），如同一项多个运动员参与的体育赛事。在这种计时码表中，副指针被叠放在主指针之上。在双追针功能启用的情况下，按下控制按掣会启动两个指针。这个双追针机制的原理就是副指针停止，主指针会继续计时。在开始计时之后，按下同一个按掣，副指针会被启动并瞬间加入还在移动的主指针与其同步，并为下一次计时准备。在双追针功能启用的情况下，在按下返回按掣会让两个指针同时归零。在双追针功能关闭的情况下，按下只能控制副指针的副按掣，只会让副指针立即加入主指针进行计时。

SPRUNG BALANCE: 游丝摆轮

调速机构，包括摆轮和相关的游丝。

STAFF/STEM: 柄轴（参见 ARBOR: 心轴）

STOPWORK: 限紧装置

传统装置，现已过时。用来防止上链过度造成发条盒损坏，包括一个固定在发条盒上的棘爪和一个形状为马耳他十字的小轮，整个装置安装在发条盒盖之上。

STRIKING WORK: 报时装置
（参见 SONNERIE: 自鸣报时表 或 REPEATER: 问表）

SUBDIAL: 小表盘（参见 ZONE: 小表盘）

SUPERLUMINOVA: 超级夜光涂层（参见 LUMINESCENT 荧光／夜光）

SWEEP SECOND HAND: 长秒针
位于主表盘中央的秒针。

T

TACHOMETER / TACHYMETER: 测速计（图1）
用于测量物体在一段距离中的运动速度。测速计的刻度值显示了在一段已知距离中移动物体（如汽车）的运动速度。标准的距离长度在表盘上的计量刻度值上已清楚显示，如1000米、200米或100米，有时也会有1英里。例如，行驶中的车辆通过了刻度值给出的测量距离起点，使用者立即启动测量仪的指针，然后当汽车驶过测量距离的终点时按下停止键。测速计上指针所指出的数字代表了公里／小时或英里／小时。

TELEMETER: 遥测计
对于某一事件的声音源进行距离的测量。计量的指针会在声音源进入视线的瞬间被释放，当声音传到的时候停止，最后在计量标识上显示出事件的声音源到达观测者的距离（英里或公里）。此测量是通过声音在空气里传播速度作为基准，大约340米或者1115英尺每秒。此计量装置可计算出雷雨中闪电和打雷之间的时间差。

THIRD WHEEL: 第三机轮
被置放在分钟齿轮和齿轮机轮中的齿轮。

TIME ZONES: 时区
地球表面被人为地平分24个弓形区域。每一个区域限于两个子午线之间。两个毗邻时区相差15度或1个小时。除了一些具有众多时区的国家，每个国家都有自己的时区。世界标准时是零时区，中间轴为本初子午线。

TONNEAU: 酒桶形表壳（图2）
一种特别的表壳形态，以仿拟发条盒的形态，上下两面短直线条，左右两面则是长曲线条。

TOURBILLON: 陀飞轮（图3）
由制表大师宝玑于1801年发明并注册专利的系统，可以均衡表类不同位置由地球重力所导致的误差。擒纵机构、调速装置（摆轮）、游丝发条都被安装在每分钟全圆周转动一次的陀飞轮框架之中，通过这种方式来补偿360度以内各种可能性的误差率。尽管今时今日，陀飞轮的装置对于手表的精确运行不再必不可少，可是陀飞轮始终被认为是高级制表业中最精密复杂的机构。

TRAIN: 传动链
所有在发条盒与擒纵机构之间的机轮。

TRANSMISSION WHEEL: 小钢轮（参见 CROWN-WHEEL: 立轮）

U

UNIVERSAL TIME: 世界标准时
经过格林尼治天文台的子午线的平太阳时，从正午到另一个正午所计算，常与平太阳时混淆。

V

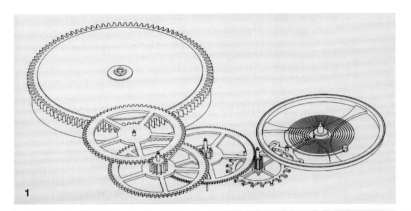

VARIATION: 变差（图 1）
制表学中用来表述钟表的日变差，也就是经过一段时间段，手表的时间误差率发生了变化。

VIBRATION: 振动
限于两个连续端点之间的钟摆运动。一个轮替的运动中（钟摆或摆轮），一个摆动等于两个振动。每小时振动数对应手表机芯的频率，而此频率受摆轮质量和直径的影响，亦被游丝发条的弹力制约。每小时振动数（VPH）决定了手表时间的进度（秒针的移动）。例如，每小时18000次振动等于五分之一秒的振动持续。以此类推，每小时21600次振动等于六分之一秒，每小时28000次振动等于八分之一秒，每小时36000次振动等于十分之一秒。直到1950年，腕表一般拥有每小时18000次振动。之后，高频率手表的引入降低了振动的误差。如今，最常见的频率是每小时28800次振动。这个频率保证了手表精准地运行，同时比较起极高频率的手表，如每小时36000次振动，较少有润滑问题。

W

WATER RESISTANT / WATERPROOF: 防水功能（图 2）
表壳设计得具有防范水渗透的能力。3个物理大气压的防水能力一般是30米深防水，而相应的5个大气压的防水能力则是50米深防水。

WHEEL: 机轮
圆部件，多数呈齿状，与心轴和小齿轮组成齿轮组。机轮一般由黄铜制成，而心轴和小齿轮采用钢制。在擒纵机构和发条盒之间的机轮称为传动链。

1

WINDING, AUTOMATIC: **自动上链**（参见 AUTOMATIC: 自动上链）

WINDING STEM: **上链柄轴**
衔接表冠与手表机芯, 将动力从表冠传动入控制手动上链装置的齿轮组。

WINDOW: **显示窗**（图 1）
表盘上的窗口, 让使用者阅读窗口内的提示, 主要是日期显示, 也包括第二时区时间显示和跳时显示。

WORLD TIME: **世界时区表**（图 2）
手表的复杂功能之一。提供格林尼治标准时间, 以及在表盘或表圈上提示全24时区的时间的手表。每个时区引入一个城市, 使用者可以掌握全世界不同地区的时间。

Z

ZODIAC: **黄道十二宫**
太阳在一年时间内在天球上经过黄道带上的十二个星座区域。

ZONE: **小表盘**
被镶嵌入或置放在主表盘的非中心区域小表盘, 用来显示各种复杂功能, 如积算盘。

2

343

品牌索引 BRAND DIRECTORY

BELL & ROSS
柏莱士
香港北角英皇道510号
港运大厦2308室
电话：+852 2966 0222

上海市虹桥路1号
港汇广场101B号铺
电话：+86 21 6407 1540

BLANCPAIN
宝珀
上海市天钥桥路30号
美罗大厦5楼501-505室
电话：+86 21 2412 5000

香港北角电器道169号
宏利保险中心40楼
电话：+852 2140 6668

BREGUET
宝玑
上海市天钥桥路30号
美罗大厦5楼501-505室
电话：+86 21 2412 5000

香港北角电器道169号
宏利保险中心40楼
电话：+852 2311 1891

BVLGARI
宝格丽
上海南京西路1168号
中信泰富广场40层4001室
电话：+86 21 5116 5836

香港中环遮打大厦
地下铺G3铺
电话：+852 2523 8057

CARTIER
卡地亚
上海南京西路1168号
中信泰富广场10楼
1003-1006室
电话：+86 21 5292 5809

香港中环康乐广场1号
怡和大厦301室
电话：+852 2249 8833

CHANEL
香奈尔
上海市南京西路1266号
恒隆广场62楼
电话：+86 21 6321 5066

香港中环遮打道10号
太子大厦地面层
电话：+852 2869 4898

CORUM
昆仑表
上海市南京西路1266号
恒隆广场地库一层
电话：+21 3250 8533

香港九龙广东道5号
海洋中心710室
电话：+852 2110 4410

DE GRISOGONO
176 bis Route de St. Julien
1228 Plan-les-Ouates
Switzerland
电话：+41 22 817 81 00

香港湾仔港湾道18号
中环大厦5402-03室
电话：+852 2506 1868

DIOR HORLOGERIE
迪奥
上海市南京西路1266号
恒隆广场一层
电话：+86 400 122 6622

ETERNA
绮绮华
香港旺角彌敦道719号
银都商业大厦G/F B&C铺
电话：+852 2394 1692

香港尖沙咀海港城
海洋中心3楼339铺
电话：+852 2735 4054

FRANCK MULLER
法穆兰
上海市浦东区陆家嘴金融贸易区
世纪大道8号D座首层
电话：+86 21 5012 0768

香港湾仔港湾道18号
中环广场5402-3室
电话：+852 2506 1868

GIRARD-PERREGAUX
芝柏表
香港北角英皇道510号
港运大厦2308室
电话：+852 2966 0222

上海市南京西路1266号
恒隆广场地下一层
电话：+86 21 6288 6345

GUY ELLIA
简依丽
21 Rue de la Paix
75002 Paris, France
电话：+33 1 53 30 25 25

391 Orchard Road
#1-12 Ngee Ann City
Singapore 238872
电话：+65 6733 0618

H. MOSER & CIE.
香港铜锣湾礼顿道101号
善乐施大厦17楼
电话：+852 2887 5518

HARRY WINSTON
海瑞温斯顿
上海市浦东新区东方路710号
汤臣金融大厦3楼
电话：+86 21 5830 0518

香港黄竹坑兴业街11号
南汇广场A座23楼
电话：+852 2963 6803

HERMÈS
爱马仕
上海市南京西路1038号
梅龙镇商厦2609室
电话：+86 21 6218 9966

香港皇后大道中9号
嘉轩广场地下 06-09 店
电话：+852 2525 5900

HUBLOT
宇舶表
上海南京西路1266号
恒隆广场（一期）17楼
1701-05室
电话：+86 21 6288 1888

香港中环德己笠街世纪广场
1号铺
电话：+852 2166 3708

IWC
万国表
上海市淮海中路796号2号楼
电话：+86 21 3395 0900

香港中环遮打道10号
太子大厦G29室
电话：+852 2532 7693

JAQUET DROZ
雅克德罗
上海市天钥桥路30号
美罗大厦8楼
电话：+86 21 2412 5000

香港北角电器道169号
宏利保险中心40楼
电话：+852 2510 5100

LONGINES
浪琴表
上海市天钥桥路30号
美罗大厦501-503室
电话：+86 21 2412 5096

香港北角电器道169号
宏利保险中心40楼
电话：+852 2730 5154

PARMIGIANI
帕玛强尼
香港九龙广东道5号
海洋中心816
电话：+852 2735 6322

PATEK PHILIPPE
百达翡丽
上海市延安东路588号
东海商业中心13楼
电话：+86 21 6352 8848

PORSCHE DESIGN
上海市延安东路618号
东海商业中心16楼
电话：+86 21 2306 4954

香港铜锣湾恩平道28号
利园二期28楼
电话：+852 3180 3280

RALPH LAUREN
拉尔夫·劳伦
上海中山东一路外滩32号
半岛酒店一楼Shop L1P-Q-R
电话：+86 21 6329 3632

澳门新口岸沙格斯大马路
及孙逸仙大马路一号购物中心
地下19-20
电话：+853 2875 776

RICHARD MILLE
香港金钟太古广场3楼328店
电话：+852 2918 9696

北京市东城区金宝街92号
励骏酒店3-4号铺
电话：+86 10 8522 1826

ROGER DUBUIS
罗杰杜彼
上海市淮海中路810号
电话：+86 21 3395 0818

香港金钟太古广场330铺
电话：+852 2918 9368

ROLEX
劳力士
香港中环康乐广场1号
怡和大厦12楼
电话：+852 2526 6156

SALVATORE FERRAGAMO
萨尔瓦多·菲拉格慕
上海市浦东东方路710号
汤臣金融大厦3楼
电话：+86 21 5831 2879

上海市江宁路293号
18楼C座
电话：+86 21 5228 8833

TAG HEUER
豪雅
上海市南京西路1266号
恒隆广场17楼1701-05室
电话：+86 21 6133 2688

香港铜锣湾希慎道33号
利园宏利保险大厦901室
电话：+852 2881 1631

VAN CLEEF & ARPELS
梵克雅宝
上海市淮海路800号
电话：+86 21 6195 9860

香港中环康乐广场1号
怡和大厦909室
电话：+852 2532 7277

VERSACE
范思哲
上海市浦东东方路710号
汤臣金融大厦3楼
电话：+86 21 5831 2879

上海市江宁路293号18楼
电话：+86 21 5228 8833

ZENITH
真力时
上海市南京西路1266号
恒隆广场17楼1701-05室
电话：+86 21 6133 1888

香港铜锣湾希慎道33号
利园宏利保险大厦901室
电话：+852 2881 1631